지은이 **백은주**

와인 교육가. 부르고뉴 와인 스페셜리스트. 부르고뉴 대학교에서
와인 양조를 전공하고 경희대학교에서 외식경영학 박사 학위를
취득했다. 부르고뉴의 도멘 드 라 부즈레, 루 뒤몽 그리고 샤토
몽투스 등 여러 도멘에서 포도 재배 및 와인 양조 등의 경험을 쌓고
귀국하여, 현재 와인 교육가 및 와인 전문 심사위원으로 활동하고
있다. 역서로 《더 와인 바이블》(공역)이 있으며, 감수 도서로 《와인
테이스팅 노트 따라하기》가 있다.

주요 약력

부르고뉴 대학교(DU, Diplôme de Technicien en Oenologie) 와인 양조
전공 및 졸업
경희대학교 외식경영학 박사
경희대학교 관광대학원 와인·워터·티 마스터 소믈리에 전문가 과정 교수
르 꼬르동 블루 숙명아카데미 프랑스와인 전문가 과정 책임 강사
대림대학교 호텔조리학부 겸임 교수
WSET(Wine and Spirit Education Trust) 인준 와인 강사
(사)한국국제소믈리에협회 와인 교육 및 자격 검정 부회장

부르고뉴 와인

부르고뉴 와인

Les Vins de Bourgogne

백은주 지음

CÔTE DE NUITS
CÔTE DE BEAUNE

한스미디어

Contents

Les Vins de Bourgogne

---

13. 뫼르소(Meursault) 302

14. 퓔리니 몽라셰 & 샤사뉴 몽라셰
(Puligny Montrache & Chassagne Montrachet)
316

부르고뉴는 매력이 있다

최근 부르고뉴 와인이 더욱 주목받고 있다. 사실 와인은 마시는 대로 눈이 높아진다. 우리가 음악을 감상할 때도 동요처럼 단순한 멜로디에서 복잡한 멜로디로 점차 진화하며 듣게 되는 것처럼 와인을 진정으로 이해하게 되면 어떤 와인은 다른 와인보다 더 탁월한 가치가 있다는 것을 알게 된다. 처음 와인을 접할 때는 맛이 뚜렷한 와인을 좋아했다가 점점 섬세하고 정밀한 와인이 좋아지는 것도 같은 이유다. 부르고뉴의 와인 생산자들은 테루아라는 천연의 재료를 양념 삼아 극강의 와인을 빚어낸다. 겨우 1미터 떨어진 포도밭에서 완전히 다른 맛의 와인을 만들어 낼 정도로 부르고뉴의 테루아는 땅의 목소리를 담은 불가사의한 신비로움을 가지고 있다. 그래서 와인을 즐기며 공부하다 보면 반드시 부르고뉴에 이른다는 필연이 따른다. 그렇게 누구나 어느 날 부르고뉴라는 매력적인 와인 산지를 만나게 될 수밖에 없다.

부르고뉴 와인은 쉽다

혹자는 부르고뉴 와인이 너무 어렵다고 한다. 아마도 아펠라시옹(Appellation),

즉 와인 이름 때문일 것이다. 부르고뉴와 보르도 와인을 비교해 보면 이러한 특성이 잘 드러난다. 보르도 생줄리앙 지역의 샤토 뒤크뤼 보카이유(Château Ducru Beaucaillou)를 예로 들어보자. 이곳은 약 50헥타르의 포도밭을 소유한 와이너리로, 수확된 포도는 샤토 뒤크뤼 보카이유에서 와인으로 만들어지며, 샤토 뒤크뤼 보카이유의 라벨이 붙은 채 출시 및 판매된다. 즉 여러분이 이 와인을 어디서 구입하고 어디서 마시든 모두 샤토 뒤크뤼 보카이유에서 병입한 동일한 와인인 셈이다. 그래서 여러분이 이 와인이 마음에 들었다면 '샤토 뒤크뤼 보카이유'라는 아홉 글자만 외우면 된다. 그것만 알면 똑같은 품질의 와인을 전 세계에서 언제든 마실 수 있기 때문이다.

반면 부르고뉴의 예시를 살펴보자. 부르고뉴는 '와이너리'가 아닌 '포도밭'의 이름을 와인의 이름으로 삼는다. 샤토 뒤크뤼 보카이유와 마찬가지로 약 50헥타르의 그랑 크뤼 포도밭을 가진 '클로 드 부조(Clos de Vougeout)'를 보자. 클로 드 부조는 코트 드 뉘의 부조 마을에 자리한 포도밭이다. 현재 이 포도밭의 소유주는 무려 82명이나 된다. 그중에 약 67명은 각각 자신의 양조장에서 와인을 만들지만, 와인의 이름은 모두 동일하게 포도밭 이름인 클로 드 부조로 판매된다. 그러다 보니 와인 이름은 같은데, 약 70여 개의 서로 다른 클로 드 부조 와인이 존재하게 된다. '클로 드 부조'라는 다섯 글자의 이름을 외웠다 한들 원하는 와인을 구매하는 일이 쉽지 않다. 같은 이름을 가진 70여 개의 클로 드 부조 와인은 맛도 다 다르고, 심지어 가격까지 다 다르다. 부르고뉴에서 이와 비슷한 사례는 셀 수 없이 많다. 주브레 샹베르탕 마을에 위치한 '샹베르탕'이라는 그랑 크뤼 포도밭은 약 13헥타르에 불과하지만 이곳 역시 약 22여 명의 소유주가 있다. 10헥타르가량의 뮈지니 그랑 크뤼 포도밭에는 11명, 8헥타르 정도의 리쉬부르 포도밭에도 11여 명의 소유주가 있다.

이와 같이 조각조각 나누어진 포도밭이 바로 부르고뉴의 특징이다. 이런 복잡한 조건 안에서 소비자가 훌륭한 부르고뉴 와인을 고르는 일이란 쉽지 않다. 하지만 어려운 공식일수록 원리는 단순한 법이다. 부르고뉴에서는 샤르도네와 피노 누아, 2가지 포도로 와인을 만든다. 복잡하게 생각하지 말자. 일단 이것만 기억하면 된다. 부르고뉴는 샤르도네로 화이트와인을, 피노 누아로 레드와인을 만드는 곳이다. 부르고뉴 와인은 쉽다.

부르고뉴 와인은 저렴하다

시간이 흐를수록 천정부지로 오르는 부르고뉴 와인의 가격은 점입가경이다. 부르고뉴는 의심할 여지 없이 전 세계에서 가장 희귀하고 값비싼 와인을 생산하는 지역이다. 문제는 이 모든 일이 현재 진행형이라는 것이다. '오늘 마신 부르고뉴 와인이 가장 저렴하다'고 말할 수 있을 정도로 부르고뉴 와인의 가격은 멈출 줄 모르고 계속해서 오르고 있다. 게다가 빈티지에도 의존하지 않는다. 무슨 말인가 하면 와인의 나이가 가격을 정하는 결정적인 기준이 되지 않는다는 뜻이다. 출시 전 와인이라도 이미 희귀한 데다 일반적인 와인숍에서는 원하는 부르고뉴 와인을 찾기조차 불가능하다. 그래서 부르고뉴 와인은 부르는 게 값일 정도다.

사실 이러한 현상에 관해 현지 부르고뉴 생산자들도 반색을 넘어 얼떨떨해하고 있다. 30~40년 전만 해도 막사네, 뉘 상 조르주, 모레이 상 드니 같이 비교적 덜 유명한 마을은 본 로마네나 주브레 샹베르탕에 비해 와인 판매가 저조했던 시절이 있었다. 그런데 예전이라면 팔기 힘들었을 와인이 지금은 너도나도 구하기 어려워진 와인이 되었으니 '구매자가 있는 한 판매자의 죄는 없다'는 옛말이 떠오르는 대목이다. 부르고뉴 와인이 이토록 애호가들의 마음을 사로잡은 이유는 무엇일까?

만약 전 세계의 연간 와인 생산량을 총 100병이라고 가정한다면, 아마 부르고뉴 와인의 비중은 채 한 모금도 되지 않을 것이다. 정확히는 와인을 털어 마시고 잔에 남은 흔적 정도지 않을까? 그 정도로 부르고뉴의 와인 생산량은 전 세계를 기준으로 볼 때 극히 적은 양에 불과하다. 하지만 품질을 기준으로 한다면 상황은 완전히 달라진다. 세계의 와인 가운데 명품 100선을 뽑는다면 그 리스트에는 부르고뉴 와인이 20여 개가 넘게 들어갈 것이다. 그러다 보니 부르고뉴에서는 포도밭도 와인도 귀하다. 부르고뉴의 포도밭은 단순히 '포도를 재배하는 밭'의 개념을 훨씬 넘어선 가격에 거래된다. 그리고 와인은 갤러리에 걸린 대가의 유작처럼 매해 경매가를 갱신하고 있다. 즉 부르고뉴 와인은 명백하게 비싸다. 하지만 우리가 몇몇 스타 와인의 가격에 주눅들 필요는 없다. 날씨가 따뜻해지면서 부르고뉴 곳곳에서 생산된 가성비 좋은 와인들이 점점 늘어나고 있기 때문이다. 기후가 너무 서늘해서 와인을 만들어 팔기에 보잘것없었던 곳이나 상대적으로 스포트라이트를 받지 못했던 마을 등이 이제는 제 몫을 해내며 인정을 받기 시작했다. 쇼레이레 본, 사비니 레 본, 라두아, 샹트네, 지브리, 오트 코드 드 뉘, 오트 코트 드 본 등 최근 급부상한 부르고뉴의 와인 산지가 넘쳐난다. 이럴 때일수록 우리에게는 숨겨진 좋은 와인을 고르는 안목과 현명한 선택을 하는 지혜가 필요하다.

부르고뉴 와인은 변하고 있다

부르고뉴는 최근 급격한 변화를 겪고 있다. '테루아(Terroir)'와 '클리마(Climat)'가 유네스코 세계유산으로 지정되었고, 세계적으로 와인 수요는 폭발적으로 증가하고 있다. 무엇보다 지구 온난화에 직면한 영향이 크다. 부르고뉴 대학에서 지구 온난화가 실제로 포도 수확일에 영향을 주는지 조사해 본 결과 1988년 이후로 수확 시기가 급속하게 빨라졌다고 한다. 현재 포도의 수확 시기는 6세기에 비해 평균 13일이나 앞당겨졌다.

부르고뉴 와인협회 BIVB(Interprofessional Bureau of Burgundy Wines)의 기술 부서 책임자인 장 필립 제르베(Jean-Philippe Gervais)는 어느 인터뷰에서 "현재까지 온난화의 영향은 긍정적이다."라고 밝혔다. 기후 변화는 "포도의 숙성에 긍정적 도움이 되었고" 오히려 부르고뉴에서는 최근 "따뜻한 빈티지"가 와인을 "더 맛있고, 더 부드럽고, 더 다채롭게" 만들었다고 결론을 내렸다. 더불어 그다지 좋지 않았던 빈티지의 와인도 거의 소실되어 간다고 낙관했다. 사비니 레 본이 대표적인 경우다. 앞에서도 언급했다시피 최근 서늘한 곳에서도 포도가 잘 익다 보니 그동안 부르고뉴의 약점이었던 맥없이 시큼한 와인들이 균형감 있는 와인들로 바뀌었다. 그뿐만이 아니다. 날씨가 추웠던 시절에는 주목받지 못했던 품종인 알리고테(Aligote)나 가메(Gamay) 품종이 급부상하고 있다. 알리고테는 7~8년 전만 하더라도 그다지 관심 받던 품종이 아니었다. 하지만 지금은 놀라울 만큼 훌륭한 맛의 와인을 만들어 낸다. 이른바 '뉴 알리고테 시대'다. 이와 더불어 최근 부르고뉴에서는 지구 온난화에 적응할 고대 포도 품종을 연구하고 있다. 그래서 구아이 블랑(Gouais blanc)이나 가메 프레오(Gamay fréaux)처럼 잊힌 포도들이 다시 살아나 앞으로의 부르고뉴를 구원하지 않을까 하는 희망을 품고 있다.

그렇다고 부르고뉴의 미래가 마냥 장밋빛인 것은 아니다. 장기적으로 보면 와인의 산도 손실이 우려된다. 또 겨울이 더 온화하거나 짧아지면 식물의 생장 주기가 더 일찍 또는 더 빨리 재개되어 포도나무가 서리에 더 많이 노출될 수 있다. 실제로 최근의 빈티지들이 이런 어려움에 처했다. 온난화는 자연적 위험 요소다. 부정적인 결과로 이어진다면 이를 바로잡고 회복시킬 해법이나 대안이 필요하다. 와인 생산자들은 불과 십 년 전만 하더라도 시도하지 않았을 새로운 도전에 나섰다. 이를테면 양조 방식이다. 포도가 잘 익으니 침용 기간이 짧아졌다. 십 년 전만 하더라도 한 달가량 포도를 발효통에 담가 둘 수 있지만 이제는 20일 이상 넘기지 않는다. 이산화황 사용도 자제하는 추세다. 그러다 보니 펀칭 다운(Punching down, Pigeage), 펌핑 오버(Pumping over, Remontage) 같은 침용 방식보다는 차라리 발효 온도를 올려서 탄닌을 추출하려고 한다. 오크 숙성을 할 때도 뉴 오크 사용을 절제하고, 포도 본연의 풍미를 살리고자 한다. 가장 두드러지는 변화는 줄기 사용이다. 와인 양조에서 줄기는 뜨거운 감자다. 발효할 때 줄기를 사용할 것인가, 제거할 것인가는 부르고뉴 와인 양조의 영원한 논쟁거리다. 줄기를 사용해야 한다는 줄기 효용론과 제거해야 한다는 줄기 무용론 두 가지 주장이 팽팽하게 대립했다. 하지만 최근에는 조금씩 줄기를 사용하는 쪽으로 의견이 기울어지고 있다. 양조에 쓰는 포도의 20퍼센트, 나아가 30퍼센트 등으로 점차 줄기의 비중을 늘리는 도멘들이 점점 증가하고 있다. 일례로 도멘 메오 카뮈제(Domaine Meo Camuzet)는 줄기를 100퍼센트 제거하는 곳으로 유명하다. 도멘 메오 카뮈제의 줄기 제거 방식은 근 300년 동안 이어져 온 전통이다. 그런데 최근 들어 이 도멘에서 줄기를 조금씩 사용하기 시작한 것이다. 이는 부르고뉴의 변화를 예고하는 상징적 사례다. 도멘 메오 카뮈제의 오너 장 니콜라는 와인 잡지 〈부르고뉴 오주르디〉에서 이같이 밝혔다. "와인이 숙성하면서 조기 산화되거나, 컬러가 흐릿해지는 등 줄기를 사용했을 때 발생하는 문제들이 점차 줄어들고 있다."

마지막 변화는 세대교체다. 예전에 부르고뉴에서 와인 생산자라는 직업은 농부에 가까웠다. 비즈니스는 농업과는 전혀 다른 세계였고, 여기에 능숙하지 못했던 사람들은 네고시앙에 와인을 팔아서 생계를 유지하곤 했다. 오늘날 부르고뉴 와인은 전 세계 어디서나 잘 팔리게 되었다. 좋은 아펠라시옹을 소유한 도멘은 비즈니스가 더 이상 어려운 숙제가 아니다. 나아가 이제는 전 세대인 아버지보다 비즈니스에 능한 젊은 세대들이 등장했다. 이런 상황이다 보니 무명의 도멘에서 스타가 되거나 또는 스타를 꿈꾸는 젊은 와인 생산자들이 부르고뉴 와인의 현재를 이어가고 있다. 만드는 이가 달라졌으니 와인이 변하는 것도 당연한 이치다. 변하는 것은 와인의 맛이 될 수도 있고, 스타일이 될 수도 있고, 심지어 와인의 등급이 격상될 가능성이 될 수도 있다. 전통과 변화의 길에 부르고뉴 와인이 서 있다.

프랑스 지도

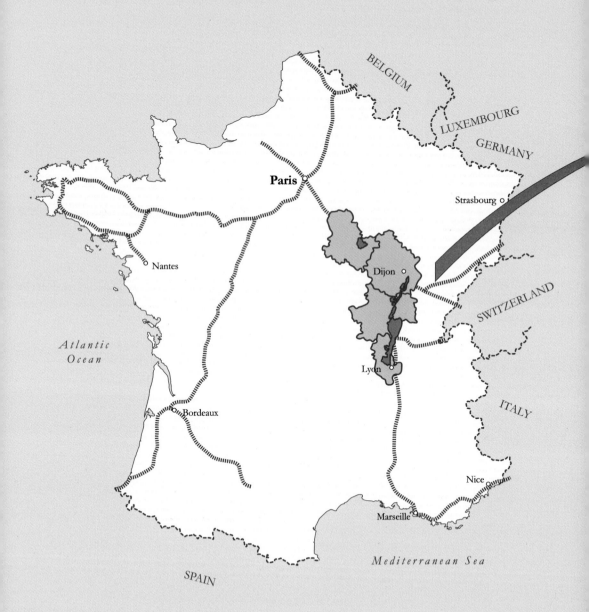

BELGIUM

LUXEMBOURG

GERMANY

Strasbourg ○

Paris ○

○ Nantes

Dijon ○

Atlantic Ocean

SWITZERLAND

Lyon ○

○ Bordeaux

ITALY

Nice ○

Marseille ○

Mediterranean Sea

SPAIN

부르고뉴 지도

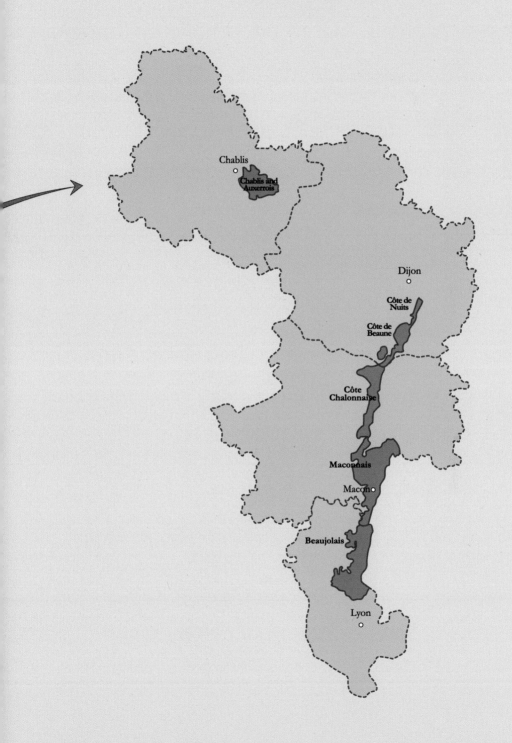

Chablis

Chablis and
Auxerrois

Dijon

Côte de
Nuits

Côte de
Beaune

Côte
Chalonnaise

Maconnais

Macon

Beaujolais

Lyon

PART

1

부르고뉴 와인의 기초

와인의 테루아, 테루아의 와인

오 년쯤 전의 일이다. 한 수강생이 다가와 "저는 고향이 시골이라 친구들과 들로 산으로 다니며 놀았거든요. 강사님의 테루아 얘기가 진짜 와닿습니다."라고 털어놓았다. 그러고는 "어릴 때 개미도 잡아먹곤 했는데 개미도 서식지에 따라 맛이 달라요. 바닷가 개미는 좀 짰던 것 같고요. 숲속의 나무에서 잡은 개미는 고소했어요."라고 덧붙였다. 아주 오래전에 나눴던 대화이지만 잊을 수 없는 이야기라서 나는 자주 그 말을 곱씹어 본다. 자연은 그렇게 주변의 것들에 인장을 새긴다.

부르고뉴에서 와인을 공부하면서 가장 강렬하게 나의 마음에 꽂혔던 건 바로 '테루아'의 개념이다. 내가 특히 좋아하는 이야기가 있다. 테루아가 무엇인지 설명하기 위해 교수님은 옛날이야기를 하나 들려주셨다. 부르고뉴 공국 시절, 한 소믈리에가 있었다. 군주의 술 시중을 담당하는 소믈리에였다. 구전으로 전설처럼 전해오는 이야기인지라 그의 이름은 알 수 없다. 그는 타고난 천재였다. 모르는 와인이 없을 정도로 지식에 해박할 뿐만 아니라 테이스팅 기술도 뛰어나서 블라인드 테이스팅을 하면 못 맞추는 와인이 없었다고 한다. 거기에 서비스 실력까지 뛰어났는지 왕의 총애를 한 몸에 받았다. 당연히 그에 대한 왕의 사랑은 주변 사람들의 시기와 질투를 불러왔다. 신하들은 한마음으로 작당하여 그를 골탕 먹이고 싶어 했다. 특히 왕 앞에서 망신을 당하게 하는 것이 그들의 목표였다. 그래서 신하들은 작전을 짰다. 유명한 A포도밭 근처의 황무지를 포도밭으로 개간하고 와인을 만들었다. 제아무리 천재여도 이런 숨은 사정까지 어찌 알 수 있겠는가. 어느날 궁에서 연회가 열렸다. 신하들은 황무지에서 자란 포도로 만든 와인을 가져와 왕 앞에 헌사했다. 그리고 소믈리에에게 이 와인이 무엇인지 맞추게 해보자고 분위기를 몰고 갔다. 드디어 신하들이 바라던 그 순간이 왔다. 그를 혼란에 빠트리고, 한순간 나락으로 보내 버릴 절호의 기회가 온 것이다. 소믈리에는 천천히 와인을 가져다 색을 바라보고 향을 맡았다. 그리고 와인을 한 모금 맛보고는 입을 열었다. "음… 알 것 같아요. 이 와인에서 '코트'가 흘러요." 왕은 "오! 계속하시오!"라고 호응을 보냈다. 그는 '코트'에서 시작해서 점점 좁혀 들어가 마침내 A포도밭까지 다다랐다. 정적이 흐르던 그 순간 소믈리에는 한숨을 쉬었다. "폐하. 죄송합니다만 저는 이 와인을 맞출 수 없습니다. 이 와인은 세상에 존재하지 않는 와인입니다." 이야기는 그렇게 끝이 났다. 이 이야기에서 말하고자 하는 건 지구상 모든 사람들의 DNA가 다르듯이 땅에도 대체 불가한 DNA를 마치 인장처럼 찍은 포도밭이 있다는 것이다. 와인은 대지가 잉태한 생명이고, 테루아는 자연의 대지가 포도라는 탯줄로 이어준 DNA와 같은 셈이다.

'테루아'는 어느 나라 말로 번역하더라도 '테루아'가 된다. 번역하여 대체할 언어가 없기 때문이다. 일찍이 16세기 수도사들은 같은 포도를 똑같은 방식으로 만들어도 와인 맛이 달라지는 경험을 했다. 어떤 밭에서는 평범한 와인이 나오는가 하면 또 어떤 밭에서는 맛도 훌륭하거니와 오래 보관할수록 맛이 더 깊어지는 와인이 만들어지는 것이다. 이때 수도사들이 주목한 건 땅이었다. 땅이 유일한 변수였기 때문이다. 그렇게 수도사들은 와인의 맛을 좌우하는 중요한 단어를 만들게 된다. '땅(Terre)'에서 파생된 새로운 단어 '테루아(Terroir)'는 이렇게 탄생했다. 테루아는 포도밭을 이루는 자연환경, 즉 기후나 토양, 경사면 등을 아우르는 총체적인 개념이다. 약간 어렵게 느껴질 수 있지만, 결국 와인의 개성을 좌우하는 자연의 힘이라고 볼 수 있다. 와인은 먼저 토양의 화학적인 성질을 표현한다. 부르고뉴의 와인 장인들은 '대지의 자연적 본성'을 직감하고 수 세기 동안 좋은 땅과 그렇지 못한 땅을 구별해 왔다. 실제로 16세기에는 포도를 심기 전에 흙을 맛보기도 했다고 한다. 그리고 '좋은 맛'을 가진 흙에서 좋은 와인이 나온다는 확신을 가졌다. 특정한 밭이 다른 곳보다 환경적으로 더 나은 이유를 설명할 수 있는 과학적인 방식이 존재하기 훨씬 이전에, 이미 '좋은 테루아' 또는 '나쁜 테루아'의 개념이 존재했던 것이다. 그리고 이를 나누는 기준은 아주 단순했다. 바로 와인의 맛이었다. 그렇게 오랜 시간 축적된 경험은 테루아의 역사를 형성하게 되었고, 오늘날 우리가 알고 있는 부르고뉴 테루아의 지도가 나왔다. 그리고 현대에 들어와 이러한 모든 지식과 사실들이 과학적으로 다시 검증되었다.

그렇다면 부르고뉴의 테루아란 과연 어떤 것일까? 부르고뉴 지방은 다른 와인 생산지에서는 흉내 낼 수 없는 고유한 테루아를 지니고 있다. 부르고뉴 지역은 아주 오래전에 바다였던 곳이다. 그래서 바다의 흔적이 여전히 토양에 그대로 남아 있다. 예를 들어 미네랄이나 석회 같은 성분들이다. 그리고 그 후에 형성된 점토질까지 섞이다 보니, 부르고뉴에는 다양한 토질이 마치 샌드위치 모양처럼 켜켜이 쌓이게 된다. 여기서 특히 중요한 사실은 오랜 세월 동안 융기와 침식 작용이 반복되며 부르고뉴에 독특한 형태의 토질이 형성됐다는 것이다. 마을마다, 포도밭마다 각각 서로 다른 모양의 샌드위치 토양을 갖게 되니 설사 같은 마을이라 하더라도 토질이나 자연환경이 다른 포도밭에서는 서로 다른 맛의 와인이 만들어지는 당위성이 성립된다. 도멘 드 라 로마네 콩티(Domaine de la Romanée Conti)의 오너 오베르 드 빌렌은 언젠가 인터뷰에서 로마네 콩티 테루아의 위대함에 대해 다음과 같이 말한 바 있다. "로마네 콩티와 같은 가장 위대한 테루아는 단 한 번도 자연적 피해를 본 적이 없습니다. 가장 더운 해였던 2003년의 극한 상황에서 많은 포도나무의 잎이 더위의 영향으로 구부러지는 것을 보았죠. 하지만 로마네 콩티 밭의 포도들은 멀쩡했고, 그것을 와인으로 만들었을 때 산도 역시 정확하게 예년과 비슷했습니다."

만약 이 책의 독자들 중 부르고뉴를 처음 방문하는 사람이 있다면, 특히 그동안 책으로만 부르고뉴 와인을 공부하고 즐겨 마셨던 이들이라면 실제 부르고뉴 지역에 갔을 때 당황할 정도로 깜짝 놀라게 될 것이다. 책에서 말하는 '코트(Côte)'의 면적이 생각보다 작고, 주요 마을간 거리 역시 무척 가깝기 때문이다. 그래서 부르고뉴의 테루아를 제대로 이해하기 위해서는 우선 유리잔을 들고, 포도밭이 불과 몇 미터 인접해 있으면서 같은 방식으로 양조를 하는 세 가지 크뤼 와인을 맛보는 경험을 해보길 권한다. 아마도 그 세 가지 와인은 마치 세 사람의 지문을 찍듯 세 가지의 다른 맛을 보여줄 것이다. 내가 얼마 전 테이스팅했던 라트리시에르 샹베르탕(Latricieres Chambertin) 와인도 그러했다. 같은 와이너리에서 만든 라트리시에르 샹베르탕과 샤펠 샹베르탕을 비교 시음했는데, 이 두 와인은 모두 주브레 샹베르탕 마을의 그랑 크뤼 와인이다. 이 와인들의 포도밭은 그랑 크뤼 언덕에서 지척에 위치하지만 맛에는 미묘한 차이가 있었다. 먼저 샤펠 생베르탕은 주브레 샹베르탕의 그랑 크뤼답게 힘이 넘치면서도 우아한 산도를 지니고 있어 장기 숙성형 와인의 전형을 보여주었다. 반면 라트리시에르 샹베르탕은 샹베르탕 특유의 파워보다는 좀 더 섬세하고 예리한 느낌이었다. 왜냐하면 이 밭 옆으로 그라지이 협곡이 지나가면서 찬 바람이 불기 때문에 대지에 차가운 기운이 형성되기 때문이다. 같은 마을에서 자라 같은 해에 수확하고, 같은 와이너리에서 같은 방식으로 만들었는데 왜 이렇게 와인의 맛에서 큰 차이가 나는 걸까? 그 차이를 조리 있게 언어화하여 한마디로 대답하자면 다음과 같다. 테루아.

언젠가 나는 한 부르고뉴 와인 평론가를 인터뷰한 적이 있다. 그는 "와인은 코카콜라가 아니다. 부르고뉴는 누구도 흉내 낼 수 없는 부르고뉴만의 와인을 만들어야 하며, 칠레는 칠레만의 와인, 캘리포니아는 캘리포니아만의 와인을 만들어야 한다. 그것이 바로 테루아의 철학이다. 모방은 바람직하지 않으며, 지역마다 자신만의 전형성을 가진 스타일을 추구해야 한다."라며 완곡하게 와인의 표준화, 몰개성화를 우려했다. 나는 이 말을 두고두고 곱씹어 보았다. 테루아를 담은 와인은 마치 축적된 경험으로 완성된 하나의 프로필과 같다. 그래서 그 와인을 마셨을 때 '정말 맛있어요'라는 단순한 반응보다는 '아, 이거 뭔지 알겠어요. B마을 또는 C밭이죠?' 같은 반응을 기대하는 와인이다. 좋은 테루아란 유일무이한 대체불가성을 지녀야 하며, 이를 알기 위해서는 많은 시간과 노력이 필요하다. 그리고 그러한 테루아를 가진 포도밭은 전 세계에서도 입증된 곳이 많지 않다. 영화 〈월터의 상상은 현실이 된다〉에 이런 대사가 나온다. "아름다운 것들은 관심을 바라지 않아." 부르고뉴의 포도밭을 바라보고 있노라면, 그리고 그들의 생명인 와인을 마실 때면 도도한 카리스마가 느껴진다. 소비자의 입맛에 아부하지 않고 오로지 그곳이 가진 순수한 자연(테루아)만을 드러내는 와인을 마실 때 나는 경외감까지 든다. 이러한 경험은 와인 애호가들에게 중요한 자양분이 되고 와인을 가치 판단하는 기준이 된다. 와인 생산자 다비드 뒤방은 이렇게 말했다. "실제로 와인, 특히 어린 와인을 맛볼 때 와인 생산자의 '스타일'이 존재한다는 것을 깨닫습니다. 그러나 이 모든 것은 시간이 지나면 사라집니다. 아주 오래된 와인을 맛보면 (와인 생산자 스타일의) 차이를 구별하기 어려워져요. 이때 남는 건 테루아밖에 없습니다." 극단적으로 말하면 테루아를 맛본 사람과 맛보지 못한 사람은 와인에 대한 근본적인 인식의 깊이에 차이가 날 수밖에 없는 것이다.

클로와 클리마를 아시나요?

클리마라는 포도밭

때로는 구구절절 설명하지 않아도 단어 하나로 딱 정리가 되는, 대표성을 띄는 용어가 필요할 때가 있다. 예를 들어 한국인의 '정', 중국인의 '꽌시(关系)' 일본인의 '혼네(本音)'를 모르고서 그들의 정서를 어떻게 이해할 수 있겠는가. 부르고뉴의 클로(Clos)와 클리마(Climats)가 바로 그런 존재다. 클로와 클리마를 빼놓고는 부르고뉴 와인을 말할 수 없다. 비약해서 말하자면 클로와 클리마를 모른다면 부르고뉴를 모르는 것과 같다.

먼저 클리마는 무엇일까? 왠지 기후(Climate)와 연관된 단어일 것 같지만 사실 전혀 다른 개념이다. 부르고뉴의 클리마는 포도밭을 말한다. 여기서 잠시 프랑스어 공부를 해보자. 프랑스어로 포도밭을 뜻하는 일반 명사는 비뉴(Vigne)다. 우리말에도 밭이라는 단어가 있지만 좀 더 좁은 의미의 '경계를 지어 놓은 논밭의 구획'을 의미하는 (밭)뙈기라는 단어가 있다. 여기서 뙈기를 의미하는 프랑스어는 파셀(Parcelle)이다. 클리마는 파셀이되 '이름을 가진', 쉽게 말해 실명을 가진 밭을 뜻한다. 1930년대에 AOC 등급이 제정될 당시 와인 등급의 기준으로 부르고뉴는 클리마(포도밭)를, 보르도는 샤토(양조장)를 택했다. 예를 들어보자. 잘 알려진 로마네 콩티는 부르고뉴를 대표하는 그랑 크뤼 와인이다. 하지만 엄밀한 의미로 '로마네 콩티'는 밭 이름, 즉 클리마 이름이다. 부르고뉴협회에서 공식적으로 정의한 바에 따르면 클리마는 고유 이름이 있는 포도밭(Parcelle)이다. 부르고뉴에서는 그랑 크뤼나 프르미에 크뤼 같은 크뤼 와인을 선정할 때, 클리마 즉 포도밭을 심사 기준으로 삼았다. 그리고 크뤼 등급에 오른 포도밭은 그 밭의 이름을 소유할 수 있었다. 이렇게 하면 해당 포도밭은 세상에 하나뿐인 고유 명사가 된다. 예컨대 사람들 사이에서 이런 대화가 오갈 수 있다.

"이 와인 정말 맛있어요. 무슨 와인이에요?"
"로마네 콩티라는 와인이에요. 집에 채이는 게 이것뿐이라서요."
"아 로마네 콩티요? 로마네 콩티가 무슨 이름이에요? 사람 이름인가요? 아니면 와이너리 명인가요?"
"클리마 이름이에요."
"클리마요? 그건 또 뭔데요?"
"부르고뉴에서는 포도밭을 클리마라고 해요. 이름을 가진 포도밭이죠."

먼 옛날 중세의 수도사들이 와인을 만들면서 포도를 재배한 땅에 따라 와인 맛이 달라지는 테루아의 개념을 발견했다. 그리고 이들은 그 테루아에 따라서 밭에 경계를 만들기 시작했다. 그러고는 각각의 밭을 구별하기 위해 이름을 지어주었다. 이것이 바로 클리마가 생겨난 배경이다. 사람으로 비유해 보면 테루아가 유전적 형질을 지닌 DNA라면, 클리마는 주민등록증에 기재된 본명 같은 것이다. 클리마 명은 AOC 크뤼에 등재된 이상 함부로 수정하거나 그 면적을 변경할 수 없다. 각 클리마는 특정한 지질학적, 수력학적 조건 및 노출 특성을 가지고 있다. 현재 코트 드 뉘와 코트 드 본은 1,200개 이상의 클리마를 가지고 있으며, 2015년 7월 4일 부르고뉴의 클리마는 유네스코 세계유산 목록에 등재되었다.

또 하나의 포도밭 리외디

클리마와 유사한 용어로는 리외디(Lieux-dits)가 있다. 발음도 어려운 데다(한국인이 '외eu'를 제대로 발음하려면 다시 태어나야 한다) 개념도 클리마와 혼란스러울 정도로 비슷하다. 그래서 이 두 개의 개념을 구분하는 일은 많은 부르고뉴 애호가들을 어려움에 빠뜨린다. 리외디는 직역하자면 '지명' 또는 '~라 불리는 곳'을 뜻한다. 리외디 개념의 시작은 중세 시대까지 거슬러 올라가며 일부는 갈로-로마 시대로 거슬러 올라갈 수 있다.

부르고뉴 와인협회에서 리외디를 정의한 내용에 따르면 '프랑스에서 토지 대장이 생성된 이후 수백 년 이상 지형적 또는 역사적 특수성을 상기시키는 이름을 가진 토지를 지정한다'라고 되어 있다. 쉽게 말해 족보(고유의 이름을 가진)가 있는 포도밭이다. 클리마와 리외디, 두 개념 모두 실명을 가진 포도밭을 말한다. 개념상 공통 분모가 있다 보니 두 개의 단어는 오랜 시간 동안 혼용해서 사용되었다. 그러나 실제로는 약간의 차이가 있다. 부르고뉴 홈페이지에 설명된 내용을 인용하면 '동일한 클리마 내에서 여러 리외디를 포함시키거나 리외디의 일부만 포함하는 클리마를 가질 수 있다'라고 명시되어 있다. 먼저 동일한 클리마 내에 여러 리외디를 포함하는 예를 들어보자. 본의 클로 데 자보(Clos des Avaux)라는 클리마 명의 프르미에 크뤼는 레 자보(Les Avaux)와 샹피몽(Champs Pimont) 리외디를 통합했다. 다시 말해 두 개의 지명을 가진 리외디가 있었는데, AOC 제정시에는 클로 데 자보(Clos des Avaux)로 등록이 되었고 이럴 때 클로 데 자보는 클리마 명이 된다. 또 다른 예로 포마르의 프르미에 크뤼 클리마인 클로 데 제프노(Clos des Epenots)는 레 그랑 제프노(Les Grands Epenots)와 레 프티 제프노(Les Petits Epenots) 리외디를 합병한 등급이다.

다음으로 동일한 클리마 내에서 일부 리외디만을 포함시키는 경우를 살펴보자. 알록스 코르통 마을의 프르미에 크뤼 클리마 이름 가운데 클로 뒤 샤피트르(Clos du Chapitre)는 레 메이(Les Meix) 리외디의 일부만을 채택하여 선정되었다. 뉘 상 조르주의 레 포레 상 조르주(Les Porrets Saint-Georges) 또한 마찬가지다. 이 클리마는 레 포레(Les Porrets) 리외디 가운데 일부만을 클리마로 등록했다. 지금 무슨 말을 하고 있는 건지 헷갈리는 독자들을 위해 더 간결하게 설명하면 이것만 기억해 두자. 클리마와 리외디의 미묘한 차이를 해석하자면 클리마는 프르미에 크뤼(Premier Cru) 또는 그랑 크뤼(Grand Cru)로 분류된 밭 이름에 주로 사용된다. 그리고 리외디는 그랑 크뤼, 프르미에 크뤼에 등재된 포도밭의 공식 명을 제외한 나머지 모든 '실명을 가진 포도밭' 이름을 지칭할 때 사용된다. 부조의 프르미에 크뤼 포도밭인 르 클로 블랑(Le Clos Blanc)은 원래 라 비뉴 블랑쉬(La Vigne Blanche)로 불리던 밭이다. 그런데 1930년대 AOC 등급 제정 시 이 밭이 '르 클로 블랑'으로 등록되었다. 따라서 이 와인의 클리마 명은 '르 클로 블랑'이 된다. 그럼 '라 비뉴 블랑쉬'는 무엇인가? 이럴 때 리외디라 쓰면 된다. '라 비뉴 블랑쉬'를 클리마 명이라고 하지 않는다.

클로는 포도밭

부르고뉴에서 클로(Clos)는 전통적으로 돌담으로 둘러싸인 포도밭을 말한다. 부르고뉴를 상징하는 이 유명한 돌담은 중세 시대에 가축 떼의 침범을 막기 위해 지어진 것이다. 하지만 이제는 그 이상의 의미가 있다. 예를 들어 주브레 샹베르탕의 '클로 드 베즈(Clos de Bèze)'는 이미 포도밭에서 담이 사라진 지 오래다. 하지만 아직까지도 이 밭은 클로 드 베즈로 불린다. 다시 말해 클로는 '사유화된 포도밭의 경계'를 뜻한다. 클로라 이름 붙여진 밭 중에는 주로 수도원 소속이 많지만 프랑스 왕이나 지방 영주 또는 일반 농부 등이 소유한 단일 포도밭도 해당된다. 그래서 클로 드 베즈를 해석하자면 '베즈의 포도밭'이 된다. 부르고뉴에는 클로가 붙여진 포도밭이 약 120여 개 있다.

부르고뉴의 와인을 이해하기 위해 꼭 알아야 하는 개념들을 마무리하며, 정리하는 의미로 다음 문장을 만들어 보았다.

부르고뉴에는 '클로'라는 단어가 포함된 '클리마'나 '리외디'가 많다. 모레이상 드니의 클로 드 타, 클로 데 람브레이나 부조의 클로 드 부조는 가장 유명한 '클리마' 가운데 하나다. 그리고 라두와 세리니 마을의 클로 데 샤뇨(Clos des Chagnots) 같은 '리외디'가 있다.

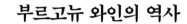

부르고뉴 와인의 역사

부르고뉴 와인의 역사는 멀리 고대까지 거슬러 올라간다. 고대 그리스인들과 로마인들이 유럽 곳곳에 정착하면서 발전되기 시작한 와인의 역사는 언제, 어떻게, 어떤 경로를 통해 이곳 부르고뉴 지방까지 전해졌을까? 많은 역사학자와 고고학자들은 포도나무 재배의 시작점에 대해서 지금도 많은 논쟁을 벌이고 있다. 하지만 다음과 같은 다섯 단계를 거쳐 와인의 역사가 발전 및 계승되어 왔다는 것은 모든 전문가들이 인정하는 분명한 사실이다.

1. 수도승들의 와인: 부르고뉴 와인의 요람, 수도원

부르고뉴의 포도원과 와인 생산이 본격적으로 안정을 찾으며 확고한 토대를 다지게 된 것은 중세 수도승들에 의해서다. 부르고뉴 와인의 요람은 클리니와 시토 교파에 의해서 발전되었다. 587년에 부르고뉴의 왕(Gontran)은 현재 디종에 위치한 성 베니뉴 교회에 포도원을 헌사했으며, 640년에는 주브레 마을에 위치한 베즈(Bèze) 포도원을 바쳤다. 이곳이 지금의 그 유명한 클로 드 베즈 그랑 크뤼(Clos de Bèze Grand Cru) 포도원이다.

이 시기의 포도원은 수도원의 정신적인 메시지와 같았다. 와인은 미사주로 사용되었으며 손님들을 위한 환대와 교류에 활용되었을 뿐만 아니라 각 교구의 재정을 채우는 데도 필요했다. 수도승들은 땅을 경작하고 와인을 생산하는 데 주력했다. 신자들의 지속적인 증여와 기부로 수도원이 소유한 포도원도 늘어났다. 이들은 포도를 재배하고 와인을 만드는 경험을 다음 세대에게 전수해 주었다. 또한 수도사들은 교황이나 왕, 대주교에게 선물로 줄 최고급 와인을 생산하기도 했다. 이들은 훌륭한 와인을 만들기 위해서는 먼저 좋은 포도와 함께 뛰어난 생산지가 필요하다는 것 깨닫게 되었고, 이때부터 산지(Appellation)에 대해 본격적으로 인식하기 시작했다.

2. 군주의 와인

부르고뉴 사람들은 여전히 옛날의 부르고뉴 공국 시대를 잊지 못할 것이다. 당시 부르고뉴 군주는 지금의 네덜란드 지역까지 소유하고 있었으며, 15세기에 들어서는 유럽 대륙에서 가장 번영하는 나라 중 하나가 되었다. 거대했던 부르고뉴 공국은 가장 강력한 권력을 가졌던 왕, 샤를 르 테메레르(Charles le Téméraire)의 사망으로 인해 프랑스 왕인 루이 11세 통치 하에 들어가고, 이내 프랑스 영토로 합쳐지게 된다.

이후 발루아(Valois)나 아르디(Hardi) 같은 권세 있는 군주들이 포도원을 소유하게 되면서 부르고뉴의 와인 산업은 새로운 시대를 맞는다. 종교 중심의 사회에서 민간 중심의 사회로 활동 무대를 옮기게 된 것이다. 과거 수도사들의 와인이 교회 안에만 머물러 있었다면, 군주들의 부르고뉴 와인은 본격적으로 바깥세상에 선을 보이기 시작한다. 기존 와인의 품질을 높이고 수출에 적합한 고품격의 와인을 생산하는 등 소비자를 위한 다양한 와인이 출시된다. 뿐만 아니라 국내외에서 개최되는 수많은 연회나 만찬에서 부르고뉴 와인을 알리는 데도 적극 노력하게 된다. 경제적으로나 문화적으로나 모든 면에서 부르고뉴 와인 부흥의 서막이 화려하게 밝아지던 시기였다.

3. 광명의 와인

15세기와 17세기 사이 부르고뉴에서는 다수의 훌륭한 와인들이 만들어지기 시작한다. 이 시기에 들어서면서 보다 실질적인 행동과 과학, 철학, 합리성들이 부르고뉴 와인의 새로운 양상으로 나타났다. 와인의 향과 맛을 표현하는 어휘들이 등장했으며, 크뤼(Cru)나 빈티지에 대한 중요성이 부각되기 시작하였다. 또한 이 시대에 와인병이 발명되면서 생산자가 스스로를 표현하는 라벨이 최초로 제작되었다.

4. 네고시앙의 와인

부르고뉴 와인의 역사에서 19세기는 커다란 도약과 성공을 거둔 시대이다. 이 시기는 1789년의 프랑스 혁명부터 시작하여 1914년 제1차 세계대전 때까지를 뜻한다. 프랑스 혁명은 와인 산업에 새로운 전기를 가져다주었다. 혁명을 통해 유복한 포도 재배자와 부르주아 계급에게 포도원(토지)의 재분배가 이루어졌다. 이는 그때까지 교회가 소유했던 포도원들이 사라진다는 것을 의미했다. 교회의 재산을 몰수하여 이제는 국가의 소유가 되어버린 포도원들, 특히 그랑 크뤼 포도원들이 경매를 통해 파리의 재력가나 뉘(Nuits) 지역의 부르주아들에게 돌아갔다.

소유주의 이전으로 인해 주목해야 할 점은 포도원의 팽창이다. 19세기까지 코트 도르 지역의 포도원 총면적은 10,500헥타르였으나 1880년에 23,000헥타르까지 확장된다. 또한 철도의 건설로 와인의 수송에 들어가는 시간과 노력이 절감되면서 자유 무역이 활발하게 전개되었다.

그러나 이러한 행복감은 오래가지 않았다. 19세기 말 포도원에 갑작스러운 비극이 찾아온다. 미국에서 날아 온 '필록세라'라는 조그마한 진딧물이 1865년 프랑스 남부 지역 가르(Gard)에 출현했다. 필록세라는 시간이 지날수록 점점 번지며 프랑스 전역의 포도밭을 황폐화시킨다. 부르고뉴에서는 1878년 처음으로 뫼르소에서 필록세라가 발견되었다. 이듬해에는 부르고뉴 지역 15개 마을로 전염되었으며, 1886년에는 부르고뉴 전체가 필록세라의 피해를 입게 된다. 포도원은 황폐해져 갔고 엎친 데 덮친 격으로 경제도 바닥을 향해 곤두박질치게 된다. 사람들은 저마다 절망에 빠져들었다.

5. 포도 재배자의 와인

1920년대까지만 해도 영세 포도 재배자들은 자신들의 이름을 알리지 못했다. 이들은 대형 네고시앙에게 자신들이 재배하고 만든 와인을 판매해 생계를 유지했다. 그러다 제1차 세계대전의 종전과 함께 땅값이 하락했고 조그마한 도멘의 포도나 와인을 구매하던 네고시앙이 줄어들기 시작했다. 그 결과 그곳에 납품을 하던 영세 도멘들이 하나둘 문을 닫는 현상이 벌어졌다. 현재 부르고뉴의 유명한 도멘들은 당시 문을 닫은 작은 도멘들을 하나하나 사들이기 시작했다.

또한 당시의 경제적 어려움은 부르고뉴의 여러 도멘들로 하여금 살아남기 위한 새로운 방법을 모색하게 만들었다. 이것이 바로 보르도와 부르고뉴의 가장 큰 차이라 할 수 있는 직접 판매(La vente direct) 제도다. 부르고뉴인들은 더 이상 가만히 있지 않고 직접 손님들을 찾아 나섰다. 그 결과 1930년대 말 부르고뉴의 여러 도멘 와인들이 미국에 알려지기 시작했다.

이후 부르고뉴의 와인 시장은 네고시앙과 새롭게 등장한 도멘 소유주들이 어깨를 나란히 하며 경쟁하는 시대로 접어들었다. 와인 생산자들의 다양화는 지금의 부르고뉴 와인의 다양성과 각 크뤼별 다양성, 개성을 가져왔다. 예를 들어 50헥타르에 불과한 그랑 크뤼 포도원인 클로 드 부조는 그 안에 80여 명의 다른 소유주가 존재한다. 즉 하나의 그랑 크뤼 등급 안에도 80여 개의 다른 맛을 가진 클로 드 부조가 있는 셈인데, 이는 부르고뉴 와인의 다양성을 설명하는 대표적인 사례라고 볼 수 있다.

부르고뉴의 기후와 토양: 테루아

　부르고뉴에서 테루아의 개념은 자연적인 요소와 인간의 노하우를 통칭한다. 부르고뉴의 테루아는 그 역사가 중세 시대 초반까지 올라가 수도승들에 의해 그 가치가 결정되었으며, 이때 각 테루아의 아이덴티티가 결정되어 국립 원산지명 칭관리소(INAO)의 설립과 AOC 제도의 탄생과 함께 발전, 계승되어 왔다. 천 년이 지난 지금도 부르고뉴의 테루아 개념은 전 세계적으로 통용되어 사용되며, 소비자들에게 와인의 전통과 개성, 그리고 각 원산지의 중요한 가치를 뜻하는 말로써 사용되고 있다.

　부르고뉴 테루아의 중요한 축은 포도나무가 영양분을 흡수하고, 와인의 맛과 향 그리고 색상에 결정적인 역할을 하는 지하 지층과 토양에 있다. 또한 부르고뉴 특유의 지질학적인 근원과 토양 안의 생화학적 성분의 다양성에 의해서도 큰 영향을 받는다. 북쪽(샤블리)에서 남쪽(보졸레)으로 이어지는 부르고뉴 지역은 다양한 토양과 환경, 그리고 포도 산지로 구성되어 있는데 테루아의 특성은 각 포도원마다 다르며, 같은 포도원과 같은 마을이라 해도 다른 특징들을 가진다. 그래서 부르고뉴의 포도원은 수없이 많고 작은 크기의 소획 포도밭으로 구성되어 있는 거대한 모자이크를 연상케 한다.

이러한 토양의 다양성에도 불구하고 부르고뉴는 북쪽에서부터 남쪽까지 공통적인 특징들을 보여주고 있다. 다름 아닌 진흙질, 이회암토, 석회암 토양이다. 이러한 토양은 침식토로 2억 5천만 년 전부터 1억 5천만 년까지 형성된 화강암, 용암, 편마암 그리고 다양한 편암과 함께 구성되어 있다. 그리고 이러한 침식 토양 위에 현재 부르고뉴의 포도 품종들이 재배되고 있는 것이다.

피노 누아는 석회질이 많이 함유된 이회암질의 배수가 잘되는 토양을 좋아한다. 석회질의 함량에 따라 또는 포도원의 방향에 따라 아주 가벼운 스타일의 라이트한 와인이나, 엘레강스한 스타일의 와인, 또는 파워풀하면서 보디감이 좋은 와인을 생산한다. 샤르도네는 이회암-석회질 토양을 좋아하며, 특히 진흙질 함량이 많은 토양을 선호한다. 이런 토양에서 자란 포도는 샤르도네가 품고 있는 아로마의 섬세함과 우아함을 충분히 발휘할 수 있다. 즉 진흙질의 비율이 부르고뉴의 그랑 크뤼 화이트 와인의 깊이와 향을 결정짓는 요인이 된다.

토양의 특색이 테루아의 주요 요소라면 다른 많은 자연적인 요소들, 즉 포도원의 방향, 고도, 토양의 깊이와 배수 조건, 빈티지, 마이크로 클리마 등은 와인의 표현, 개성, 퀄리티에 지대한 영향을 미친다.

마지막으로 인간의 역할 역시 중요하다, 포도 재배 노하우, 전지 작업부터 포도를 수확하는 수확기까지 재배자의 철학, 그리고 양조장 안에서 이루어지는 모든 발효와 숙성 과정들이 와인의 스타일을 결정짓는 중요한 역할을 하게 된다.

지형과 포도밭

부르고뉴 지방은 보졸레를 포함해 총 50,000헥타르의 포도밭을 가지고 있다. 전체적인 기후는 대륙성 기후에 속하지만 언덕의 고도와 기복(Relief) 그리고 강의 유무에 따라 다양한 뉘앙스(클리마)를 가진다.

부르고뉴 지역은 지형학적으로 크게 두 지역으로 나뉜다. 욘(Yonne) 지역의 퇴적 분지 그리고 알자스 지역을 따라 연속적으로 발생한 지각의 침식과 융기로 인한 코트(Côte) 지역이다. 전 세계적으로 유명한 와인이 집결되어 있는 부르고뉴 지역은 북에서 남으로 약 200km 정도 길게 뻗어 있는 모양이다. 오랜 세월 융기와 침식으로 인한 지각 변동은 이곳의 지형을 동쪽으로는 광활한 평야 지대, 서쪽으로는 고도 900m의 모르반(Morvan) 숲으로 된 언덕에 이르는 경계를 만들었다. 그리고 코트 언덕 너머부터 아래쪽 평야 지대까지는 총 4개의 계단식 지형이 구성되었다. 이 중에서 코트 도르(Côte d'Or) 구역은 또다시 '코트 드 뉘(Côte de Nuits)'와 '코트 드 본(Côte de Beaune)'으로 나뉘는데 이러한 지역의 분리는 와인의 특성에 반영되었고 지형의 특색에 따라 또다시 분류되었다. 코트 드 뉘는 쥐라기 중생대에 생겨났으며 코트 드 본은 쥐라기 신생대로 코트 드 뉘 지역보다 좀 더 늦게 형성되었다.

이렇듯 부르고뉴 지역의 지형과 토양은 매우 다양하고 복잡하다. 더욱 놀라운 사실은 이러한 다양성과 복잡성이 매우 짧은 거리마다 나타난다는 것이다. 그래서 때로는 더욱 모호하게 느껴지기도 한다. 겉으로 봐서는 거의 같은 토양처럼 보이기 때문이다. 하지만 최상의 와인을 생산하는 포도밭 바로 인근에 위치한 곳에서 품질이 그곳보다 훨씬 못 미치는 와인을 생산하기도 한다. 이런 특성이 많은 이들이 부르고뉴 와인이 어렵다고 하는 이유 중 하나일 것이다.

토양

부르고뉴의 포도밭 지도를 가만히 살펴보면, 마치 모자이크처럼 작게 분할된 모습을 찾아볼 수 있다. 이는 부르고뉴의 다양한 테루아를 입증하는 것이다. 그리고 대부분의 포도밭은 방향이 남동쪽을 향하며, 언덕 위에 위치해 있다. 또한 보졸레 지방을 제외하고는 대부분의 토양이 석회질로 구성된다.

부르고뉴의 토양은 원래 석회암이었지만, 오랜 세월 동안 외부 환경(바람, 비, 서리 등)에 의해 변형되어 지금의 포도밭을 형성하게 되었다. 석회암이 부서진 파편들, 지난 빙하기 때 파괴되었던 석회암들이 지금의 포도원 토양을 이룬다. 일반적으로 포도나무는 자갈 토양을 좋아하는데, 배수가 용이하며 자갈이 한낮의 태양열을 저장했다가 밤에 온도가 내려갔을 때 열을 방출하는 복사 현상을 만들어 내기 때문이다. 자갈 토양 외에도 다양한 토양에서 포도나무가 자랄 수 있다. 가장 대표적인 토양이 바로 규토(비교적 가벼운 와인), 점토(보디감이 있고 알코올이 강하며 색이 짙고 탄닌이 강한 와인), 석회질(알코올이 강하고 부케가 강한 와인), 그리고 철분을 함유한 토양(색이 짙고 부케가 강한 와인)이다.

방향

부르고뉴 지역의 포도원 방향을 살펴보면 보졸레와 마콩 지역, 코트 샬로네즈 지역은 포도밭이 동쪽을 향하고 있다. 그리고 중심이 되는 산지인 코트 드 뉘와 코트 드 본 지역은 동남쪽을, 샤블리 지역은 남서쪽을 향하고 있다.

품질이 뛰어난 포도원들은 공통적으로 동남쪽을 향하고 있으며 해발 200m에서 500m사이의 낮은 언덕에 자리한다. 언덕 위에 자리한 포도밭은 서리 피해와 서쪽에서 넘어오는 차가운 바람으로부터 보호를 받는 이점이 있다. 그리고 경사면을 통해 일조량 또한 최대한 얻을 수 있으며 밤새 내린 이슬을 빠른 속도로 말릴 수 있어 곰팡이 피해를 방지한다.

강수량

부르고뉴의 연평균 강수량은 650~700mm이며 적게는 450mm, 많게는 900mm가 내린다. 5월과 6월에는 비가 가장 많이 오기 때문에 포도나무의 생장을 돕는 역할을 하지만, 꽃이 피는 것을 방해할 수도 있다. 2월과 3월에는 비가 가장 적게 오는 시기이므로 토양에 물이 차는 것을 막아주며, 위생적으로 전지 작업을 할 수 있고, 봄에 땅이 빨리 따뜻해질 수 있도록 돕는다. 마지막으로 9월에는 비가 가장 적게 내리므로 포도가 완숙하는 데 도움을 준다.

일조량

부르고뉴의 연간 일조량은 2000시간으로, 보르도 지방과 비슷하다. (4월에서 9월 사이에 전체 일조량의 3/4이 내리쬔인다). 그중 포도나무가 생장하는 데 가장 중요한 시기인 4월에서 9월까지의 일조량은 약 1400시간이다.

부르고뉴는 프랑스 동쪽에 자리 잡은 보주산맥으로 인해 북쪽의 서늘한 기온으로부터 보호를 받으며, 서쪽에 모르반산이 위치해 있어 비 피해로부터 포도밭이 보호를 받는다. 따라서 포도밭의 기후가 너무 춥거나 습하지 않고 서늘한 바람, 즉 통풍이 잘되는 지역이다.

부르고뉴는 북쪽으로 올라갈수록 춥고 건조하다. 이런 기후는 포도의 위생 상태에 좋은 영향을 미친다. 코트 도르 안에서도 코트 드 뉘가 코트 드 본보다 북쪽에 위치해 있다. 그래서 코트 드 뉘는 항상 코트 드 본보다 며칠 늦게 수확을 시작한다.

기온은 포도나무가 생장하는 데 특히 중요한 역할을 한다. 보통 포도나무 싹의 발아가 시작하는 4월은 섭씨 4~15도이며 개화하는 6월에는 평균 17도, 그리고 7월에서 8월의 평균 온도는 19도이다. 겨울에는 최저로 내려갈 경우 영하 5도까지 내려간다. 부르고뉴의 연간 평균 온도는 10.7~10.9도다.

고도

고도는 포도원의 방향만큼이나 포도 열매가 익는 데 중요한 역할을 한다. 부르고뉴의 거의 모든 그랑 크뤼 포도원들은 대부분 220~300m의 완만한 경사지에 위치해 있다. 이곳은 배수가 잘되고 비가 왔을 때 빗물이 아래로 흘러내려 빠른 시간에 토양이 건조되는 장점을 가지고 있다.

수분

포도나무는 자갈 토양을 좋아한다. 자갈 토양은 수분(Hydrometrie)을 보유하고 있는 시간이 적기 때문이다. 포도나무는 수분을 찾아 토양 아래로 깊숙이 뻗어 나가는데 보통 6m 정도 뿌리를 내릴 수 있다. 포도나무 뿌리가 토양에 깊숙이 자리 매김을 함으로써 외부 환경, 즉 가뭄이나 지나친 비로 인한 보트리스균의 영향으로부터 포도 열매가 덜 스트레스를 받게 된다.

지하 지층

지하 지층의 역할 역시 포도원에 중요하다. 지하 지층은 포도나무에 필요한 모든 영양분들을 포함하고 있다. 이러한 영양분은 서로 다른 클리마에서 다른 특성을 가진 와인을 만들게 하는 주요 요인 중의 하나다.

빈티지

부르고뉴 와인을 이해하는 데 가장 중요한 요소 중 하나로 빈티지(Vintage, Millesime)를 들 수 있다. 빈티지는 포도를 수확한 해를 말한다. 부르고뉴에서는 9월에서 10월에 포도 수확을 한다. 부르고뉴의 빈티지가 중요한 이유는 바로 모노 세파쥬(단일 품종)를 사용하기 때문이다. 테루아는 그 와인만이 가지는 전형성을 만들어 내고, 빈티지는 와인의 퀄리티에 영향을 미친다. 물론 그해 빈티지의 특징을 와인에 잘 표현하는 일은 인간의 노하우에서 비롯된다.

이런 점에서 보르도와 부르고뉴는 서로 다른 조건을 지니게 된다. 보르도 지역은 여러 품종을 혼합하여 와인을 만든다. 또한 품종별로 따로 양조와 발효를 진행한 후 나중에 테이스팅을 통해 블렌딩 비율을 결정하여 최상의 와인을 만든다. 그렇기 때문에 상대적으로 부르고뉴보다는 빈티지의 영향에서 자유로울 수 있다.

부르고뉴의 포도 품종

레드와인 품종

1. 피노 누아(Pinot Noir)

피노 누아 품종은 부르고뉴 지역에 포도밭이 생기면서 함께 심어진 오래된 포도 품종으로, 현재 전 세계에서 재배된다. 어린 부르고뉴 와인의 경우 신대륙 와인과 쉽게 구분하기 어렵지만, 오랜 세월 나이를 먹으며 나타나는 부르고뉴 피노 누아의 풍미는 다른 어떠한 지역이나 나라와도 비교할 수 없을 정도로 진가를 나타낸다.

피노 누아는 포도 알맹이의 크기가 아주 작고 무색의 포도즙이 풍부하며, 당분이 많이 함유되어 있다. 알맹이 사이의 간격이 비교적 좁으며, 짙은 보라색의 포도 품종으로 생산성이 낮은 편이다. 샹파뉴 지방에서도 재배되며 추운 기후에 잘 견딘다.

2. 가메(Gamay)

가메라는 품종명은 부르고뉴의 퓔리니 몽라셰(Puligny Montrachet) 인근의 한 마을 이름에서 따온 것이다. 생산량이 비교적 많은 것이 특징이며, 현재는 보졸레 지방의 주 품종으로 재배된다. 가메의 품종적 특징은 코트 도르의 석회질과 진흙이 뒤섞인 토양보다는 보졸레 지방의 화강암 토양에서 유감없이 발휘되는데 신선한 과일 향을 지니며 마시기 부담 없는, 가볍고 발랄한 스타일의 와인을 만들 수 있다. 가메 품종은 곰팡이에 민감하다는 특징이 있다.

화이트와인 품종

3. 샤르도네(Chardonnay)

전 세계 포도 생산지에서 볼 수 있는 국제적 슈퍼스타 품종이다. 어떠한 환경에서도 잘 자라며 천 개의 얼굴을 가졌다 여겨질 정도로 다양한 스타일의 맛과 개성을 표현하는 만능 품종이다. 부르고뉴 지역이 원산지이며 오랜 전통을 가지고 있는 포도 품종으로, 현재 부르고뉴 전역에서 재배된다. 포도가 익을 시기에 샤르도네의 색깔은 투명한 황금색으로, 보기에도 아주 예쁘다. 샤르도네의 포도알 크기는 피노 누아만큼 작지만 길게 타원형으로 생겼으며, 피노 누아보다 알맹이의 간격이 덜 좁은 편이다. 당분의 함량이 많은 품종이기도 하다.

4. 알리고테(Aligote)

부르고뉴 고유의 포도 품종이며 생산량이 많고, 포도 알맹이의 크기도 크다. 어떤 환경에서도 잘 자라는 것이 특징이다. 알리고테로 만든 와인은 와인 라벨에 알리고테라는 품종 이름이 명시되며, 부르고뉴의 스파클링 와인(Cremant de Bourgogne)을 만드는 데도 사용된다.

알리고테는 생산되는 마을 이름을 같이 쓸 수 없다. 하지만 예외적으로 부즈롱(Bouzeron)만이 가능하며, 나머지는 '부르고뉴 알리고테(Bourgogne Aligote)'라고 표기해야 한다.

그 외에도 부르고뉴에서는 아주 적은 양의 다른 포도 품종들이 재배된다. 오세루아 지역에서는 소비뇽 블랑과 세자르(César)를 재배한다. 소비뇽 블랑은 상 브리(Saint Bris) 마을에서 아주 라이트하면서 소박한 와인을 만드는 데 사용되며, 세자르는 이랑시(Irancy) 마을에서 피노 누아 품종과 블렌딩되어 사용된다.

부르고뉴 와인의 등급 체계

프랑스의 와인 산지에 AOC 법률이 제정될 당시 모든 지방자치단체는 각자의 길을 선택했다. 보르도는 샤토의 명성을, 알자스는 포도 품종을, 샹파뉴는 브랜드를 그리고 부르고뉴는 테루아를 기준으로 AOC 법률을 제정하게 된다. 이로 인해 부르고뉴 지역은 약 1m 간격으로 와인의 등급이 달라지는 곳이 되었다.

테루아는 부르고뉴 와인 등급 체계의 기본 바탕이 된다. 프랑스 전체에서 와인의 원산지(AOC)는 500개가 넘는다. 그중 부르고뉴 지방 안에 약 97개의 원산지가 존재한다(부르고뉴 84개, 보졸레 13개). 부르고뉴의 와인 등급 체계는 피라미드 형태를 띠고 있는데, 피라미드의 정상을 차지하고 있는 그랑 크뤼 와인은 전체 생산량의 1%에 해당하는 33개다. 샤블리 그랑 크뤼, 샹베르탕, 바타르 몽라쉐, 로마네 콩티 같은 와인들이 대표적이다.

그다음으로 총생산량의 약 10%를 차지하는 프르미에 크뤼는 662개의 클리마를 형성하고 있다. 그리고 AOC 빌라주, 즉 마을 단위의 와인은 총 생산량의 약 37%를 차지한다. 주브레 샹베르탕, 샤블리, 부조, 볼네 등이 이에 해당한다. 마지막으로 피라미드의 가장 아랫부분에 해당하는 AOC 레지오날은 전체 생산량의 52%에 해당한다. 부르고뉴, 부르고뉴 파스 투 그랭, 부르고뉴 알리고테 등이 그 예다.

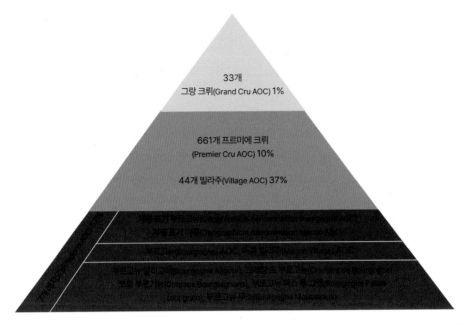

BIVB(Le Bureau Interprofessionnel des Vins de Bourgogne) 제공(2017-2021)

부르고뉴 코트 도르 지역의 본 로마네 마을을 예로 들어보자. 이 마을 안에는 테루아에 따라 네 가지 등급이 존재한다. 로마네 콩티, 라 타슈, 에세조와 같은 그랑 크뤼 와인이 있으며, 레 말콩소, 레 프티몽과 같은 프르미에 크뤼 와인이 있다. 이들은 각자의 포도밭 이름 즉 클리마를 라벨에 표기한다. 곧 포도밭 명이 (와인이라는 상품의) 브랜드이자 품질을 의미하는 등급이 되는 것이다. 그다음으로는 마을 이름을 딴 '본 로마네'의 빌라주급 와인과 '부르고뉴'라고 라벨에 기재되는 레지오날 등급의 와인을 생산하는 포도밭이 있다.

여기서 부르고뉴만의 흥미로운 지점이 있다면, 바로 부르고뉴에서는 와인의 등급 조정이 가능하다는 것이다. 그러나 결코 쉽지 않은 일이며, 조정 절차에 오랜 시간이 소요된다. 본 로마네에 위치한 그랑 뤼(Grand Rue) 와인은 1992년에 프르미에 크뤼에서 그랑 크뤼 와인으로 승격된 바 있으며, 모레이 상 드니 마을에 있는 클로 데 람브레이는 1981년에 프르미에 크뤼에서 그랑 크뤼로 승격되었다.

그랑 크뤼(Grand Cru)

그랑 크뤼는 부르고뉴 등급 피라미드에서 가장 윗부분을 차지하며, 전체 생산량의 1% 정도다. 코트 도르 지역 안에 총 32개의 그랑 크뤼가 있으며 샤블리 지역에 1개의 그랑 크뤼(7개의 클리마)가 있다. 그랑 크뤼 와인은 각 클리마 이름이 의무적으로 라벨에 기재된다.

샤베르탕(Chambertin), 클로 데 람브레이(Clos des Lambrays), 샤블리 그랑 크뤼 부그로(Bougros), 코르통 샤를마뉴(Corton Charlemagne), 로마네 콩티(Romanee Conti) 등이 여기에 해당된다. 와인 라벨에 'Grand Cru'를 기재하고 싶다면 클리마의 이름을 밑줄에 붙여야 하며, 이때 클리마의 글자 크기는 3분의 2로 제한되어 있다.

다만 여기서 샤블리는 예외다. 샤블리에는 7개의 그랑 크뤼 클리마가 있다. 하지만 각기 다른 클리마가 존재함에도 불구하고 샤블리는 하나의 그랑 크뤼로 묶어서 표기한다. 그래서 'Chablis Grand Cru'로 나란히 표기하고, 그 밑에 클리마 이름을 명시한다.

주의해야 할 점은 그랑 크뤼 이름과 빌라주 이름을 혼동해서는 안 된다는 것이다. 예를 들어 샤베르탕과 주브레 샤베르탕, 뮈지니와 샹볼 뮈지니, 몽라셰와 퓔리니 몽라셰, 코르통과 알록스 코르통을 혼동해서는 안 된다.

프르미에 크뤼(Premier Cru)

프르미에 크뤼는 부르고뉴 와인 생산량의 10% 정도를 차지한다. 프르미에 크뤼에는 662여 개의 클리마가 있으며, 그랑 크뤼와 마찬가지로 클리마 명을 라벨에 명시한다. 다만 그랑 크뤼와 비교하면 라벨 표기 방식이 좀 더 유연하다. 아래와 같이 다양한 방법으로 클리마가 프르미에 크뤼 라벨에 표기될 수 있다.

클리마 명을 마을 명과 나란히 표기한다. 이때 클리마의 글자 크기가 마을 명보다 더 커서는 안 된다.

마을 명, 클리마 명 그리고 'Premier Cru(1er Cru)'를 모두 표기한다.

클리마 명은 표기되지 않고 마을 명과 'Premier Cru'만 표기한다. 이 경우 여러 프르미에 크뤼 클리마를 블렌딩했을 가능성이 높다.

프르미에 크뤼 라벨 표기 방법은 위와 같이 다양하다. 그럼에도 반드시 지켜야 할 규칙이 있다. 라벨 하단의 'Appellation'과 'Contrôlée' 사이에 'Premier Cru' 또는 클리마 명을 반드시 명시해야 한다.

AOC 코뮌(AOC Commune) / 빌라주(Village)

AOC 코뮌(또는 빌라주)은 부르고뉴 총 생산량의 37%를 차지한다. 44개의 코 뮌 AOC는 와인 라벨에 마을 이름이 표기된다. 샤블리(Chablis), 주브레 샹 베르탱(Gevrey Chambertin), 본 로마네 (Vosne Romanée), 본(Beaune) 등이 여기 에 해당된다. 다만 와인이 생산되는 정확한 장소를 구별하기 위해 포도 밭 이름을 마을 이름에 추가할 수 있 다. 이때 포도밭은 경작과 수확 등록 신고를 마쳤다는 조건 하에 레이블 에 표기될 수 있다. 포도밭 이름(리외 디)의 글자 크기가 마을 명보다 커서 는 안 된다.

AOC 레지오날(AOC Regional)

AOC 레지오날 와인은 전체 부르고뉴 와인 생산량의 52%를 차지하며, 부르 고뉴에는 총 23개의 레지오날 와인이 있다. 이 카테고리는 부르고뉴의 등급에서 도 가장 아래 단계에 속하며 부르고 뉴 전체 포도 재배 지역이 해당된다. 포도 품종이 라벨에 명시되기도 하 고, 제조 방식 또는 생산 지역에 따라 분류하여 표기하기도 한다.

포도 품종을 표기하는 경우

Bourgogne Aligote(부르고뉴 알리고테):
알리고테 품종

Bourgogne Pass Tout Grains(부르고뉴
파스 투 그랭): 피노 누아, 가메 품종

제조 방식을 표기하는 경우

크레망 드 부르고뉴(Cremant de Bourgogne): 전통적인 방식으로 만든 부르고뉴 스
파클링 와인

특정 지역을 표기하는 경우

Macon(마콩), Beaujolais(보졸레),
Bourgogne Hautes-Côtes de Nuits(부
르고뉴 오트 코트 드 뉘), Bourgogne
Hautes-Côtes de Beaune(부르고
뉴 오트 코트 드 본), Bourgogne Côte

Chalonnaise(부르고뉴 코트 샬로네즈), Bourgogne Côtes d'Auxerre(부르고뉴 코트 도세르) 등

일부 포도밭 이름(리외디)를 표기하는 경우

Bourgogne La Chapelle Notre-Dame (리외디: Ladoix-Serrigny)

Bourgogne La Chapitre (리외디: Chenove)

Bourgogne Montrecul (리외디: Dijon)

Bourgogne Côte Saint-Jacques (리외디: Joigny, Yonne)

부르고뉴 AOC 등급이 강등되는 경우

AOC에서 정한 최소 요구 사항을 충족하지 않는 와인은 등급이 강등된다. 또는 와인 생산자가 평가하기에 와인의 품질 수준이 떨어졌다고 판단될 때 와인 등급을 변경할 수 있다. 또한 여러 등급의 와인을 블렌딩했을 경우에도 'Bourgogne AOC'로 강등되어 표기된다.

그랑 크뤼 라벨

빌라주 라벨

PART

2

부르고뉴의 지역별 와인

1

샤블리

Chablis

굴과 샤블리

부르고뉴의 중심 도시, 본(Beaune)은 12월에 가장 아름답다. 크리스마스를 맞은 본은 골목마다 리본을 두른 화려한 장식들 덕분에 마치 한 그루의 크리스마스 트리가 된 것 같다. 평소에는 회전목마만 돌아가던 한가한 광장도 12월이 되면 북적한 크리스마스 마켓으로 바뀐다. 플라스틱 의자와 테이블이 놓인 주점이 열리고, 간이 주방에는 석화굴이 산더미처럼 쌓여 있다. 야시장 구경에 지친 관광객들은 신선한 굴을 먹기 위해 자리를 잡는다. 그리고 특별한 양념도 없는, 기껏해야 비네거와 다진 양파를 곁들인 것이 전부인 굴을 먹으며 더없이 행복한 표정을 짓는다. 굴과 너무나 잘 어울리는 와인 한 잔이 있기 때문이다. 바로 샤블리 와인. 샤블리를 한 잔 마시고 굴을 삼키면 굴의 비릿한 맛은 사라지고 쫄깃한 식감만 남는다. 짜르르 위장을 타고 흐르는 와인 한 모금의 행복은 덤으로 얻어진다. 어느덧 광장의 불빛은 흐려지고 와인잔 부딪치는 소리가 겨울밤을 채운다. 이국에서 맞는 크리스마스와 연말의 추억 한가운데에는 이렇게 샤블리와 석화굴이 있다. 코끝이 쨍해지는, 딱 적당하게 차가운 샤블리 와인이 없다면 불가능한 시간이다.

와인의 DNA

샤블리는 작은 시골이다. 거주 인구가 2,274명쯤 되니 우리나라로 치면 면 소재지 정도에 가까운 한적한 마을이다. 이 고요한 마을이 전 세계에 이름을 알리게 된 이유는 딱 하나다. 대체 불가의 맛, 무엇과도 견줄 수 없는 독특한 맛을 가진 와인을 생산하기 때문이다. 여러분이 '샤블리'라는 이름을 와인 라벨에서 발견했다면 그 와인은 '샤블리'라는 원산지에서 생산된 와인이며, 샤르도네 품종으로 만든 화이트와인이다. 다시 말해 샤블리 와인을 선택했다는 것은 샤르도네 화이트와인을 마신다는 의미다. 여기까지는 딱히 특별한 점도 없고 샤블리만의 독특한 맛의 비결도 알 수 없다.

사실 샤블리 와인 맛의 비밀은 테루아에 있다. 샤블리 지역은 아주 먼 옛날 바다였던 곳이다. 즉 바다가 땅이 되어버린 것이다. 오래전의 바닷물은 석회가 되었으며, 그 속에 살던 조개껍질, 굴, 암모나이트도 고스란히 땅에 남았다. 이를 '키메르지안 토양'이라 부른다. 샤블리 마을 앞에는 스랭(Serein)강이 흐른다. 스랭강을 끼고 양쪽 126m에서 311m 사이 낮은 언덕에는 포도밭이 자리한다. 바로 이곳에서 키메르지안 DNA를 머금은 포도들이 자라고 와인이 생산된다. 먼 옛날 바다의 퇴적물이 지금의 와인에 어떤 영향을 준다는 것일까? 한마디로 대답한다면, 와인의 미네랄리티(Minerality)다.

미네랄리티

미네랄리티의 사전적 의미를 보면, '미네랄과 관련된 무기질로 구성된 성분'을 말한다. 미네랄이 풍부한 토양에서 만든 와인에서 우리는 미네랄리티를 느낄 수 있다. 구체적인 향으로는 부싯돌, 스모키함, 쇠, 크레용 가루, 잉크, 비 온 뒤 젖은 땅 냄새를 풍기며, 맛에서는 신맛, 짠맛 심지어 쓴맛이 나기도 한다. 특히 화이트와인에서 와인의 미네랄리티 특징은 더욱 두드러진다. 어떤 화학 작용으로 인해 이러한 맛과 향이 나는 것일까? 아직까지는 미스터리로 남아 있다. 와인 양조학자 장 나톨리(Jean Natoli)는 와인의 미네랄리티를 정의하면서 '특정 포도 품종과 기반암(Roche mère)에 자리한 포도밭의 생리학적 작용에 따른 결과'라고 언급했다. 샤르도네 품종과 샤블리 키메르지안 토양의 조합은 마치 와인의 미네랄리티를 보여주고자 작정하고 만든 교과서 같다. 부싯돌 향(초등학교 시절 달리기 경기를 시작할 때 맡았던 화약총 냄새를 떠올려 보자)과 믿을 수 없을 만큼 짭쪼름한 맛은 '내가 바로 미네랄리티'라며 온몸으로 가르쳐주는 듯하다. 이 독특한 향이야말로 샤블리 와인의 기조가 된다.

사실 샤블리 지역에는 샤블리 외에도 프티 샤블리, 샤블리 프르미에 크뤼, 샤블리 그랑 크뤼 등 와인 가격과 품질이 다양한 아펠라시옹이 있다. 와인의 미네랄리티를 이야기하거나 굴과 어울리는 와인을 설명하는 경우, 대개는 마을 이름이면서 아펠라시옹 등급인 '샤블리' 와인을 의미한다. 샤블리 프르미에 크뤼나 그랑 크뤼처럼 높은 등급의 와인은 품질이 뛰어난 장기 숙성형 와인이다. 미네랄리티 외에도 보여줄 게 많은 이 와인들은 서서히 나이가 들면서 더욱 섬세해지고 유연해지며 꽃 향, 버섯, 견과류 등의 부케가 드러난다. 어쩌면 샤블리 지역의 앞날에 '굴과 어울리는 와인'이라는 이미지는 커다란 장애물인지도 모른다. 그렇다고 해서 샤블리 프르미에 크뤼와 그랑 크뤼 와인에서 미네랄리티가 중요하지 않은 건 아니다. 오히려 이 와인들의 미네랄리티는 더 강렬해서 혼란스럽기까지 하다. 그랑 크뤼 와인을 블라인드 테이스팅하다 보면 스모키 향이 정말 강하게 느껴질 때가 있는데, 대부분 오크 향이라고 짐작하지만 사실은 미네랄 풍미다. 왜냐하면 와인 수업에서는 일부러 오크 숙성하지 않은 와인을 쓰기 때문이다. 결국 샤블리의 모든 와인들에서 미네랄리티를 빼고 이야기할 수는 없다. 와인의 미네랄리티를 느껴보고 싶은가? 당장 샤블리를 마셔보라.

🍇 샤블리 이야기

부르고뉴의 황금문(Golden Gate)이라 불리는 샤블리는 샹파뉴와 경계한 부르고뉴 최북단에 위치한다. 인구 2,000여 명의 조그마한 마을로, 파리에서 동남쪽으로 182km 정도 떨어져 있으며, 자동차로는 2시간 정도 소요된다. 이 마을을 포함해 주변의 17여 개의 작은 마을들로 둘러싸인 와인 산지 역시 샤블리라 부른다. 부르고뉴 지도를 보면 샤블리 지역은 다른 와인 산지와 멀리 동떨어져 있음을 알 수 있는데(100km 이상), 그래서 '와인의 섬'이라 불리기도 한다. 사실 필록세라 사건 이전에는 디종에서 샤블리까지 포도밭이 쭉 이어져 있었다고 한다. 그러나 필록세라의 피해로 많은 포도밭들이 파괴되었고, 그 후 포도나무를 다시 심을 때는 포도 재배에 적합한 구릉지대에만 나무를 심었다고 한다. 주변 지역과는 달리 샤블리에서는 전 세계에서 가장 유일하고 독창적인 화이트와인이 꾸준히 생산되었다. 여전히 뛰어난 화이트와인의 대명사로 꼽히는 샤블리 지역은 샤르도네 품종으로 와인을 만드는 다른 여러 나라들에서 벤치마킹을 하는 곳이다.

잠깐 샤블리의 역사를 거슬러 올라가 보면, 로마인에 의해 이곳에서 포도 재배가 시작되었다고 전해진다. 하지만 샤블리 역시 부르고뉴의 다른 지역과 마찬가지로 수도사(퐁티니 시토 수도회 소속)에 의해 발전 및 계승되기 시작했다(1130년). 샤블리 마을을 가로지르는 욘(Yonne)강과 스랭강 덕분에 샤블리 와인은 일찍이 파리와 벨기에 같은 대도시로 진출하는 데 지리적 이점을 가질 수 있었고, 이로 인해 지속적인 성장세를 거듭했다. 15세기에는 프랑스 왕실 식탁에 샤블리 와인이 오르기 시작했고 이후 이웃 왕국에도 수출되어 국제적인 명성을 누렸다. 하지만 19세기 말에 들어오면서 밀디우(Mildew)와 필록세라에 의해 다수의 포도밭이 피해를 입으면서 샤블리 와인도 심각한 위기를 맞는다. 더욱이 1856년에는 파리-리옹-마르세유를 잇는 대륙 철도가 개통되면서, 파리의 와인 시장을 높이 점유하고 있던 샤블리 와인의 자리를 잠시 남프랑스의 저가 와인에 내어주는 처지에 놓이게 된다.

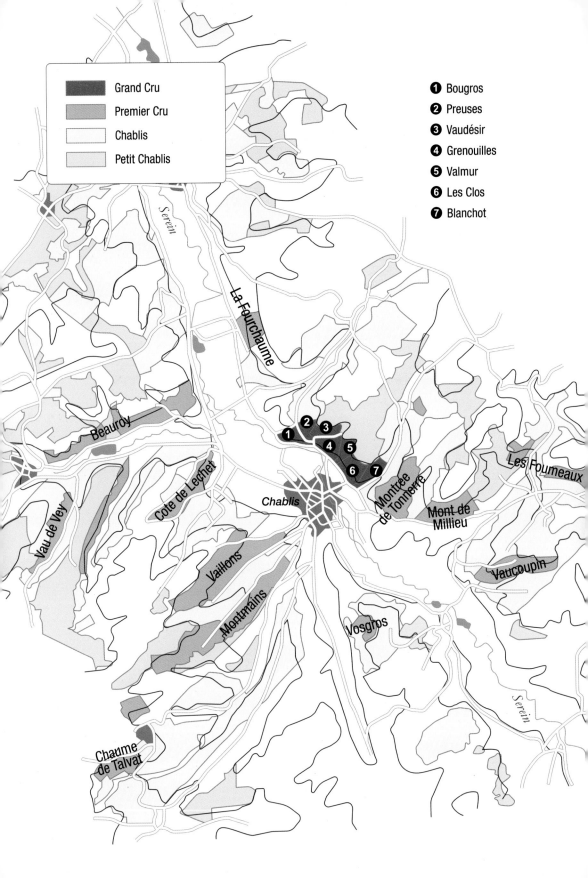

Grand Cru
Premier Cru
Chablis
Petit Chablis

❶ Bougros
❷ Preuses
❸ Vaudésir
❹ Grenouilles
❺ Valmur
❻ Les Clos
❼ Blanchot

Serein

La Fourchaume

Beauroy

Côte de Lechet

Chablis

Vau de Vey

Vaillons

Montmains

Chaume
de Talvat

Vosgros

Montrée
de Tonnerre

Mont de
Millieu

Les Fourneaux

Vaucoupin

Serein

현재 샤블리는 4,000헥타르가 조금 넘는 포도 재배 면적을 가지고 있으나 불과 50년 전만 해도 500헥타르, 1970년대에는 750헥타르에 불과했다. 최근 샤블리의 비약적인 발전은 두 가지 요소에서 기인했는데, 하나는 포도 재배 테크닉의 발전이고 다른 하나는 바로 미디어의 힘이다. 샤블리가 프랑스를 대표하는 드라이 화이트와인이라고 지속적으로 언론과 매체에 홍보한 샤블리 와인협회의 노력의 결과라 할 수 있다. 특히 샤블리는 부싯돌 풍미(Gun flint)가 나기 때문에 '굴 요리와 잘 어울리는 와인'이라고 슬로건을 내걸고 적극적인 마케팅을 했다. 그리고 이는 곧 와인의 뚜렷한 판매 성과로 이어졌다. 20세기 후반, 두 명의 미국 출신 와인 전문가 프랭크 슈메이커와 알렉시스 리신은 《프랑스 와인》이라는 책을 출판하며 '샤블리: 굴과 포도 재배자(Chablis: Oysters & Vintners)' 챕터에서 10여 페이지를 할애해 샤블리와 와인을 소개했다. 이를 계기로 미국을 비롯한 전 세계 와인 소비자들에게 샤블리 와인의 명성이 각인되었다.

 ## 기후와 토양

샤블리의 기후와 토양은 샤블리 와인의 등급 체계와 캐릭터를 결정짓는 중요한 요소가 된다. 스랭강의 작은 골짜기 양쪽에 펼쳐져 있는 샤블리 지역은 준 대륙성 기후로 여름은 덥고, 겨울은 춥고 매서우며 매우 길다. 연간 일조량과 강수량이 매해 일정치 않아 빈티지에 따라 와인의 생산량과 품질이 다양하다. 특히 서리 피해가 심각한 지역으로, 생산자들은 포도의 발아 시기인 5월까지 노심초사하며 기다리곤 한다. 봄철 서리는 샤블리의 매해 포도 수확량에 치명적인 피해를 가져다주는 복병으로, 가장 피해가 극심했던 시기는 1957년과 1961년으로 기록되었다. 이 시기의 샤블리는 주목 받지 못 하던 변방인데다 날씨까지 도와주지 못 하니 그랑 크뤼라 하더라도 헐값에 거래되곤 했다. 최근 2017년과 2019년에는 서리 피해로 인해 포도 수확량의 반을 잃었고, 2021년에는 수확량의 3분의 2가 파괴되었을 정도였다. 그래서 샤블리의 와인 생산자들은 이러한 기후의 취약점을 여러 가지 재배 방식의 변화로 개선하고자 노력한다. 전통적인 방식으로는 포도밭 사이사이에 난로를 설치하여 불을 지피는 방법과 스프링쿨러를 설치해 물을 살포하여 포도의 새순을 살짝 얼려 보호하는 방식이 있다. 최근에는 전기 열선을 설치하거나 더운 공기를 포도밭으로 내려주는 터빈 모양의 풍력 발전용 환풍기나 헬리콥터를 활용하기도 한다. 게다가 이제는 지구 온난화 현상까지 더해져 샤블리의 기후는 점점 까다로워졌다. 하지만 여러 발전된 기술과 애플리케이션을 활용해 포도밭의 기온, 강수량 등 급변하는 기후 변화를 관측할 수 있어 생산자들은 환경에 보다 효과적으로 대처할 수 있게 되었다. 그 결과 샤블리 와인은 지난 30년 동안 높은 품질의 발전을 이루었다. 포도 수확을 기계화하면서 안정적인 수익성을 확보하였으며, 그 결과 샤블리 와인의 지속적인 수요도 높아지고 있다.

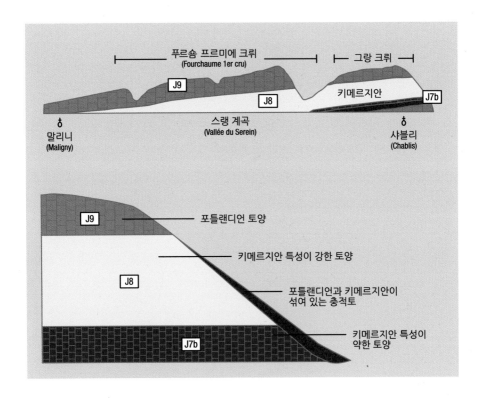

샤블리 와인의 개성과 품질은 미기후(Microclimat), 특히 남다른 토양에 의해 결정된다. 샤블리의 포도밭은 선쥐라기 시대(대략 1억 8천만 년 전)에 발생된 지질학적 함몰에 의해 생겨났으며, 그전에는 샤블리와 부르고뉴 전체가 바다였다. 이후 바다가 쇠퇴하면서 생긴 퇴적물이 땅을 이루었는데, 조개껍질 화석 즉 '엑소기라'라 불리는 연체동물 화석을 포함하고 있는 석회질 토양이 이 지역의 특징이다. 이러한 토양을 키메르지안(Kimmeridgian) 토양이라고 한다. 세계에서 유일무이한 토양이다. 부르고뉴 중심지인 코트 도르 지역은 토양이 어떤 석회질인지, 즉 석회질의 성질에 따라 와인의 특성이 달라진다면 샤블리의 경우 석회층을 덮고 있는 충적토에 따라 테루아를 구별한다. 스랭 강가의 언덕은 엑소기라와 조개 화석들이 무더기로 묻혀 있는 석회층 키메르지안 토양이 심토부이고 그 위로 이회토가 마치 피자의 도우처럼 얇게 덮혀 있다. 이곳이 바로 샤블리의 심장부, 그랑 크뤼와 프르미에 크뤼 포도밭이 자리한 곳이다. 반면 스랭강에서 멀리 떨어진 평지는 키메르지안 심토가 아예 없거나 있어도 얇은 층이고 상부에 진흙이 돼지비계처럼 두툼하게 뒤덮인 토양이다. 이를 포틀랜디언(Portlandian) 토양이라 한다 샤블리 등급과 프티 샤블리가 이곳 포틀랜디언 토양에 자리하고 있다. 키메르지안 토양은 포틀랜디언 토양과 비교했을 때 좀 더 미네랄 표현이 좋은 와인을 생산한다. 그렇다면 포틀랜디언 토양에서는 맛 좋은 샤블리 와인이 나올 수 없을까? 이는 최근 샤블리를 둘러싼 가장 큰 논쟁거리 가운데 하나다.

샤블리의 두 얼굴

샤블리 와인을 양조할 때 오크를 사용할지 또는 스테인리스 탱크를 사용할지의 선택 여부는 와인 생산자의 개인적 선호를 뛰어넘는 중요한 이슈다. 그동안 샤블리 와인을 이야기할 때 언제나 논쟁의 여지가 되었던 것이 와인 숙성을 오크 통에서 하느냐 아니면 스테인리스 통에서 하느냐였고 이에 관한 상반된 의견이 팽배했다.

오크통에서 와인을 숙성시키는 샤블리의 양조자들은 많은 소비자들이 부르고뉴 화이트와인의 특징인 오크통의 부드러운 바닐라 향을 기대하고 있으며, 우리는 그들의 관심과 기대를 실망시켜서는 안 된다고 주장한다. 또한 코트 드 본 지역의 와인과 대등한 경쟁을 하려면 파워감을 주는 장기 숙성형 샤블리 와인을 만들어야 한다고 이야기한다. 샤블리에서는 전통적으로 132L 크기의 오크통을 사용하고 있다. 또한 와인의 숙성뿐 아니라 발효 역시 오크통에서 진행하여 샤블리 와인이 주는 날카로운 산도를 부드럽게 만들고, 새로운 아로마인 견과류나 바닐라, 버터 향을 더해 볼륨감 있는 와인을 생산한다.

반면 스테인리스 탱크를 선택한 생산자들은 오크 숙성이 샤블리 특유의 맛과 향을 숨기게 된다고 믿는다. 그래서 오크 숙성을 하지 말고 샤블리 와인의 전통적인 스타일인 산뜻한 산도와 직설적인 금속성, 그리고 이곳 토양의 향과 맛인 미네랄을 그대로 와인에 표현해야 한다고 강조한다. 이들 생산자들은 스테인리스 숙성만이 샤블리가 뫼르소(Meursault) 와인의 대용품 신세를 벗어날 수 있는 길이라고 주장하고 있다. 게다가 가격도 저렴하고 온도 자동 조절 시스템이 부착된 스테인리스 탱크의 도입은 많은 생산자들에게 샤블리 와인 양조의 중요한 혁신으로 다가왔다.

결국 오크냐 스테인리스냐 하는 두 개의 주장은 모두 샤블리의 정체성에 논점을 두고 있다. 기회가 된다면 오크 숙성한 샤블리와 스테인리스 탱크 방식의 샤블리를 비교 테이스팅 해보시길 권하고 싶다. 여러분이 원하는 샤블리의 맛은 무엇인가? 좀처럼 견해가 좁혀질 것 같지 않던 이 논쟁은 최근 서서히 타협점을 찾아가고 있는 듯 보인다. 오크 숙성을 주장하는 생산자들의 변화를 통해서다. 오크 숙성파 그룹의 수장인 윌리엄 페브르(William Fevre)를 예로 들어보자. 이 도멘에서는 그랑 크뤼 와인을 생산할 때 여전히 14~15개월가량 오크 숙성을 하지만, 샤블리와 프티 샤블리 와인을 만들 때는 스테인리스 탱크에 보관하는 방식을 택한다.

오크통 사용 주요 생산자

: 질 콜레(Gilles Collet), 장 폴 드루앵(Jean Paul Droin), 도멘 라로쉬(Domaine Laroche)

스테인리스 탱크 사용 주요 생산자

: 장 마크 보로카(Jean Marc Brocard), A. 레나르(A. Regnard), 롱 데파퀴(Long Depaquit), 다니엘 덩(Daniel Dampt), 도멘 드 마랑드(Domaine des Malandes), 루이 미쉘(Louis Michel), J. 모로(J. Moreau), 메종 레나르(Maison Renard)

유즈드 오크(Used Oak) 사용 주요 생산자

: 장 마리 하브노(Jean Marie Raveneau), 빈센트 도비사(Vincent Dauvissat)

와인 등급

샤블리 와인의 등급은 네 가지로 나뉜다. 특이할 만한 사실은 프티 샤블리가 샤블리로 상향 조정이 가능하며, 샤블리 와인도 샤블리 프르미에 크뤼로 상향 조정될 수 있다는 점이다. 그러나 이러한 변경은 잦은 논쟁거리를 남긴다. 전통적인 샤블리 와인 옹호자는 새로 개척한 포도밭에서 나온 와인(예: 프티 샤블리)은 샤블리 특유의 미네랄과 광물질 특징을 낼 수 없다고 주장한다. 결국 샤블리의 지형과 토양이 샤블리 와인의 등급 체제와 전형을 규정짓는 데 중요한 역할을 하는 것이다.

샤블리 와인의 등급 제도는 1920년 초에 시작되었다. 샤블리 그랑 크뤼(총 11헥타르, 7곳)는 1938년 1월 13일에 제정되었다. 20개의 마을에 분포된 샤블리 AOC는 키메르지안 토양을 기준으로 제정되었고, 프티 샤블리는 1943년에 제정되었다. 샤블리 프르미에 크뤼는 AOC 등급 결정 당시 포함되지 않았지만, 이후 제2차 세계대전 중에 등급이 지정되었으며 전쟁 후 공식적으로 제정되었다. 당시 등급 와인의 대부분이 샤블리 코뮌 와인이었다.

와인 스타일

부르고뉴 가장 북쪽에 위치한 샤블리 지역은 날씨가 서늘하여 다른 지역에서 재배한 샤르도네보다 산미가 강하다. 주로 과일의 풍미보다는 미네랄 향, 부싯돌 등 토양의 맛이 강렬하고 직설적인 와인이다. 하지만 이와 더불어 섬세하고 우아한 스타일의 와인도 생산한다. 컬러는 연한 초록 색조를 띤 라이트한 옐로우 칼라에서 황금색에 가까운 짙은 옐로우 칼라까지 다양하다. 샤블리 와인 중에는 부르고뉴 화이트와인의 고전적 스타일로 유연하고 부드럽고, 볼륨감 있으며 견과류향, 버터 향, 그리고 꿀 향 풍미를 내는 와인도 있다.

프티 샤블리(작은 샤블리, Petit Chablis)

주로 포도밭 언덕 아래 평지에 자리하고 있으며, 방향은 북서쪽을 향하고 있다. 해발 230~280m 사이의 포틀랜디언 토양으로 이루어져 있다. 샤블리의 주요 토양(키메르지안)이 아니라는 이유로 프랑스에서 전무후무한 등급인 '프티(Petit)'라는 아펠라시옹을 얻었다. 프티는 영어의 'Little'과 같은 뜻으로 '작은', '어린'의 의미다. 예전에는 높은 산도 탓에 아페리티프 용도로 생산되었지만 최근에는 지구 온난화 현상으로 산뜻하고 균형감을 이룬 와인이 생산된다. 그래서 부르고뉴에서는 "Le Petit Chablis, en réalité, n'a rien de petit(작은 샤블리는 사실 전혀 작은 와인이 아닙니다)."라고 이야기하기도 한다. 생산지나 빈티지, 그리고 포도나무의 수령에 따라 감귤류(레몬, 자몽)와 핵과일(복숭아) 등의 과일 아로마와 흰꽃(아카시아, 산사나무 등)향, 그리고 미네랄 캐릭터를 가지고 있다. 신선하고 가벼운 무게감의 와인으로, 일반적으로 어릴 때 마신다. 상대적으로 저렴한 와인이지만 높은 수준의 와인이다.

앙트레(전채 요리)와 매우 훌륭한 조화를 이룬다.

- 1944년 AOC 지정
- 샤블리 와인 생산량의 19%
- 생산 면적: 1,189헥타르
- 수확량: 59,873헥토리터
- 2016년에서 2020년 사이의 연간 평균 수확량: 53,701헥토리터

키메르지안의 동의어, 샤블리(Chablis)

스랭강을 따라 위치한 샤블리는 4개의 AOC중 메인인 아펠라시옹이다. 샤블리는 '샤블리' 마을을 포함한 인근의 18개 마을(Beines, Béru, Fyé, Milly, Poinchy, La Chapelle-Vaupelteigne, Chemilly sur Serein, Chichée, Collan, Courgis, Fleys, Fontenay Près Chablis, Lignorelles, Ligny le Châtel, Maligny, Poilly sur Serein, Préhy, Villy, Viviers)에서 생산되는 모든 와인을 샤블리 아펠라시옹에 포함시키기 때문에 재배 면적이 가장 넓다. 1억 5천만 년 전의 바다가 현재는 땅이 되어버린 혜택을 고스란히 받고 있는 와인이다. 포도나무의 수령, 빈티지, 그리고 와인 생산자의 노하우에 따라 다양한 스타일의 와인이 나온다. 프티 샤블리와 견주어 봤을 때 구조감이 좋고, 입안에서 느껴지는 볼륨과 잔향이 뛰어나다. 매우 신선하고 생동감 있는 부싯돌, 숲, 덤불, 버섯 등 미네랄 풍미를 자랑하며, 그 밖에도 보리수, 박하, 아카시아 향을 드러낸다. 시간이 지나면서 감초나 자른 건초 향이 나다가 점점 향신료 향이 강해진다. 매우 드라이하고 미세한 맛의 와인으로, 누가 마셔도 눈치챌 수 있을 정도로 대체 불가한 개성을 지닌 맛이다. 샤블리 와인은 해산물, 특히 그릴 생선과 잘 어울린다.

- 1938년 AOC 지정
- 샤블리 와인 생산량의 66%.
- 생산 면적: 3,702헥타르

- 수확량: 195,854헥토리터
- 2016년에서 2020년 사이의 연간 평균 수확량: 183,8471헥토리터

샤블리의 파워, 프르미에 크뤼(Chablis Premier Cru)

총 재배면적이 779헥타르 정도이며, 생산량이 헥타르당 50헥토리터로 엄격하게 제한된다. 프르미에 크뤼 아펠라시옹은 샤블리를 비롯한 11개 마을(Beines, Chablis, La Chapelle Vaupelteigne, Chichée, Courgis, Fleys, Fontenay Près Chablis, Fyé, Maligny, Milly, Poinchy)에서 생산된다. 프르미에 크뤼 포도원은 스랭강을 중심으로 오른쪽과 왼쪽 양측에 분포되어 있다. 메인은 왼쪽에 위치해 있으나, 그랑 크뤼와 가까운 오른쪽 프르미에 크뤼 밭의 퀄리티가 더 높다는 평도 있다. 대부분의 포도원은 남동~서쪽을 향한다. 역시 키메르지안 석회암 토양 위에 포도원이 자리하며, 개별 클리마는 토양과 경사면이 조금씩 달라지면서 고유한 개성을 담고 있다. 이를테면 몽 드 밀외(Mont de Milieu)는 경사면이 남향이기 때문에 좀 더 익은 과실 향과 꽃 향이 강하고 맛이 부드러우며 풍부하다. 반면 몽테 토네르(La Montée de Tonnerre)는 그랑 크뤼 밭 가까이 자리하여 테루아가 고르기 때문에, 과실 향보다는 미네랄 풍미가 강하고 힘이 좋다. 일반적으로 샤블리 프르미에 크뤼 와인은 짜임새가 있으며 잔향이 길다는 특징이 있다. 어릴 때는 와인이 미네랄 향에 갇혀 있는 듯 보이지만 나이가 들면서 섬세하고 기교 넘치는 꽃 향으로 발전한다. 따라서 어린 프르미에 크뤼 와인은 에어레이션(Aeration) 서비스가 필수다. 샤블리 프르미에 크뤼라면 5~10년 후가 시음 적기다. 프르미에 크뤼는 맛과 향이 복합적이기 때문에 생선, 해산물 요리더라도 소스를 곁들인 풍미가 강한 음식과 잘 어울린다. 미식가라면 로컬 푸드인 쟝봉 오 샤블리(Jambon au Chablis)를 권하고 싶다. 샤블리 와인이 들어간 크림소스를 곁들인 햄요리로, 샤블리 지역의 대표적인 향토 음식이다.

샤블리의 프르미에 크뤼 클리마

우안 : 푸르숌(Fourchaume), 몽테 드 토네르(Montée de Tonnerre), 몽 드 밀외(Mont de

Milieu), 레 프르노(Les Fourneaux), 보쿠팡(Vaucoupin), 베르디오(Berdiot), 코트 드 포바루세(Côte de Vaubarousse).

좌안 : 레 보레가르드(Les Beauregards), 보루이(Beauroy), 숌 드 탈바(Chaume de Talvat), 코트 드 쿠시(Côte de Cuissy), 코트 드 주앙(Côte de Jouan), 코트 드 레쉐(Côte de Léchet), 몽맹(Montmains), 바이용(Vaillons), 보 드 베(Vau de Vey), 보 리노(Vau Ligneau), 보그로(Vosgros).

샤블리 프르미에 크뤼 와인은 라벨에 밭 이름이 명시된다. 애초에 프르미에 크뤼로 지정되기 전의 밭(리외디)은 대략 89개였다(2009년 인정). 이것을 다시 등급으로 제정하면서 약 40여 개의 밭 이름(클리마)으로 통폐합하였고, 이를 다시 17개의 그룹으로 압축하였다. 당시 살아남은 밭 이름을 '깃대를 든 기수'라는 뜻의 '포트 드라포(Porte drapeau)'라고 한다. 예를 들어 프르미에 크뤼 클리마 가운데 하나인 푸르숌(Fourchaume)은 원래 발퓔랑(Valpulent), 코트 드 퐁트네(Côte de Fontenay), 바울랑(Vaulorent), 롬므 모(L'Homme Mort), 푸르숌(Fourchaume)이라는 독자적인 5개의 밭이 합쳐진 것으로, 이때 살아남은 이름 '푸르숌'이 '포트 드라포'가 된다. 물론 이렇게 밭의 크기나 이름이 합쳐지지 않고 온전하게 살아남은 밭들도 있다. 샤블리 우안의 몽 드 밀외(Mont de Milieu), 보쿠팡(Vaucoupin) 그리고 좌안의 코트 드 레쉐(Côte de Léchet), 보 리노(Vau Ligneau)가 대표적이다.

- 1938년 AOC 지정
- 샤블리 와인 생산량의 14%
- 생산 면적: 778ha
- 수확량: 40,666헥타르
- 2016년에서 2020년 사이의 연간 평균 수확량: 38,712헥토리터

포트 드라포	클리마
Mont de Milieu	
Montée de Tonnerre	Chapelot, Pied d'Aloup, Côte de Bréchain
Fourchaume	Vaupulent, Côte de Fontenay, Vaulorent, L'Homme Mort
Vaillons	Chatains, Beugnons, Les Lys, Mélinots, Les Epinottes, Roncieres, Sécher
Montmains	Forets, Butteaus
Côte de Léchet	×
Beauroy	Troesmes, Côte de Savant
Vaucoupin	×
Vosgros	Vaugiraut
Vau de Vey	Vaux Ragons
Vau Ligneau	×
Les Beauregards	Côte de Cuissy
Les Fourneaux	Morein, Côte de Prés Girots
Côte de Vaubarousse	
Berdiot	
Côte de Jouan	×
Chaume de Talvat	

샤블리의 왕관, 그랑 크뤼(Chablis Grand Cru)

그랑 크뤼는 총 100헥타르 정도의 재배 면적을 가지며, 7개의 클리마가 있으나 1개의 AOC로 인정한다. 생산량은 헥타르당 25헥토리터로 제한된다. 포도원의 위치는 스랭강을 기준으로 샤블리 마을이 내려다보이는 오른쪽 언덕에 있으며 포도밭의 방향은 남서쪽을 향한다. 샤블리 그랑 크뤼는 지질학(특히 키메르지안 지질)에 기준을 둔 몇 안 되는 프랑스 AOC 중 하나다. 이곳의 테루아를 살펴보면 석회질과 굴 화석(Exogyra virgula)으로 이루어진 이회토로 구성되며 이는 1억 5000만 년 전 쥐라기 후기에 형성된 것이다.

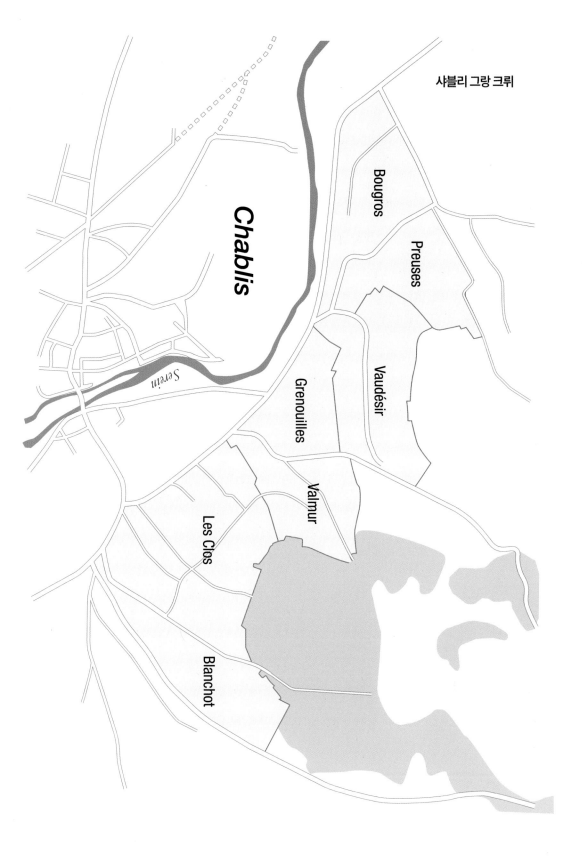

샤블리 그랑 크뤼

클리마	면적	경사 범위	높이/고도/경사
블랑쇼 Blanchot	12.7ha	남동향	70 m / 150~220 m / 25~30%
레 클로 Les Clos	25ha	남서향	85 m / 130~215 m / 15~25%
발뮈르 Valmur	10.5ha	남향 서향	90 m / 130~220 m / 15~25%
그루누이 Grenouilles	10ha	남서향	40 m / 130~170 m / 20~28% (언덕 남부는 완만)
보데지르 Vaudésir	15.4ha	남향 북서향	75 m / 135~210 m / 5~35%
라 무통느 La Moutonne	2.35ha	남-남-동향	55 m / 150~205 m / 20~35%
프레즈 Preuses	10.8ha	(주로) 서향 (일부) 남향	35 m / 165~200 m / (주로) 5~12%, (일부) 30%
부그로 Bougros	15ha	(주로) 서향 (일부) 남향	35 m / 130~165 m / (주로) 5%, (일부) 15~35%

일반적으로 샤블리 그랑 크뤼 와인은 뛰어난 장기 숙성력을 보인다. 10~15년 이상 와인이 아름답게 익어가면 선명했던 그린 컬러가 연한 노랑 컬러로 변해간다. 규석, 부싯돌 같은 미네랄 풍미가 폭발하다가 뒤이어 라임꽃, 말린 과일, 연한 꿀 그리고 아몬드 향이 드러난다. 마지막 '느타리버섯' 향은 샤블리 그랑 크뤼만의 독보적 아로마다. 따라서 샤블리 그랑 크뤼 와인을 제대로 맛보려면 한 병으로는 부족하다. 같은 빈티지 와인을 여러 병 구입하여 3~4년 간격을 두고 시음해 보길 권한다.

그랑 크뤼 와인은 라벨에 포도밭의 이름이 명시된다. 블랑쇼(Blanchot), 부그로(Bougros), 레 클로(Les Clos), 그르누이(Grenouilles), 프레즈(Preuses), 발뮈르(Valmur), 보데지르(Vaudésir). 총 7개의 클리마가 있다. 이곳에서 샤르도네의 풍미는 다양하게 변주되어 나타난다. 한 가지 덧붙이자면 도멘 롱 드파퀴(Domaine Long Depaquit)가 소유한 라 무통느(La Moutonne)는 INAO가 공식적으로 인정한 그랑 크뤼 명은 아니다. 이 밭은 보데지르에 95%, 레 프레즈(Les Preuses)에 5%가 속해 있다. 따라서 와인의 라벨에 쓰여진 'Moutonne Chablis Grand Cru'는 사실상 퀴베 이름에 가깝다.

- 1938년 AOC 지정
- 샤블리 와인 생산량의 1%
- 생산 면적 : 102헥타르
- 수확량 : 4,716헥토리터
- 2016년에서 2020년 사이의 연간 평균 수확량 : 4,104헥토리터

이제부터는 샤블리 그랑 크뤼의 클리마별 특징을 설명하고자 한다. 그랑 크뤼 클리마 가운데 레 클로(Les Clos)가 가장 우수하다는 평에는 누구나 동의할 것이다. 가장 파워풀하고 여운이 길다. 발뮈르와 보데지르 역시 높이 평가되는 산지다. 특히 발뮈르의 장기 숙성력은 레 클로만큼 뛰어나다. 프레즈와 그르누이는 꽃 향이 강하고 섬세한 와인을 생산한다.

블랑쇼(Blanchot)

블랑쇼의 밭 이름은 테루아와 연관이 깊다. 블랑쇼는 게르만어 'Blank'에서 유래된 단어로 '맑다'는 뜻이다. 하얀 석회암과 반질거리는 석회질로 이루어진 이곳 토양의 특성에서 이름을 따왔다고 한다. 블랑쇼 언덕은 남동쪽에서 방향을 틀어 자리하고 있으며, 경사도 가파르다. 따라서 태양에 노출되는 부분이 제한적일 수밖에 없다. 그 결과 다른 그랑 크뤼 클리마에 비해 포도가 서서히 익고 늦게 수확된다. 샤블리 와인협회 홈페이지에서는 블랑쇼를 다음과 같이 묘사했다. "프레즈 와인보다는 수다스럽고, 레 클로 와인보다는 엄격하다." 아마 프레즈 와인에 비해 향은 풍부하지만 레 클로 와인과 비교할 때 거칠게 느껴지는 걸 이와 같이 표현했다고 본다.

부그로(Bougros)

부그로는 밭의 모양이나 지형이 비대칭구조로 약간 기괴하다. 언덕 상단은 남서향으로 척박한 토양이다. 반면 언덕 아래의 평지로 내려갈수록 남향으로 전환되며 토양도 진흙질과 이회토로 변한다. 부그로는 서리 피해가 심했던 지역이라 지난 세기까지 대부분 휴경지였다. 그래서 이제 막 비밀의 커튼을 열고 존재감을 드러내기 시작한 클리마인 셈이다. 일반적으로 부그로는 무게감이 무겁고 단단하다. 다른 그랑 크뤼 와인과 비교했을 때 미네랄리티가 부족하다는 평도 있다.

레 클로(Les Clos)

샤블리 그랑 크뤼 아펠라시옹을 구성하는 7개의 클리마 중에서 레 클로는 26헥타르로 면적이 가장 크다. 레 클로는 샤블리 그랑 크뤼의 상징이다. 지형이나 테루아에서 완전하게 샤블리의 개성을 드러낸다. 사다리꼴 모양의 레 클로 밭은 남서향이며 정오부터 저녁까지 일광이 내리쬔다. 비교적 가파른 경사에 완벽한 일조량은 포도가 익기에 이상적이다. 토양은 좀 더 복합적이다. 언덕 위로 올라갈수록 석회질 토양이며 하부 토양은 좀 더 진흙이 많다. 이때 석회가 많을수록 와인의 미네랄 특성이 더해진다. 레 클로 와인을 한마디로 표현하면 파워와 우아함의 공존이다. 숙성 초기에는 지나친 미네랄 풍미와 아로마가 강렬해서 맛을 다 드러내지 못할 정도다. 그래서 레 클로는 최소 3년이 지나야 포도즙에서 와인이 되었다 할 수 있고, 10년쯤 되었을 때 비로소 자신의 모습을 드러내기 시작한다. 이런 강렬함 뒤에서 조용히 관심을 끄는 것은 바로 부드러운 우아함이다. 샤블리 와인 공식 홈페이지에서는 레 클로의 라운드함을 표현하면서 '지나치게 둥글어서 빙글빙글 돌다 보면 현기증이 나는 맛'이라고 극찬했다. 레 클로 포도밭에 최소 4개의 구획을 보유하고 있는 샤블리의 생산자는 루이 모로(Louis Moreau), 윌리엄 페브르(William Fèvre) 그리고 빈센트 도비사(Vincent Dauvissat)다. 2~3개의 구획을 소유한 생산자도 여럿 있다.

그르누이 (Grenouilles)

'개구리'라는 독특한 이름을 지닌 그르누이는 실제로 개구리가 많이 살았던 지역이라고 한다. 면적은 10헥타르로, 샤블리 그랑 크뤼 아펠라시옹을 구성하는 7개의 클리마 중에서 가장 작다. 남향과 남서향을 바라보고 있어 포도가 서서히 익지만 완숙도는 높다. 테루아는 키메르지안 심토에 자갈과 진흙이 덮혀 있는데, 전반적으로 척박하다. 그르누이 와인이 어릴 때는 풍미가 닫힌 듯 보여 불안정하게 느껴질 수 있다. 하지만 수년이 지나면 언제 그랬냐는 듯 파워와 섬세함이 균형잡힌 와인으로 변한다. 19세기 초의 작가 앙드레 줄리앙은 "그르누이가 레 클로보다 더 달콤하고 섬세하다."라고 호평했다.

프레즈 (Preuses)

프레즈 밭 주변에 '돌길(Voie pierreuse)'이라고 불리는 오래된 로마의 도로가 있다. '피에르(돌, Pierre)'는 수 세기를 거치면서 '프레즈(Preuses)'가 되었다. 남향과 남서향의 프레즈는 여름에 저녁 늦게까지 해가 들어서 일조량이 길다. 테루아는 석회질 토양으로 갈색 석회질과 백색 석회질이 섞여 있다. 프레즈 와인은 샤블리 테루아의 뿌리인 미네랄리티를 고스란히 보여주므로 '유리 같은 와인'이라고 한다. 프레즈 또한 다른 그랑 크뤼와 마찬가지로 복합미를 드러내려면 시간이 필요하다.

발뮈르 (Valmur)

발뮈르는 '가시나무 줄기(Meures)' 또는 '벽(Meurs)'이란 단어에서 유래했다. 이곳의 지형은 원형극장 형태로 되어 있어 복잡한 미세 기후를 보인다. 남향에서 남서향으로 뻗은 발뮈르 언덕의 포도는 하루 중 가장 더운 시간에 햇볕을 흠뻑 받는다. 반면 북서향에서 자라는 포도는 좀 느리게 익기 때문에 신선함을 유지하면서 자란다. 따라서 발뮈르 와인은 태양을 충분히 받고 자란 따뜻한 캐릭터와 신선한 미네랄을 오가는 이중성을 드러낸다. 파워와 복합미가 뛰어나 장기 숙성력을 지닌 고품질 와인을 생산하므로, 그랑 크뤼의 최고봉인 레 클로의 경쟁 상대로 알려져 있다.

보데지르(Vaudésir)

보데지르는 고대 프랑스어로 '희망', '소원', '욕망'이라는 뜻이다. 이곳은 발뮈르와 함께 레 클로의 뒤를 잇는 그랑 크뤼 선두 그룹이다. 지형도 발뮈르와 같이 원형극장 형태라서 이중 노출의 이점을 지닌다. 남향은 최적의 포도 숙성을 보여주지만 북향은 좀 더 서늘해서 포도가 서서히 익는다. 테루아는 클래식한 키메르지안 심토에 진흙이 덮혀 있다. 상부토의 진흙질은 보데지르 와인의 특징을 결정짓는 중요한 요소다. 레 클로 와인이 파워와 우아함의 공존이라면 보데지르는 우아함과 파워의 공존이라고 표현하고 싶다. 두 가지 특성의 조화라는 면은 비슷하지만 보데지르는 진흙질에서 비롯된 우아함이 좀 더 두드러진다.

코트 드 뉘(Côte de Nuits)

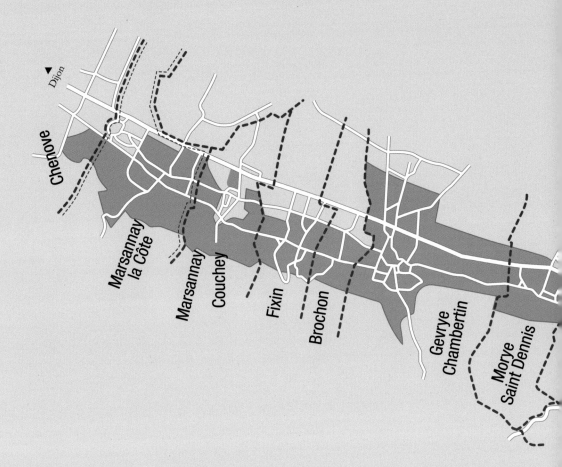

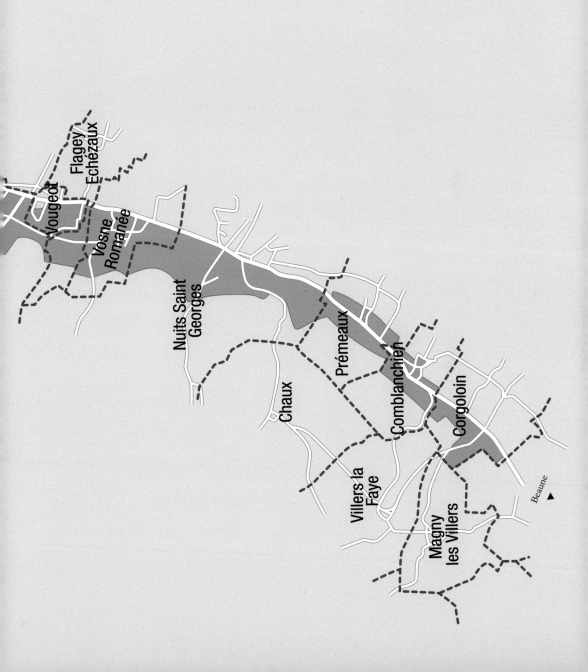

Flagey
Echézaux

Vougeot

Vosne
Romanée

Nuits Saint
Georges

Chaux

Prémeaux

Comblanchien

Corgoloin

Villers la
Faye

Magny
les Villers

Beaune ▲

2

막사네 & 픽상

Marsannay & Fixin

막사네, 픽상의 재발견

막사네(Marsannay)와 픽상(Fixin)은 코트 도르를 시작하는 첫 마을이다. 말하자면 코트 도르 깃발을 들고 대열 맨 앞에 선 기수와 같다. 막사네, 픽상이 앞장을 서면 뒤이어 주브레 샹베르탕, 모레이 상 드니, 샹볼 뮈지니 그리고 본 로마네 등 코트 드 뉘의 화려한 마을들이 줄지어 따라가는 모양새다. 아직 다 먹어보지 않았지만 이미 한입만으로 그날의 식사가 기대되는 에피타이저 역할을 한다. 그래서 얼핏 선두에 있으면서도 스타들에게 가리워져 눈에 띄지 않는 조연 같기도 하다. 부르고뉴에서 공부하던 당시 나는 디종에 살았다. 거리로 치면 막사네나 픽상은 디종에서 가장 가까운 마을이다. 하지만 다른 포도밭 마을들에 비하면 그리 자주 가던 곳은 아니었다. 주브레 샹베르탕에 가는 길에 가볍게 들르던 마을에 가깝달까. 가끔씩 한국에서 오신 분들을 가이드해야 할 때나 반드시 가야 하는 단골 방문지를 소개할 때도 막사네와 픽상은 누락되고 주브레 샹베르탕부터 출발하는 경우가 많았다. 이러한 현상의 원인을 짚어 보자면 가장 큰 요인으로 그랑 크뤼 와인이 없다는 점 때문일 것이다. 막사네와 픽상에는 머릿속에서 딱 떠오르는 스타급 포도밭을 찾기 어렵고, 천문학적인 가격을 내야 살 수 있는 와인도 드물다. '코트 드 뉘에서 뉘 상 조르주도 그랑 크뤼가 없지 않나요.'라고 반박할 수 있겠지만 뉘 상 조르주는 코트 드 뉘의 중심 마을이기 때문에 꼭 와인이 아니라 하더라도 빠질 수 없는 지역적 프리미엄이 붙는다. 이러한 사정들과 와인 등급 등의 영향으로 막사네와 픽상은 부르고뉴에서 흔히 소외되기 쉬운 마을인 셈이다.

소박한 지역, 소박하지 않은 맛

그래서 막사네와 픽상은 접근성이 좋은 와인이라거나 마시기 편한 와인으로 더욱 알려졌다. 대표적으로 소박한(Rustic) 와인이라는 평을 듣는다. '와인이 소박하다'는 것은 말 그대로 고급스러운 맛과는 거리가 멀다. 여기서 말하는 '소박한 와인'의 정의에 대해 〈와인 스펙테이터〉 홈페이지에 올라온 Q&A를 인용해 보면 다음과 같다.

> A "rustic" wine is one that can be described as hearty, earthy or rough-edged. The opposite of a rustic wine would be one that's refined, elegant or smooth. "Rustic" is also a good way to describe tannins that have a chewy or coarse texture.

정리해 보자면 소박한 와인이란 우아함, 섬세함, 부드러움보다는 거칠고 모가 나 있는 맛에 가깝다. 와인의 탄닌을 생각해 보면 좀 더 이해하기 쉽다. 입에 넣었을 때 촉감이 까슬까슬하고 탄닌 맛이 좀 더 직설적으로 세게 느껴진다. 이럴 때 와인에 대한 긍정적인 표현으로 '소박하다'는 말을 쓴다. 그런데 막사네나 픽상의 와인을 소박하다 평하는 데는 나름의 이유가 있다. 이 지역에서 나오는 와인들은 주로 어릴 때 마시는 와인이다 보니 자칫 피노 누아의 섬세함을 살리지 못하는 경우가 많다. 하지만 막사네와 픽상이 과연 소박하기만 한 생산지일까? 최근 빈티지의 막사네와 픽상 와인을 테이스팅해 보면, 앞에서 언급한 시장의 평가는 오늘날 이 산지의 변모를 헤아리지 못한 뒤처진 비평이 아닌가 싶다. 심지어 막사네와 픽상, 두 지역의 캐릭터도 상당히 다르다.

맛 좋은 막사네와 픽상 와인을 찾으려면

현재 막사네와 픽상은 변하고 있다. 그래서 여러분이 별 기대감 없이 이 지역의 와인을 마셔본다면 크게 놀랄 수 있다. 소박(Rustic)보다는 오히려 세련(Refine)에 가까운 맛이다. 이렇게 된 데는 최근 새롭게 부상하는 와이너리들이 주축이 되어 다양한 혁신을 꾀하기 때문이다. 바이오다이나믹 농법을 시도하며 포도밭을 개

량하는 등 테루아의 장점을 최대한 살리는 중이다. 뿐만 아니라 양조에서도 이산화황(SO₂) 첨가량을 줄이고, 포도를 송이째 발효하여 신선하면서도 세련된 느낌의 와인을 만드려 노력한다. 대표적인 와이너리로는 도멘 장 푸르니에(Domaine Jean Fournier), 도멘 위그노(Domaine Huguenot), 도멘 발로랭(Domaine Ballorin), 도멘 르네 부비에(Domaine René Bouvier), 도멘 샤를로팽-티시에(Domaine Charlopin-Tissier), 도멘 실뱅 파타이유(Domaine Sylvain Pataille) 등을 꼽을 수 있다. 이들은 유서 깊은 와이너리 출신은 아니었지만 점점 이름이 알려지고 있는 젊은 농부들이다. 시대는 늘 변화하기 마련이다. 18세기에는 로마네 콩티가 연한 핑크빛 컬러였다는 기록만 보더라도 알 수 있듯이 말이다. 시대적 변화에 따라 와인의 스타일이나 품질도 바뀐다. 한 시인은 길에 핀 풀꽃을 두고 오래 자세히 보아야 예쁘다고 말했다. 막사네와 픽상도 그런 느낌이다. 등급이나 가격으로 그동안 크게 주목받지 못했지만 시선을 돌려 자세히 바라보면 감동을 준다.

🍇 막사네 이야기

'잘 사네'가 아니고 '막 사네'? 이름부터 특이한 막사네(Marsannay)는 코트 드 뉘의 포도밭을 여는 첫 번째 마을이다. 부르고뉴의 도청 소재지인 디종에서 출발해 톨게이트를 지나자마자 서두르듯 포도밭이 보이기 시작하는데 그곳이 바로 막사네다. 그래서 AOC 막사네는 '코트 드 뉘의 황금문'으로 불린다.

막사네는 프르미에 크뤼 AOC나 그랑 크뤼 AOC가 없는 마을이다. 그래서 주브레 샹베르탕이나 본 로마네 같은 인근 마을에 비해 상대적으로 명성이 떨어진다. 하지만 이 지역의 역사를 살펴보면 흥미로운 사실을 알 수 있다. 일찍이 막사네 포도밭의 위상은 오늘날과 달리 명성 높은 고급 와인 산지였다는 것이다. 베즈(Bèze) 수도원, 오탕(Autun) 주교구 등 카톨릭 교회 또는 부르고뉴 공작 등 많은 세도가에서 이곳 마을의 포도밭을 소유했다. 부르고뉴에서 포도밭의 소유자가 누구인지는 매우 중요하다. 그곳이 좋은 밭이라는 증표가 되면서 와인 등급의 지표가 되기 때문이다. 말하자면 품질 보증서와 같다. 뿐만 아니라 막사네 와인은 루이 14세와 루이 16세의 테이블에도 오르며 왕실의 사랑을 받았다. 이처럼 19세기 전까지 막사네의 특정 클리마는 이웃 마을들의 그랑 크뤼와 동등한 등급을 누렸다. 코트 도르에서 그랑 크뤼 밭이 없는 마을은 여럿 있다. 하지만 프르미에 크뤼 밭조차 없는 마을은 흔하지 않다. 그렇다고 해서 막사네 와인이 당연히 보잘것없을까? 역사적 정통성이나 테루아의 가치, 그리고 크뤼 등급 제정의 필수 조건인 '지명이 있는 포도밭'이 존재하는지 등 모든 조건들을 고려해 보면 사실 막사네 와인은 억울한 면이 많다. 그렇다면 이곳 와인의 위상이 흔들리게 된 배경은 무엇이었을까. 19세기에 들어서며 막사네 마을의 와인 생산자들은 주로 인근 디종시에 와인을 공급했다. 와인은 매우 잘 팔렸고 와인 생산자들의 생활도 풍요로웠다. 그러자 이들은 재배하기 까다로운 피노 누아를 밭에서 뽑고 높은 생산량을 보장하는 가메를 심어 생산량을 늘리고자 했다. 이때의 선택이 막사네의 운명을 발목 잡게 된다. 독자적인 마을 명인 막사네 AOC 획득이 늦어졌으며 프르미에 크뤼 등급 제정 기회도 날려버렸다. AOC 제정을 받으려면 반드시 피노 누아로 와인을 만들어야 하는데 이곳의 와인은 가메로 만들어졌기 때문에 이것이 자격 박탈의 원인이 되었다. 다행히 20세기에 들어서면서 막사네는 재정비에 들어갔다. 포도밭에 피노 누아를 다시 심기 시작했으며 생산량보다는 품질에 무게를 두고 와인을 만들었다. 그로부터 한참 뒤인 1987년, 마침내 막사네 마을은 자신의 이름을 딴 막사네 AOC를 부여받는다.

 기후와 토양

막사네 포도밭은 해발 255~390m의 산허리와 산기슭에 남북으로 뻗어 있다. 이곳은 일출 무렵부터 정오까지 충분한 일조량을 확보할 수 있는 지리적 조건을 지닌다. 막사네 마을은 적절하고 규칙적인 강우량(연간 평균 750mm)과 평균 온도 10.5도의 대륙성 기후를 보인다. 포도밭이 자리한 언덕은 모르반(Morvan)산맥과 부르고뉴 평원에 둘러싸여 평지보다 좀 더 따뜻하고 건조하다. 막사네의 토양은 쥐라기 중기에 형성된 석회질 토양이다. 크고 작은 돌이 많은 토양으로, 지질학적 특성을 좀 더 자세하게 살펴보면 석회, 이회토, 석회석과 진흙이 섞인 충적 자갈토가 모자이크 배열을 이루고 있다. 막사네에서 가장 좋은 입지, 즉 막사네의 심장은 마을 뒤에 가파르게 경사진 포도원이다. 이곳은 슈노브(Chenôve) 마을에서 쿠셰(Couchey) 마을까지 남북으로 쭉 뻗어 있는데 계속 가다 보면 코트 드 뉘의 그랑 크뤼 루트로 이어진다. 경사진 포도원의 테루아는 훌륭하다. 연대순으로 가장 오래된 것부터 모래질 이회토, 고대 해양 생물화석 기반 석회암, 어패류성 이회토, 패각 석회암, 해양성 퇴적암 기반의 석회석 토양이 여러 단층으로 배열되어 있다. 마치 신선한 재료를 다양하게 섞은 비빔밥을 먹으며 아삭함과 맵싸함, 시원한 단맛과 감칠맛을 동시에 맛볼 수 있는 것과 같다. 더 놀라운 건 이러한 지층이 주브레 샹베르탕의 그랑 크뤼, 프르미에 크뤼 하층토와 동일하다는 것이다. 뛰어난 막사

Marsannay

Marsannay rosé

Dijon

Route des Grands Crus

Fixin

▼ BEAUNE

네 와인에서 주브레 샹베르탕의 맛이 느껴지는 이유가 여기에 있다. 물론 토양이 같다 하더라도 고도나 경사, 태양과 공기의 흐름에 의한 노출 정도에 따라 와인은 다른 캐릭터를 보인다. 물론 와인의 품질도 달라진다. 이런 점을 이해하면 왜 와인 산지가 컬러 별로 제한되어 있는지, 그러니까 왜 국도와 접한 평지에서는 로제만 생산하도록 되어 있는지 테루아 품질에 따른 와인 규범을 알 수 있을 것이다.

세 개의 마을, 세 가지 품종 그리고 세 가지 컬러

막사네 포도밭은 부르고뉴 디종시 인근의 세 마을 막사네 라 코트(Marsannay la Côte), 쿠셰(Couchey) 그리고 슈노브(Chenôve)에 걸쳐서 자리한다. 이렇게 세 곳의 마을에서 세 가지 품종으로 레드, 로제 그리고 화이트와인이 생산된다. 막사네는 코트 드 뉘에서 세 가지 색상의 와인을 생산하는 유일한 마을이다. 화이트와인은 샤르도네나 피노 블랑(Pinot blanc)으로 만든다. 피노 블랑은 미디움 산도를 지닌, 쾌적하고 가벼운 보디의 와인을 만드는 포도 품종이다. 막사네의 화이트와인은 꽃향, 백색 과일의 은밀한 향기와 함께 피노 블랑의 매력과 간결함이 뛰어나다. 레드와인과 로제와인은 피노 누아로 만든다. 막사네에서 피노 누아로 만든 로제와인을 생산하기로 결정한 것은 제1차 세계대전 이후 파괴된 마을을 복구하면서 팔릴 만한 와인을 생산하기 위해서였다. 믿을 수 없겠지만 부르고뉴 사람들이 와인을 팔기 위해 노력을 기울여야 했던 때가 있었다. 100년 전에는 와인 생산업자들을 직접 찾아오는 고객이 드물었기 때문에 생산자가 직접 가가호호 방문하여 싼값에 와인을 팔아야 했다. 제1차 세계대전 직후, 참전용사 출신의 막사네 와인 생산자인 안토니 앙소(Anthony Hanso) 또한 마찬가지였다. 그는 인근 마을을 돌아다니며 방문 판매를 시도했으나 누구도 그의 와인을 사고 싶어 하지 않았다. 앞에서 언급했다시피 막사네는 인근 주브레 샹베르탕이나 본 로마네에 비해 덜 알려진 생산지였기 때문이다. 그는 새로운 시도를 감행해야 했다. 그래서 피노 누아 품종으로 향기롭고 섬세한 로제와인을 만들기로 했다. 막사네 마을의 다른 생산자들도 곧 그의 뒤를 따랐다. 머지않아 막사네의 로제와인은 유명인들에게 알려지며 자주 선택되었고, 사람들은 디종의 카페테라스에서 막사네의 로제를 홀짝이고 싶어 했다. 로제와인의 인기 덕분에 와인 생산자들은 생계를 유지할 수 있게 되었으며, 전쟁으로 피폐해진 막사네 마을은 다시 새로운 활력이 넘쳤다. 막사네의 로제와인은 스타일에 있어서 프로방스 로제와인과 차별성을 보이며 지금까지도 막사네 와인만의 대표성을 확보하고 있다. 마을 뒤 가파르게 경사진 포도밭은 현재 레드, 로제, 화이트와인 생산을 모두 허용하지만, 현재는 주로 화이트와 레드와인을 생산하고 있다. 그 주변의 변두리이자 74번 국도와 접하는 저지대는 로제와인 전용 지역으로 지정되었다. 아무래도 저지대 포도밭은 배수도 어렵고 햇볕을 충분히 받지 못하다 보니 고품질의 레드와인보다는 가벼운 스타일의 로제를 생산하도록 정해두는 것이 낫기 때문이다.

 와인 등급

막사네 지역은 AOC 변경을 거치며 성장했다. 1965년에 레지오날 AOC인 부르고뉴 막사네(Bourgogne Marsannay) AOC를 획득했다. 당시 이웃 마을들이 마을 고유명으로 AOC를 인정받은 것과 비교해 보면, 상당히 낮은 등급으로 출발한 것이다. 1987년이 되어서 비로소 막사네 독자적 코뮌 AOC인 막사네(Marsannay) AOC를 얻을 수 있었다. 막사네 AOC 안에는 지명을 소유한 밭(리외디)이 76개 있다. 이 밭들은 모두 프르미에 크뤼나 그랑 크뤼 등급을 받지 못했다. 여기서 잠깐, 코트 도르에서 프르미에 및 그랑 크뤼로 승인된 포도밭의 특징을 살펴보자. 제일 중요한 조건은 포도밭의 테루아인데, 여기에는 일정한 공통점이 있다. 대부분의 프르미에와 그랑 크뤼 밭은 쥐라기 중기 및 후기에 만들어졌으며, 이회암과 석회암이 섞인 미네랄과 관련된 지질 구조를 기반으로 한다. 그 외에 높은 등급을 받은 포도밭들은 배수가 잘되고 더 나은 일조량을 제공하는 언덕에 있어야 하며 너무 높지도 낮지도 않은 240~350m의 동남향 언덕이어야 한다. 앞에서 언급한 막사네 리외디 밭 중에는 코트 드 뉘 프르미에 크뤼 포도밭과 지리학적·지질학적 조건이 같은, 프르미에 크뤼의 전제 조건을 모두 충족하는 밭이 있다. 사정이 이렇다 보니 막사네 입장에서 프르미에 크뤼 등급 요청은 어쩌면 당연한 주장일지도 모른다. 막사네는 2012년에 INAO위원회에 14개 포도밭에 대한 프르미에 크뤼 승인을 요청했다. 현재 막사네 AOC 리외디에서 생산된 와인은 라벨에 포도밭 이름을 기재할 수 있다. 그중 프르미에 크뤼 승인을 기다리는 밭은 아래와 같다. 요청 당시 일부 밭은 주변 밭들을 통합해서 단일화했다.

1. Au Champ Salomon(En Clémongeot와 Au Champ Salomon 포함)

2. Aux Genelières(En Combereau, En la Malcuite, Aux Grands Bandeaux, Au Ronsoy, Au Champs St-Étienne, Aux Genelières, En Charrière 그리고 La Quenicière 포함)

3. Champs Perdrix(Au Quartier, La Plantelle, Le Désert, Le Moisereau 그리고 Champs Perdrix 포함)

4. Clos du Jeu

5. En/La Montagne

6. La Charme aux Prêtres(Les Rosey 포함)

7. Le Clos

8. Le Clos du Roy

9. Les/Es Chezots(공식명은 Les Echézeaux)

10. Les Boivin

11. Les Favières

12. Les Grasses Têtes

13. Les Longeroies(Bas des Longeroies, Dessus des Longeroies 그리고 Monchenevoy 포함)

14. Saint-Jacques

🍷 와인 스타일

막사네(Marsannay AOC)

막사네 와인은 북에서 남으로 내려가면서 묵직해지고 탄닌이 더해진다. 북쪽은 석회 베이스에 침식과 융기 풍화 과정을 거친 진흙 충적토 토양이다. 반면 남쪽은 심해 해양 생물 화석이 섞인 쥐라기 석회암과 이회토로 구성되었다. 그래서 북쪽에서 생산된 와인은 부드럽고 가벼운 스타일이며 남쪽으로 갈수록 강하고 밀도가 높아진다. 따라서 블렌딩했을 때 미디움 보디의 와인에 가까워진다. 막사네 와인 대부분은 코트 드 뉘의 다른 마을 와인에 비해 긴장감을 주는 가격대는 아니다. 또한 과실 향이 강한 스타일리시한 와인으로 어릴 때 마시기 좋다.

화이트와인 : 그린레몬 컬러에서 나이가 들면 연한 황금빛으로 바뀐다. 레몬그라스 향이 열리고 이어서 말린 과일, 산사나무, 때로는 꿀 향으로 돌변한다. 유연하고 부드러운 텍스쳐를 지닌 와인이다. 샤블리 와인과 비교했을 때 보다 둥글고 버터 향과 유질감이 있고, 코트 드 본 와인에 비하면 좀 더 가볍다.

레드와인 : 연한 루비 컬러에서 가넷 컬러로 점차 변화한다. 고사리 같은 양치류, 바이올렛, 야생 딸기류, 블랙베리, 블랙커런트, 말린 자두 및 감초 향이 그윽하다. 나이가 들면서 덤불, 이끼, 가죽 및 향신료 향이 강해진다. 유연함과 구조감이 조화를 이룬 맛을 자랑하는 막사네 레드는 어린 시절에는 약간 거칠 수 있지만 나이가 들면서 진정한 맛을 보여주며 절정에 달한다.

로제와인 : 오렌지색부터 블랙커런트색까지 다양한 컬러를 보여준다. 특히 수확을 막 끝낸 포도를 으깬 향, 복숭아 및 섬세한 꽃 향이 특징이다. 플로럴, 신선한 열매 풍미 등 로제와인 특유의 생동감으로 미각을 유혹한다. 음식과 잘 어울리며 가성비도 좋은 와인이다.

클로 뒤 루아(Les Clos du Roy)

루아(Roy)는 왕을 의미하는 고대 프랑스어다. 슈노브(Chenôve)에 자리한 이곳은 원래 부르고뉴 공작의 소유였기 때문에 '르 클로 데 뒤크(Le Clos des Ducs)'라고 불렸다. 1477년 부르고뉴 공작 샤를 볼드(Charles Bold)가 낭시(Nancy)에서 패배하고 그의 땅이 프랑스 왕국에 합병된 후 클로 뒤 루아(Clos du Roy)로 이름이 변경되었다. 해발 270m의 동남향 언덕에 자리한 막사네 최북단 리외디인 클로 뒤 루아는 몇 세기 동안 막사네 아펠라시옹의 가장 아름다운 테루아 중 하나로 여겨져 왔다. 바로 '그레즈 리테(Grèze lité)'라 불리는 희귀한 테루아 때문이다. 이는 빙하기 사암과 석회암 자갈이 풍화 작용에 의해 부서지고 쌓이기를 반복해 온 퇴적물을 말한다. 이 포도밭에서는 주로 레드와인을 생산하는데 빼어난 맛과 우아함을 동시에 맛볼 수 있다.

 픽상 이야기

쿠셰와 브로숑 마을 사이에 자리한 픽상(Fixin)은 그림 같은 마을로, 꼭 와인 명산지가 아니라도 여행객의 발길을 끌 만한 매력적인 곳이다. 코트 드 뉘에서는 드물게 관광 명소라고 추천할 만한 역사적 건축물이 꽤 많다. 먼저 부르고뉴 공작의 여름 별장이었다가 후에 시토 수도사들의 요양지로 사용된 페리에르(La Perrière)가 있다. 로마네스크와 르네상스 양식이 결합된 이 독특한 건축물에서 몸이 아픈 수도사들은 신선한 공기와 좋은 와인을 마시며 요양을 했다. 무엇보다 픽상이 낳은 유명 인사로 클로드 누아조(Claude Noisot) 대위의 고적들을 빼놓을 수 없다. 그의 이름을 딴 누아조 공원은 마을의 꼭대기에 자리해 있는데, 그 안에 나폴레옹 동상이 우뚝 서 있고 누아조 성당 그리고 나폴레옹 박물관으로 개조된 그의 생가가 있다. 뿐만 아니라 19세기의 세탁소까지 그대로 (심지어 사용 가능한 상태로) 보존되어 있으니 픽상은 분명 평범한 와인 산지는 아니다. 만약 픽상을 방문했다면 이러한 곳들

Couchey

픽상 지도

Les Hervelets
ou Les Arvelets

Les Hervelets

350

300

Route des Grands Crus

Le Meix Bas

Clos
Napoléon

Clos
de la
Perrière

Clos
du
Chapitre

Brochon

▼ BEAUNE

Premier Cru

Fixin / Côte de Nuit Village

을 꼭 둘러보기 바란다.

픽상은 1860년에 옆 마을이었던 픽세(Fixey)와 통합되었다. 픽상과 픽세 마을
은 수백 미터 떨어져 있지만 운명 공동체로 묶여 픽상의 이름을 걸고 와인을 생산
한다. 또한 인접한 브로숑(Brochon) 마을에서 생산되는 와인도 픽상 이름으로 판매
된다. 요약하면 픽상 와인(Fixin AOC)은 픽상, 픽세 그리고 브로숑 세 마을에서 만
들어진다. 하지만 이렇게 세 마을의 와인을 다 합해도 픽상은 매우 작은 와인 산
지다. 샤르도네로 만든 화이트와인이 5.92헥타르, 피노 누아로 만든 레드와인이
96.21헥타르로 생산량이 무척 적다. 옆마을 주브레 샹베르탕과 비교해 보면 4분
의 1 수준, 막사네의 2분의 1 수준이다. 픽상은 막사네와 마찬가지로 그랑 크뤼 와
인이 없는 마을이다. 그래서 코트 드 뉘에서는 막사네 와인과 함께 가성비 좋은 와
인으로 꼽히지만 생산량이 워낙 적기 때문에 쉽게 접할 수 있는 와인은 아니다. 마
치 쇼핑몰 장바구니에 입고되자마자 일시 품절이 뜨는 인기 아이템처럼, 존재하
지만 사기 어려운 와인이다. 운이 좋거나 부지런한 자들만이 픽상 와인을 마신다.

 기후와 토양

픽상 포도밭은 해발 약 270~360m 사이의 완만한 경사에 자리한다. 이는 평
균적인 수치이며 지역에 따라 조금씩 다르다. 픽상 아펠라시옹은 대부분 해발
275~310m 사이에 위치해 있는데 프르미에 크뤼 밭은 306~362m 사이로 더 높다.
기후는 일 년 내내 대체로 규칙적이며 뚜렷한 여름 가뭄도 없다. 강우량은 연평균
750mm이고, 평균 온도는 10.5도 정도로 대륙성 기후를 보인다.

픽상의 토양은 코트 드 뉘의 다른 어떤 마을보다도 흥미롭다. 픽상의 와인 재
배 풍경은 코트 드 뉘의 주요 특징을 보여준다. 가장 높은 언덕의 산마루에 프르미
에 크뤼 포도밭이 자리하는데, 이곳은 주로 쥐라기 석회암이다. 언덕 정상에서 중

턱으로 내려가면서는 조금씩 석회암과 이회토 두 가지 토양이 섞인다. 그러다 보니 석회암의 종류와 이회토의 비율이 미묘하게 달라지면서 와인 맛도 미세하게 달라진다. 일반적으로 석회가 많은 밭에서 나온 와인은 우아함을 유지하면서도 힘이 있다. 더 전문적으로 말하자면 미네랄의 풍미가 탄닌의 질감을 부드럽게 해주고, 여기에 짠맛이 더해져 와인의 프로필을 풍성하게 만든다.

먼저 91쪽 지도에서 클로 뒤 샤피트르(Clos du Chapitre) 밭을 보자. 이곳의 토양은 갈색 석회암이 특징으로, 단단한 석회바위 그 자체이다. 반면 같은 프르미에 크뤼인 에르브레(Hervelets) 같은 밭은 이회암 뉘앙스가 더 강한 토양이다. 그런가 하면 픽상에서 가장 유명한 클리마이자 프르미에 크뤼 중에서도 탑인 클로 드 라 페리에르(Clos de la Perrière)를 보면, 석회암과 이회암 비율이 적절하게 섞여 있다. 여러분이 혹시 픽상 와인을 마스터하고자 한다면, 이 세 가지 프르미에 크뤼 와인들을 마시며 비교해 보길 권한다. 마치 같은 노래라 하더라도 부르는 가수의 음색에 따라 분위기가 달라지듯이 석회와 이회토의 농담(濃淡)에 따라 조금씩 다르게 변주되는 맛의 차이를 느낄 수 있을 것이다. 이제 언덕이 끝나가는 아래쪽 산기슭으로 내려가면 이곳에는 진흙과 자갈 퇴적층이 고명을 얹듯 깔린다. 남쪽으로 내려갈수록 점토가 많아지면서 와인은 억세지고 탄닌도 강해진다. 그래서 이곳에서는 프르미에 크뤼가 아닌 한 단계 낮은 픽상 AOC 마을 등급의 와인을 만든다.

🛢 나폴레옹과 픽상

프랑스의 첫 번째 황제이자 군인, 정치가였던 나폴레옹 1세 즉 나폴레옹 보나파르트(Napoléon Bonaparte). 그가 좋아했던 와인을 꼽을 때 사람들은 주로 주브레 샹베르탕을 이야기한다. 그래서 주브레 샹베르탕 와인을 두고 '나폴레옹의 와인'이라 칭송하며 그와의 인연을 자랑스러워 한다. 그런데 나폴레옹과 부르고뉴 와인의 인연에 대한 서사를 풀어보면 사실상 주브레 샹베르탕보다는 오히려 픽상과 더 관련이 깊다. 먼저 픽상에는 황제를 기념하는 기념물이 많다. 클로 뒤 샤피트르 포도밭이 내려다보이는 누아조 공원 안에는 나폴레옹의 망명지였던 엘바(Elba)섬 요새의 축소판인 나폴레옹 박물관이 있고, 나폴레옹의 기상(Le reveil de Napoléon)이라는 거대한 청동상도 있다. 뿐만 아니라 나폴레옹의 이름을 딴 프르미에 크뤼 와인인 '클로 나폴레옹(Clos Napoléon)'도 있다. 얼핏 나폴레옹과는 접점이 없어 보이는 이 작은 마을과 나폴레옹의 인연을 이야기하자면 운명과도 같은 한 인물을 소개해야 한다.

나폴레옹의 근위대 대장이었던 클로드 누아조. 일평생 나폴레옹 1세에 대한 진정한 숭배를 가졌던 이 사람은 20대에 나폴레옹의 여러 전투에 참여하게 된다. 1809년 2월부터 스페인, 러시아, 독일, 프랑스, 에슬링, 바그람, 라이프치히 등을 나폴레옹을 따라 참전했고, 1814년 4월 20일에는 퐁텐블로(Fontainebleau)에서 제1근위대와 작별 인사를 한 후 황제를 따라 엘바섬으로 갔다. 그에게 나폴레옹은 하나의 종교였다. 클로드 누아조는 픽상으로 돌아와 이 마을을 나폴레옹 제국에 바치기로 결심한다. 황제의 삶과 관련된 그림, 판화, 메달 등의 물건을 모으고 그에게 헌정하는 공원을 지었다. 그리고 공원 안에 나폴레옹 동상을 만들고자 동향 친구이자 에투알 개선문(Arc de Triomphe de l'Etoile)을 제작한 조각가 프랑수아 루드에게 작업을 요청한다. 심지어 그는 자신의 죽음까지 영웅에게 헌납하고 싶었나 보다. 자신이 죽으면 나폴레옹의 무덤을 마주 보는 자리에 제복을 입고 똑바로 선 채 사브르를 뽑은 모습으로 묻어달라고 유언을 남겼다. 하지만 안타깝게도 그의 유언은 이루어지지 못했다. 픽상이 어떤 곳인가? 뚫을 수 없는 단단한 석회암이 전부인 땅이다. 더 안타까운 건 그의 이러한 업적이 대단한 열정만큼의 평가를 받지 못했다는 점이다. 1850년에 보나파르트의 조카 루이 나폴레옹이 이곳에 방문했지만 어느 곳도 맘에 들어 하지 않았다는 후문이 있는가 하면, 같은 부르고뉴 출신 언론인이자 작가였던 장 프랑수아 바장(Jean François Bazin)은 그의 책 《샹베르탕》(1990)에서 "술 취한 밤에 졸고 있는 것 같은 황제"라며 클로드가 헌정한 조각상을 혹평했다. 픽상 프르미에 크뤼 클리마 가운데 '클로 나폴레옹'은 원래 '오 쉐조(Aux

Chezeaux)'라는 지명이었는데 이름이 변경되었다. 무슨 이유로 언제 클리마의 명칭이 바뀌었는지 그 유래는 정확하지 않다. 공식적인 자료는 없지만 그 밭의 소유주가 클로드 누아조였던 사실을 알고 나면 그다지 미스터리한 숙제는 아닌 듯하다. 소유주의 사심으로 인해 클리마 명이 변경되는 건 극히 드문 사례인데, 그나마 1800년대라 가능했던 일이다. 오늘날이었다면 단 1퍼센트의 가능성도 없었을 것이다. 클로 나폴레옹은 나폴레옹을 향한 클로드 누아조의 수많은 업적 가운데 그나마 가장 이성적이고 소소한 업적이 아니었을까 한다.

와인 등급

픽상은 1936년에 AOC를 획득했다. 픽상 AOC는 빌라주 등급인 픽상(Fixin) AOC와 포도밭 이름을 명시한 픽상 프르미에 크뤼(Fixin Premier Cru) AOC로 나뉜다. 97페이지 지도를 보면서 좀 더 자세하게 살펴보자. 노랑색 부분은 저지대로 픽상 마을로 인정받지 못한 곳이다. 그래서 레지오날 등급 즉 부르고뉴(Bourgogne) AOC이며 와인 라벨에 Bourgogne라고 기재된다. 연한 보라색은 이웃 브로숑 마을에 속해 있는 산지로 여기는 코트 드 뉘 빌라주(Côte de Nuits Village)라는 라벨명이 붙는다. 분홍색 산지가 바로 빌라주 등급인 픽상 AOC로, 픽상을 라벨에 기재할 수 있다. 마지막 붉은 컬러는 픽상 마을에서 가장 뛰어난 픽상 프르미에 크뤼 AOC다. 그래서 라벨에 각각의 클리마, 즉 포도밭 이름이 써 있다.

픽상 프르미에 크뤼 클리마는 모두 6개다. 에르브레(Hervelets), 아르브레(Arvelets 또는 에르브레), 레 메이 바(Les Meix Bas), 클로 드 라 페리에르(Clos de la Perrière), 클로 나폴레옹(Clos Napoléon), 클로 뒤 샤피트르(Clos du Chapitre). 지도 상단의 붉은 컬러 산지를 보면 구획별로 클리마 이름이 보인다. 그래서 이 이름들이 라벨에 기재된다고 보면 되는데, 사실은 좀 더 복잡한 시스템이다. 여러분이 픽상 프르미에 크뤼 와인을 접했을 때 실제로 보게 될 라벨 이름은 에르브레(Hervelets), 레 메이 바

(Les Meix Bas), 클로 드 라 페리에르(Clos de la Perrière), 클로 나폴레옹(Clos Napoléon), 클로 뒤 샤피트르(Clos du Chapitre) 등이다. 이를 이해하려면 부르고뉴에서 등급을 의미하는 클리마 시스템을 들여다봐야 한다. 클리마는 단일 포도밭 이름을 뜻하면서도, 때로는 여러 포도밭(리외디)을 끌어안은 포괄적인 이름일 수도 있다. 예를 들어 에르브레(Hervelets)와 아르브레(Arvelets)는 에르브레(Hervelets)로 통합되었다. 물론 아르브레(Arvelets) 이름으로 라벨에 기재하는 것은 허락되지만 그 반대의 경우, 즉 에르브레(Hervelets) 밭의 와인을 아르브레(Arvelets)라고 기재할 수는 없다. 마찬가지로 브로숑 마을에 있는 큐 드 에랑(Queue de Hereng)도 클로 뒤 샤피트르(Clos du Chapitre)에 통합되었다. 큐 드 에랑(Queue de Hereng) 이름으로 와인을 판매할 수는 있지만 그 반대의 경우는 불가능하다.

 ## 와인 스타일

픽상(Fixin AOC)

픽상은 막사네와 주브레 샹베르탕 사이에 있기 때문에 와인의 스타일도 이 두 마을과 자주 비교된다. 흔히 막사네 와인과 픽상 와인을 비슷한 스타일로 같이 묶곤 하지만 사실 스타일이 꽤 다르다. 픽상은 막사네에 비해 좀 더 단단하고 견고하다. 품질이 높은 픽상 와인이라면 힘도 좋고 풍부한 풍미를 자랑한다. 오히려 막사네보다는 옆 마을 주브레 샹베르탕과 더 비슷한 맛이 난다. 강하다. 입안을 가득 차게 하는 강건함 그리고 파워 넘치는 과실 향 등을 느낄 수 있다. 하지만 서투른 픽상 와인은 거칠고 부드럽지 못하다. 때로는 시간을 두고 마셔야 해서 '겨울(까지 기다렸다 마셔야 하는) 와인' 또는 '야생(Sauvage) 와인'이라는 별명이 붙었다. 언제까지나 거칠고 셀 것 같은 맛이지만 다행히 익어가면서 와인은 한결 부드러워진다. 클로 뒤 샤피트르나 클로 나폴레옹 그리고 일부 빌라주 등급 와인들을 묵혀서 마셔보면 이러한 특성을 느낄 수 있다.

Couchey

DIJON

BEAUNE

Route des Grands Crus

350

300

Fixin Premier Cru

Fixin

Côte de Nuits Village

Bourgogne

픽상의 레드와인이 막사네와 뚜렷한 차이를 보인다면 오히려 화이트와인은 막사네와 비슷한 스타일이다. 가볍고 신선하다. 밀짚이 연상되는 노란색, 미네랄, 열대과일, 잘 익은 복숭아, 때로는 들장미 부케, 가시덤불 향을 발견할 수 있다. 결론적으로 픽상의 화이트와인은 솔직하고 유쾌한 맛이 난다.

레드와인의 빛깔은 자줏빛이 도는 맑고 영롱한 색부터 진한 루비까지 컬러가 다채롭다. 여기에 보랏빛으로 반사되는 색이 전체적인 와인의 톤을 살아나게 한다. 바이올렛, 작약 등 꽃 향과 블랙커런트, 블랙 체리 그리고 모과 등의 과실 향, 동물, 사향, 후추 같은 아로마가 픽상 레드와인의 특징이다. 때로는 체리 씨앗이나 감초 향이 나기도 한다. 탄닌의 존재감 때문에 젊었을 때는 약간 거친 경우가 많지만, 무엇보다 숙성력이 좋은 와인이다. 탄닌의 억센 느낌이 걷히고 나면 와인의 텍스처는 놀랍도록 부드럽고 섬세하다.

픽상 프르미에 크뤼(Fixin Premier Cru AOC)

클로 드 라 페리에르(Clos de la Perrière)

여느 그랑 크뤼가 부럽지 않은 프르미에 크뤼 와인이다. 픽상 클리마 중에서도 가장 유명한 밭이다. 옛날 시토회 수도사들은 픽상 지역 꼭대기에 마노어 드 라 페리에르(Manoir de la Perrière)라는 요양지를 건설하고, 주변의 포도밭을 개간했다. 이 밭이 오늘날의 클로 드 라 페리에르다. 픽상 고유의 테루아를 가장 잘 보여주는 곳으로, 고대 해양 생물 화석 기반의 석회암과 이회토 그리고 적절한 비율의 진흙이 조화롭게 구성되어 있다. 와인은 무겁고 견고하다.

클로 뒤 샤피트르(Clos du Chapitre)

클로 뒤 샤피트르는 픽상에서 가장 돌이 많은 땅으로 대부분 갈색 석회암이다. 남서 방향에 위치하여 포도 수확을 늦게 하기도 하고 숙성 기간도 길다. 와인이 젊을 때는 종종 거칠다가 나중에는 눈부시게 꽃을 피운다.

에르브레(Hervelets)

픽상의 다른 프르미에 크뤼 밭과 비교했을 때 테루아가 좀 다르다. 일반적인 프르미에 크뤼 밭들이 석회암 비중이 높다면 에르브레는 돌이 적고 이회토 비율이 높다. 그만큼 와인이 더 부드럽고 약간 가볍다. 그래서 아주 적은 생산량이지만 화이트의 매력이 돋보인다. 너무 양이 적어 희귀하고 맛볼 수 없기에 비밀스럽기까지 한 에르브레 화이트와인을 마셔본 적이 있다면 당신은 분명 운이 좋은 사람이다.

3

주브레 샹베르탕

Gevrey Chambertin

그랑 크뤼의 길

주브레 샹베르탕(Gevrey Chambertin)은 코트 도르 국립 자연보호구역인 콤브 드 라보(Combe de Lavaux) 숲 기슭에 자리한다. 부르고뉴의 샹젤리제가 시작되는 이 마을의 정경은 화려한 명성에 도취되지 않고 평화롭다. 로마네스크 양식의 교회와 중세 성에 둘러싸인 거리는 거니는 사람이 별로 없어 한적하고 고요하다. 바람이 부는 방향에 따라 와인에 젖은 오크통 냄새와 발효된 와인의 독특한 향이 양조장 쪽에서 풍겨 나온다. 포도밭 바로 뒤의 오솔길을 따라 언덕에 올라서면 그랑 크뤼의 파노라마가 펼쳐진다. 그곳에 서서 포도밭을 바라보고 있노라면 자연스레 마음이 차분해진다. 개인적으로 부르고뉴에서 가장 아름다운 풍경을 꼽으라면 '그랑 크뤼의 길(Route des Grands Crus)'을 꼽고 싶다. 설사 와인에 대해 아무것도 모르는 이라도 이곳에 서서 포도밭을 바라본다면 한눈에 범상치 않은 곳임을 직감할 수밖에 없는 깊은 멋이 있다. 주브레 샹베르탕은 마을도 와인도 고유의 캐릭터를 가지고 있다.

와인의 왕, 왕의 와인

주브레 샹베르탕은 500헥타르에 달하는 지역으로, 피노 누아로 레드와인을 양조하는 가장 권위 있는 생산지 중의 하나다. 이제부터 부르고뉴 교향악의 서막이 열린다. 부르고뉴 와인의 등급을 최초로 정립한 장 라발(Jean Lavalle) 박사는 주브레 샹베르탕 와인에 대해 '완벽한 와인이 지녀야 할 품질을 모두 갖춘 와인'이라 칭찬했는데 시인 가스통 루프넬(Gaston Roupnel)도 '훌륭한 부르고뉴 와인으로 가는 모든 것'이라며 비슷한 지지를 보냈다. 그렇다면 주브레 샹베르탕이 이러한 명성과 예찬을 받는 이유는 무엇일까? 주브레 샹베르탕 와인은 피노 누아가 가진 파워의 최대치로 알려져 있다. 일반적으로 피노 누아는 연한 컬러에 붉은 과실 향이

나며 무게감이 가볍고 탄닌도 약하므로 오래 묵히기 어려운 포도다. 그래서 피노누아는 '파워'나 '나이 든'과 같은 단어와 짝을 이루기가 쉽지 않다. 하지만 주브레샹베르탕이라면 얘기가 다르다. 토양은 포도가 자라는 구성 성분에 영향을 준다. 구성 성분은 포도 껍질의 두께, 당의 농밀도 그리고 향의 차이를 만드는 포도의 캐릭터에 영향을 주고, 이는 다시 와인의 맛이나 품질 차이로 연결된다. 요컨대 주브레 샹베르탕 와인은 피노 누아로 만들었지만 색다른 모습을 보여준다. 뚜렷한 바이올렛 컬러에서 가넷 컬러로 와인의 나이가 들어갈수록 검은 과실 향과 스파이시한 향기가 피어오르다가 세월과 함께 가죽, 부엽토 그리고 진한 미네랄 톤이 나타난다. 무엇보다 '정말 피노 누아 맞아?' 싶을 정도로 강력한 탄닌감이 입안을 바짝 긴장하게 만든다. 이런 이유로 주브레 샹베르탕은 '피노 누아 와인의 황제'라 불리는 것이다.

오랜 역사와 전통 그리고 뛰어난 자연환경 덕분에 주브레 샹베르탕 와인은 많은 사람들의 사랑을 받아왔다. 특히 오늘날까지도 사람들의 입에 오르내리는 대표적인 애호가로는 바로 나폴레옹 1세를 들 수 있다. 그가 가장 좋아하는 와인이 샹베르탕 와인이었다는 사실은 여러 기록들을 통해 확인된다. 예를 들어 라 카즈 백작은 자신의 저서에서 이렇게 증언했다. "나폴레옹 황제는 15년 동안 한결같이 한 가지 와인만 마셨는데, 바로 샹베르탕 와인이다. 황제는 이 와인을 좋아했다. 사람들은 황제가 건강할 수 있었던 비결은 샹베르탕 와인 때문이라고 믿었다. 그는 언제나 이 와인을 들고 다녔는데 독일, 스페인 심지어는 모스크바까지 그가 가는 곳이라면 어디든지 샹베르탕 와인이 함께 했다."

그래서 호사가들은 나폴레옹이 워털루 전쟁에서 패배한 이유가 싸움 전날 저녁 식탁에 샹베르탕 와인이 없었기 때문이라고 말하곤 한다. 그리고 유배지에서 그의 죽음을 재촉했던 요인도 그가 좋아하는 샹베르탕 와인이 아닌 보르도 와인을 마셔야 했던 환경 때문이라고 믿는다. 오직 '와인의 황제'로 불렸던 샹베르탕만을 즐겼다는 나폴레옹 황제. 이러한 면에서 그와 샹베르탕은 잘 어울리는 단짝이 아닐 수 없다.

인생 그 이상의 이야기를 담은 와인

주브레 샹베르탕의 어느 와이너리를 방문했을 때의 일이다. 그날도 평범한 테이스팅이 진행되고 있었다. 40대 중반의 와이너리 오너는 농부이자 와인 생산자로 1인 3역을 해내는 사람이었다. 그는 거미줄 쳐진 깊숙한 와인 셀러에서 라벨도 없이 뿌옇게 먼지 묻은 와인 한 병을 꺼내 코르크를 열고, 시음할 기회를 주었다. 방문자들은 테이스팅을 하면서 와인의 빈티지를 앞다투어 맞추기 시작했다. 그리고 서로 이야기를 나눠본 결과 지금보다 열 살가량 더 나이 든 와인이지 않을까 하고 중론이 모아졌다. 하지만 모두의 예상과 달리 그 와인은 아주 오래된 주브레 샹베르탕 와인이었다. 대략 1930년대 와인이었던 걸로 기억한다. 정확한 연도를 기억할 수 없는 이유는 이후 생산자와 나눈 이야기가 와인의 나이보다 더 깊은 울림으로 나에게 와닿았기 때문이다. 연도의 충격쯤이야 흐릿하게 지워져 버릴 정도로 말이다. "제가 십 대였던 어느 날 할아버지가 저를 셀러로 부르셨어요. 그러고는 이 와인을 맛보게 해주셨죠. '맛이 어떠냐'고 물어보셔서 '잘 모르겠어요. 와인은 어려워요.'라고 대답했어요. 그랬더니 할아버지도 '그치?' 하며 웃으시더라고요. 그러면서 '나도 여전히 잘 모르겠다.'라고 말하셨어요. 그리고 이어서 말씀하시길 '내가 지금까지 와인을 30년 동안 만들었는데 말하자면 겨우 서른 번 만들어 본 거잖니. 와인이 내가 살아온 세월의 몇 배를 넘어서 살아 남을 걸 생각하면 아직까지도 어려울 수밖에 없단다. 하나 바람이 있다면 만약 신이 허락해 딱 서른 번의 기회가 더 주어진다면 그때쯤이면 알 수 있지 않을까 싶은데. 허허허.' 이렇게 말씀하셨는데, 저는 그때의 할아버지 말씀을 잊을 수가 없어요. 그래서 항상 와인을 만들 때마다 마음에 새겨둡니다."

🍇 주브레 샹베르탕 이야기

주브레 샹베르탕은 디종에서 남쪽으로 15km 떨어진 마을이다. 포도밭이 자리한 언덕이 코트 도르 그랑 크뤼 중에서도 가장 최북단에 있는 셈이다. 마을 꼭대기에 오르면 이브 드 샤잔(Yves de Chazan)과 아보 드 클루니(Abbot of cluny)라는, 13세기 후반 지어진 고적한 두 개의 샤토가 보인다. 이곳에서 내려다보이는 포도밭이 바로 그랑 크뤼 산지로, 이제 진정한 '코트 도르', 즉 '황금의 언덕'이 시작된다는 의미다.

부르고뉴는 역사가 특히 오래된 와인 산지로 알려져 있다. 대략 갈로-로만 시대부터 와인을 만들었을 거라 추정하는데 그동안 정확한 연대를 가늠할 수 없었다. 그런데 최근 주브레 샹베르탕에서 이를 증명할 만한 유적이 발견되어 화제가 되었다. 2008년, 기원전 1세기 갈로-로만 시대에 재배된 것으로 보이는 120그루의 포도나무가 주브레 샹베르탕 근교에서 발견된 것이다. 이는 현재까지 부르고뉴에서 발견된 포도나무 중 가장 오래된 것이다. 발굴된 포도나무들은 주브레 샹베르탕이 부르고뉴 와인 역사의 근원지가 아닐까 하는 주장의 단서가 되었다. 뿐만 아니라 주브레 샹베르탕은 부르고뉴에서 마을 명에 포도밭 이름을 사용한 최초의 마을이기도 하다. 1847년 주브레(Gevrey) 시의회는 그랑 크뤼인 샹베르탕(Chambertin)의 명성을 코뮌 단위까지 얻게 하고자 마을 이름을 주브레 샹베르탕(Gevrey Chambertin)으로 개명 요청했고, 승인을 받았다. 이후 부르고뉴의 다른 마을들 역시 비슷한 이유로 앞다투어 샹볼 뮈지니, 본 로마네, 샤샤뉴 몽라셰 등으로 마을 이름을 개명하여 혜택을 누리고자 했다.

Legend:
- Grand Cru
- Premier Cru
- Gevrey Chambertin

❶ Clos du Chapitre
❷ Issarts
❸ Au Closeau

Morey Saint Denis

400

350

300

Aux Combottes

Latricières-Chambertin

Chambertin

Chambertin ou Chambertin-Clos de B

Route des Grands Crus

Charmes-Chambertin ou Mazoyères-Chambertin

Griotte-Chambertin

Chapelle-Chambertin

Petite Chapelle

En Ergot

◀ BEAUNE

Fontaine de Manssouse

la Manssouse

La Romanée

Clos des Varoilles

450

Poissenot

400

Estournelles St-Jacques

Lavaut Saint-Jacques

350

Clos Saint-Jacques

300

Les Cazetiers

Combe au Moine

Les Goulots

Champeaux

① Champonnet Craipillot

② Ruchottes-Chambertin

Petits Cazetiers

Fonteny

...azis-Chambertin

Les Corbeaux

La Perrière

③

Clos Prieur

Brochon

DIJON ▶

주브레 샹베르탕(Gevrey Chambertin AOC)은 주브레 샹베르탕 마을과 브로숑 (Brochon) 마을, 두 곳의 마을에서 피노 누아 품종으로 레드와인을 생산한다. 이 지역의 등급 체계는 부르고뉴 아펠라시옹의 전체 등급을 모두 아우르는데, 마을 단위 등급인 주브레 샹베르탕부터 포도밭(클리마) 이름이 붙는 프르미에 크뤼, 그리고 그랑 크뤼 밭까지 모두 소유하고 있다. 코트 드 뉘 지역은 현재 24개의 그랑 크뤼를 보유하고 있는데, 이 중 주브레 샹베르탕이 9개를 차지하므로 꽤 많은 지분을 가진 셈이다. 게다가 주브레 샹베르탕은 포도밭의 면적 자체도 다른 마을에 비해 넓다. 영원한 라이벌인 본 로마네가 98.77헥타르인데 비해, 주브레 샹베르탕은 그 3배가 넘는 359.88헥타르에 이른다. 면적이 넓다 보니 당연히 와인 생산량도 많다. 그랑 크뤼를 제외하더라도 주브레 샹베르탕은 빈티지당 2백만 병 이상의 와인을 생산한다. 그래서 코트 도르에서는 본(Beaune)에 이어 두 번째로 큰 와인 산지, 코트 드 뉘에서는 가장 큰 와인 산지다. 이러한 생산량의 비결은 바로 테루아에 있다. 포도밭을 지나가는 74번 국도 동편 밭은 품질이 떨어지는 지대여서 일반적으로 마을 이름으로 생산하지 않고 부르고뉴 AOC나 코트 드 뉘 AOC 등급으로 판매된다. 하지만 예외적으로 주브레 샹베르탕은 이곳까지 마을 AOC로 허용됐기 때문에 면적도 넓고, 생산량도 많은 것이다. 이 내용은 110쪽에서 이어질 '기후와 토양'에서 좀 더 자세히 살펴보기로 하겠다.

부르고뉴에서 가장 풀 보디하며, 구조감을 가진 것으로 알려진 주브레 샹베르탕 와인은 색과 향, 풍미가 장엄하다고 느껴질 정도로 강렬하다. 숙성력도 뛰어나서 그랑 크뤼나 프르미에 크뤼는 20년 이상의 잠재력을 가진다. 생산량, 품질, 그리고 역사적인 정통성까지 어느 것 하나 부족함이 없는 주브레 샹베르탕은 부르고뉴 와인의 '왕관의 무게'를 이겨낼 만한 곳이다.

🍃 기후와 토양

주브레 샹베르탕은 브로숑 남쪽에서 모레이 상 드니 북쪽까지 이어지는 동향 언덕에 둘러싸여 있다. 따뜻한 대륙성 기후의 포도밭은 해발 240~380m 사이의 산허리와 산기슭, 그리고 평원까지 남북으로 뻗어 있다. 주브레 샹베르탕을 포함한 코트 드 뉘 포도밭은 두 개의 도로를 끼고 자란다. 먼저 그랑 크뤼 밭을 양쪽에 끼고 중앙을 관통하는 '그랑 크뤼 루트(Route des Grands Cru)' 그리고 좀 더 평원 쪽으로 내려가서 보이는 74번 국도다. 그랑 크뤼 루트에 서서 봤을 때 서쪽 언덕은 그랑 크뤼 포도밭과 프르미에 크뤼 밭이고, 동쪽 평지는 주브레 샹베르탕 이름으로 생산되는 빌라주급 밭이다. 한눈에 봐도 지세도 다르고 토질도 다르다. 그랑 크뤼 밭은 마을 남쪽에서 완벽한 동향의 혜택을 받는 완만한 언덕에 있고, 26개의 프르미에 크뤼가 북쪽 경사진 언덕에 위치해 있다. 주브레 샹베르탕 AOC 빌라주급 산지는 산비탈이 끝나는 기슭이다. 비교를 해보자면 그랑 크뤼나 프르미에 크뤼 포도밭은 배수가 잘되고 이상적인 기후의 보호를 받는 언덕에 자리하는데, 빌라주 등급의 밭은 평평한 평지에 좀 질척이는 토양의 느낌이다. 여기서 더욱 동쪽으로 가서 74번 국도를 건너가면 빌라주급과 같은 평지가 이어진다. 하지만 같은 평지

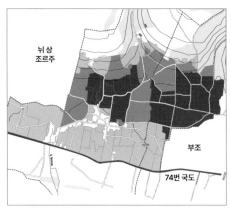

본 로마네

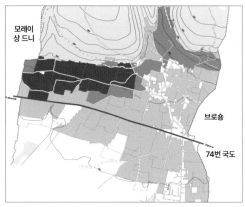

주브레 샹베르탕

라도 이곳은 진흙과 모래 퇴적물로 이루어진 토양이라서 품질이 떨어진다. 그래서 대부분의 마을에서 74번 국도를 넘어가는 밭은 부르고뉴 이름으로 생산되는 레지오날급 밭이다. 하지만 주브레 샹베르탕의 독특한 점은 이곳까지 빌라주급 와인을 만든다는 것이다. 110쪽 하단의 그림에서 주브레 샹베르탕과 본 로마네의 등급별 채색된 지도를 비교해 보면 더 쉽게 이해가 갈 것이다.

이런 차이를 보이는 이유는 포도밭을 가르는 협곡의 영향 때문이다. 약 2만 년 전부터 빙하기와 해빙기를 거듭하면서 봄과 여름의 강력한 해빙 급류가 산에서 쓸려 내려오면서, 고랑이 생기고 계곡을 형성했다. 주브레 샹베르탕에는 콩브 드 라보(Combe de Lavaux)와 콩브 드 그리자(Combe de Grisard)라는 좁고 깊은 협곡이 포도가 자라는 언덕의 경계를 가른다. 그중에서 콩브 드 라보는 프르미에 크뤼 밭을 양쪽으로 갈라놓았고, 콩브 드 그리자는 그랑 크뤼와 프르미에 크뤼의 경계를 짓는다. 이 협곡들이 중요한 이유는 단순한 포도밭 영역 그 이상의 역할을 하기 때문이다. 어쩌면 주브레 샹베르탕 와인의 개성을 짓는 결정적 역할을 하고 있는지도 모른다. 먼저 이 협곡들은 포도밭에 토양을 실어 나르는 컨베이어 벨트 역할을 했다. 그래서 1억 5천만 년 전의 바다 조개껍질을 포함한 이회토, 풍화 작용으로 쪼개진 다양한 종류의 석회석과 진흙 등이 협곡에 쓸려 내려오면서 포도밭에 겹겹이 쌓이게 되었다. 특히 콩브 드 라보는 좁은 협곡이라 물이 범람하여 급물살을 타면 퇴적물이 언덕 아래에서 더 멀리 내려가 74번 국도를 넘어 손(Saone) 평야에까지 다다랐다. 주브레 샹베르탕이 다른 지역보다 AOC가 더 넓게 지정된 이유가 여기에 있다. 즉 손 평야에도 주브레 샹베르탕의 테루아가 적용되기 때문에 부르고뉴 AOC가 아니라 주브레 샹베르탕 AOC를 표기하는 것을 허용한 것이다.

이처럼 수 세기 동안 협곡에서 내려온 다양한 지질들이 마치 벽돌을 쌓듯 차곡차곡 포도밭을 덮으면서 주브레 샹베르탕 와인의 복합적인 캐릭터에 영향을 주었다. 주브레 샹베르탕의 토양은 크게 세 종류의 석회암으로 이루어진다. 조개껍질이나 굴껍질 등 해양생물 석회(Calcaire à entroques), 대리석 같은 프레모 석회석(Premeaux limestone), 단단한 바위 같은 콩블랑시앙 석회석(Comblanchian limestone)으로, 기본은 갈색 석회암 토양이다. 대리석처럼 단단한 경도의 석회암부터 자갈까지 다양한 토양을 이루는 돌은 와인에 우아함(Fat, Roundness)과 기교를 부여하고, 조개껍질이나 굴껍질 등 화석이 풍부한 이회토와 진흙은 와인에 보디감과 견고함(Tighitness)을 부여한다. 이러한 토양 덕분에 주브레 샹베르탕은 진하고 무게감도 있으면서 농축미 있는 와인이 가능하다. 여기에 석회암의 종류별 비율이나 이회토의 비율 정도에 따라 조금씩 와인의 스타일이 달라진다.

주브레 샹베르탕 프르미에 크뤼 포도밭은 콤브 드 라브 협곡을 경계로 그랑크뤼에 붙은 남쪽 밭과 북서로 올라간 밭으로 분리된다. 이는 단층 현상의 결과인데, 지각 변동으로 인해 지층이 갈라지고 지형이 어긋나게 되면서 벌어진 결과다. 원래는 나란히 있던 대열에서 일부 밭이 북서로 밀려나 버린 것이다. 우리 눈에 보이지는 않지만 주브레 샹베르탕 언덕에 있는 모든 포도밭들은 이처럼 크고 작은 단층 현상을 겪으면서 나란히 위치했다고 해도 각각의 지질 구조가 다 다르다. 마치 어린아이가 블록을 쌓아놓은 것처럼 불규칙하고 다양한 토양이 쌓여 있는 셈이다. 이러한 사례를 통해 '부르고뉴는 같은 마을 같은 등급이라 하더라도 정말 와인의 맛이 서로 다를까?', '나란히 붙어 있는 밭인데 왜 등급이 완전히 달라지는 걸까?'에 대한 해답을 찾을 수 있다. 수천 년 동안 부르고뉴의 포도밭은 쪼개지고 쌓이고 포개지면서, 그랑 크뤼나 프르미에 크뤼 각각의 고유한 클리마의 개성이 창조된 것이다.

 ## 주브레 샹베르탕과 샹베르탕의 차이

부르고뉴 와인을 접하다 보면 혼란스러운 이름들이 꽤 많다. 대표적으로 마을 이름과 포도밭 이름이 중복되는 경우다. 샹베르탕과 주브레 샹베르탕, 뮈지니와 샹볼 뮈지니, 코르통과 알록스 코르통… 이런 식으로 이름이 겹치다 보니 부르고뉴 와인에 익숙치 않은 소비자들에게는 그저 같은 이름의 와인처럼 여겨지거

나 이들 사이에 무슨 차이가 있는지 구별하기가 어려울 것이다. 물론 비슷한 이름 사이에 벌어지는 엄청난 가격 차이를 알고 나면 저절로 정신이 번쩍 들겠지만 말이다. 이런 비슷한 이름에는 일정한 공식이 있다. 보통 앞의 단어가 마을 이름이고, 뒤에 붙는 단어는 그 마을의 가장 유명한 그랑 크뤼 포도밭 이름이다. 이제부터 그 이야기를 해보려고 한다. 주브레 샹베르탕 마을은 원레 '주브레'라는 마을이었다. 와인 생산과 판매가 주브레 마을의 주요 산업이었다. 그러다 보니 마을의 자랑이자 자부심인 '샹베르탕'이라는 그랑 크뤼 스타의 후광을 업고 와인을 팔아야 했고, 이를 해결하는 방법은 간단했다. 바로 마을 이름을 바꾸는 것이다. 1847년에 루이 필립왕은 주브레 마을 이름 뒤에 샹베르탕을 접미사로 추가하는 걸 허락했다. 이는 일종의 성공한 리브랜딩 전략이 되었고, 이후 다른 마을들도 앞다투어 따라 쓰기 시작했다. 주브레 마을의 샹베르탕 사랑은 여기서 끝나지 않았다. 19세기에 들어서면서부터 다른 그랑 크뤼 이름에도 마법과도 같은 단어, '샹베르탕'을 붙이기 시작했다. 그래서 주브레 샹베르탕의 모든 그랑 크뤼는 마지 샹베르탕, 그리오트 샹베르탕, 샤름 샹베르탕 등 클리마 이름에 샹베르탕을 주렁주렁 장식처럼 붙이게 되었다. 이와 관련된 내용은 다음에 나오는 와인 등급 체계에서 좀 더 자세하게 살펴보기로 하자.

🍾 와인 등급

주브레 샹베르탕은 360헥타르의 포도밭을 세 가지 등급으로 분류한다. 먼저 빌라주 등급은 187헥타르 면적에 주브레 샹베르탕(Geverey Chambertin) AOC라는 명칭을 사용하며 판매한다. 전체 면적의 약 20%인 86헥타르에 달하는 주브레 샹베르탕 프르미에 크뤼(Gevrey Chambertin Premier Cru) AOC는 모두 26개의 클리마로, 클리마 고유의 이름을 라벨에 기재한다. 가장 높은 등급인 주브레 샹베르탕 그랑 크뤼(Gevrey Chambertin Grand Cru) AOC는 87헥타르 면적에 9개 클리마이며, 마찬가지로 클리마 명을 라벨에 기재한다. 다만 1936년에 AOC가 제정될 당시 그랑 크뤼 명칭과 관련된 몇 가지 관행이 명확하게 규정되었다. 클로 드 베즈(Clos de Bèze) 앞에는 샹베르탱(Chambertin)이라는 이름이 붙을 수 있지만 나머지 그랑 크뤼는 하이픈을 사용해 뒤에 붙일 수 있다(예: Mazis-Chambertin). 또한 '클로 드 베즈'에 속한 와인은 '샹베르탱' 이름을 사용해서 '샹베르탱 클로 드 베즈(Chambertin Clos de Bèze)'로 라벨에 표기할 수 있지만 그 반대는 불가능하다. 즉 '샹베르탱' 소속 와인은 '클로 드 베즈'라는 이름을 사용할 수 없다. '마조예르 샹베르탱(Mazoyeres Chambertin)'도 '샤름 샹베르탱(Charmes Chambertin)'이라고 부를 수 있도록 허용했다. 마찬가지로 그 반대의 경우는 불가능하다.

 ## 와인 스타일

주브레 샹베르탱(Gevrey Chambertin AOC)

주브레 샹베르탱 언덕의 동쪽과 북쪽에는 빌라주 등급의 포도밭이 있다. 이 포도밭은 평원으로, 갈색 석회암 위에 붉은 진흙이 덮인 이회토다. 주브레 샹베르탱 와인의 스타일을 한마디로 표현하자면 '부르고뉴의 왕'. 꽉 찬(Full), 단단한(Firm), 풍부한(Rich), 농밀한(Comcentrate), 강한(Powerful)과 같은 단어들이 와인과 잘 어울린다. 마스터 오브 와인(MW)인 클라이브 코트(Clive Coates)는 그의 저서에서 주브레 샹베르탱을 두고 '본 로마네보다 더 화려하고(Flamboyant), 샹볼 뮈지니보다 단단한(Substantial) 와인'이라고 표현했다. 와인의 선명한 루비 컬러 광채는 나이가 들어감에 따라 어두운 블랙 체리 색조를 띤다. 딸기, 블랙베리, 바이올렛, 물푸레나무 및 장미 향은 주브레 샹베르탱의 자연스러운 아로마 중 하나이며, 숙성되면서 감초, 가죽 및 모피, 사냥 짐승과 숲 바닥의 부케를 제공한다. 전체적으로 강력하고 풍부하며, 풀 보디 스피릿을 지닌 탄탄한 구조감, 그리고 거칠지 않은 매우 미세한 입자로 표현되는 탄닌을 지닌다. 어릴 때는 생생한 과실을 마시는 듯한 느낌이 좋겠지만 오래 숙성하기에 좋은 와인이기도 하다.

주브레 샹베르탕 프르미에 크뤼(Gevrey Chambertin Premier Cru AOC)

주브레 샹베르탕의 프르미에 크뤼 포도밭은 마을 서쪽, 코트 도르의 해발 280~380m에 위치해 있다. 프르미에 크뤼 포도밭은 크게 두 가지 그룹으로 나뉘는데, 콤브 드 라보 협곡의 단층 구조 및 기타 균열로 인해 층서학적 차이가 생겨 버렸다. 쉽게 말해 원래는 나란히 붙어 있던 밭들이 외부 자극으로 인해 어긋나서 두 조각으로 떨어져 버린 것이다. 첫 번째는 클로 상 자크 그룹이다. 이곳은 부분적으로 남향 언덕이지만, 서쪽 콤브 드 라보 쪽으로 더 붙어 있기 때문에 협곡의 냉각 영향을 받아 좀 더 서늘하다. 샹포(Champeaux), 레 굴로(Les Goulots), 콤브 오 무완느(Combe au Moine), 프티 카즈티에르(Petits Cazetiers) 레 카즈티에르(Les Cazetiers), 클로 상 자크(Clos Saint-Jacques), 클로 뒤 샤피트르(Clos du Chapitre), 라보 상 자크(Lavaut Saint-Jacques), 에스투르넬 상 자크(Estournelles Saint Jacques), 푸와스노(Poissenot), 라 로마네(La Romanée) 등의 클리마가 여기에 해당된다. 두 번째 그룹은 그랑 크뤼 쪽에 붙어 있는 그룹이다. 오 콤보트(Aux Combottes), 앙 에르고(En Ergot), 프티트 샤펠(Petite Chapelle), 클로 프리외르(Clos Prieur), 라 페리에르(La Perrière), 오 클로조(Au Closeau), 레 코르보(Les Corbeaux), 벨 에르(Bel Air), 이사르(Issarts), 퐁트네(Fonteny), 샹포네(Champonnet), 크라피오(Craipillot) 등의 클리마가 여기에 해당된다.

클로 상 자크(Clos Saint Jacques)

슈퍼 프르미에 크뤼다. 어쩌면 그랑 크뤼가 됐어야 할 불운의 프르미에 크뤼인지도 모른다. 클로 상 자크는 오래전부터 샹베르탕, 클로 드 베즈와 함께 탑 랭킹에 올랐던, 주브레 샹베르탕을 대표하는 와인이다. 테루아도 입지적 조건도 샹베르탕과 비슷해서, 완벽한 남동향 밭에 갈색 석회암과 하얀 이회토 토양이다. 그래서 이 와인을 테이스팅하면 간혹 샹베르탕으로 착각을 일으키기도 한다. 미네랄 풍미와 더불어 리치하며, 깊이와 구조감이 있다. 그런데 의아하게도 무슨 이유에서인지 그랑 크뤼 선정에서 배제되었다. 이와 관련해서는 여러 가지 설이 있다. 그중 당시 이 밭의 소유자가 마을 커뮤니티 안에서 소극적이었기 때문에 정치적인 영향력에서 밀린 게 아닐까 하는 가설이 유력하다. 물론 이것이 사실이 아니라 해도 클로 상 자크는 그랑 크뤼에 버금가는 품질의 프르미에 크뤼임에 틀림없다.

오 콤보트(Aux Combotte)

오 콤보트는 지도상으로 봤을 때 납득하기 어려운 곳에 포도밭이 위치하고 있다. 마치 잘못 박힌 돌처럼 모레이 상 드니 그랑 크뤼인 클로 드 라 로슈(Clos de la Roche)와 주브레 샹베르탕 그랑 크뤼인 라트리시에르 샹베르탕(Latricières-Chambertin) 사이에 샌드위치처럼 끼어서 혼자만 프르미에 크뤼다. 이 역시 소유주와 관련된 사연이 있다. 1930년대 당시 오 콤보트의 소유주들 대다수가 주브레 샹베르탕 주민이 아니라 모레이 상 드니 주민이었다고 한다. 그래서 클로 상 자크와 마찬가지로 정치적인 이유로 인해 그랑 크뤼에서 배제된 것이 아닌가 하는 설이 있다. 하지만 이에 대한 반론도 있다. 지형적으로 배수가 잘 안되는 토양인 데다 밭의 뒤를 감싸고 있는 숲의 갈라진 틈으로 찬 바람이 불어오면서 포도가 클로 드 라 로슈나 라트리시에르보다 덜 익는다는 지질학적 논증이 있기도 하다. 1983년에 오 콤보트의 소유주 중 한 명인 조르즈 리니에(Georges Lignier)는 오 콤보트가 독자적으로 그랑 크뤼로 승격할 수 없다면 라트리시에르 샹베르탕으로 편입해줄 것을 요청했다. 하지만 이 요청 또한 받아들여지지 못했다. 이곳의 와인은 꽃 향, 신선한 미네랄, 라즈베리와 레드커런트 등의 붉은 과실 아로마가 강하다. 전반적으로 우아하고 부드러운 맛을 지니고 있어 클로 드 라 로슈와 자주 비교된다. 주브레 샹베르탕과 모레이 상 드니의 합작품 같은 와인이다.

주브레 샹베르탕 그랑 크뤼(Gevrey Chambertin Grand Cru AOC)

주브레 샹베르탕의 그랑 크뤼 포도원은 마을 남쪽과 모레이 상 드니 경계 사이, 500m가량의 너비에 펼쳐져 있다. 이곳은 해발 260~320m 높이의 완만하게 경사진 언덕에 자리하는데 동향이라서 이른 아침에 햇살이 비추며 풍부한 일조량을 보인다. 포도밭 뒤로 자리한 빽빽한 숲은 차가운 바람을 막아주어 서리와 우박으로부터 포도를 보호한다. 바로 여기에서부터 샹볼 뮈지니의 본 마르에 이르기까지 끊이지 않는 그랑 크뤼 포도밭 라인이 이어진다. 이 라인은 그랑 크뤼 루트 도로를 사이에 두고 갈라져 있다. 마지, 클로 드 베즈, 샹베르탕, 라트리시에르 그리고 루쇼트는 그랑 크뤼 루트의 서편이자 언덕에 있고, 나머지는 프르미에 크뤼 포도밭들과 붙어서 그랑 크뤼 루트 동편이자 언덕 아래에 자리한다. 사실 언덕 아래 부분은 평원에 가깝기 때문에 그랑 크뤼 밭이 드물다. 특히 코트 드 뉘에서는 클로 드 부조 포도밭 일부를 제외하고는 주브레 샹베르탕이 유일하다. 물론 하나의 밭처럼 포도밭들이 나란히 붙어 있다 하더라도 토양과 경사는 미세하게 다르다. 이러한 미세한 차이가 각 클리마의 와인 맛과 품질, 숙성 잠재력의 차이를 보여준다. 그리고 그중에서도 샹베르탕과 클로 드 베즈는 최고의 완성도를 보여준다.

샹배르탕(Chambertin)과 클로 드 베즈(Clos de Bèze)

와인의 왕, 왕의 와인. 수식어가 필요 없는 가장 유명한 와인이다. 주브레 샹베르탕 와인의 심장, 샹베르탕과 클로 드 베즈 포도밭은 해양성 석회암 위에 하얀 이회토로 이뤄진 2단 벽돌 같은 토양에 포도가 심어져 있다. 샹베르탕은 언제나 강하다. 와인병에 담겨 나이가 들어갈 때도, 와인 잔에 따랐을 때도, 우리가 생각하는 피노 누아의 파워 그 끝에 샹베르탕이 있다. 진한 컬러에 다크 체리 같은 검은 과실 향이 차오르다가 커피, 초콜릿, 감초 등 향신료 향으로 마무리된다. 무엇보다 탄닌이 단단한 토양만큼 강하다. 여기서 중요한 사실은, 만약 여러분이 샹베르탕을 구매했다면 아무리 기다리기 힘들더라도 최소 8년을 숙성했다 마시기를 권한다. 어떤 유혹이 와도 참아낸다면 샹베르탕은 그 어떤 와인보다 놀라울 부드러움과 그윽함으로 보답할 것이다. 클로 드 베즈는 그의 동반자 같은 와인인 샹베르탕과 자주 비교된다. 클로 드 베즈 포도밭은 샹베르탕과 나란히 붙어 있지만 면적이 2.5헥타르가량 더 넓고 더욱 가파른 언덕에 자리한다. 그래서 두 지역의 와인 맛은 미묘한 차이를 보인다. 하지만 클로 드 베즈와 샹베르탕 맛의 차이를 일반화할 수 있을 만큼 부르고뉴 와인에 대한 경험이 많은 사람들이 얼마나 존재하겠는가. 아쉽지만 이 포도밭을 소유한 와인 생산자들의 의견을 통해 간접 경험해 보는 것으로 가까이 다가가볼 뿐이다. 클로 드 베즈는 샹베르탕에 비해 색은 더 연하지만 압도적으로 아로마틱한데 특히 스파이시 향이 강하다고 한다. 전반적으로 샹베르탕보다는 섬세하고 농익은 달콤함이 있다는 평이다. 다만 클로 드 베즈 입장에서 약간 억울할 수 있는 점은 언제나 샹베르탕의 그늘에 가려 있다는 것이다. 다시 샹베르탕으로 돌아와서, 프랑스 태생의 영국작가 힐레어 벨릭은 샹베르탕과 관련해 아래와 같이 유명한 명언을 남겼다. "어디서 만났는지 장소도 까마득하고 누굴 만났었는지 여인의 이름도 잊었지만 마셨던 와인만은 또렷하다. 샹베르탕!!" 때때로 매력적인 와인을 만나면 다른 모든 것을 압도하게 되는 순간이 오기도 한다.

마지 샹베르탕(Mazis-Chambertin)

주브레 샹베르탕에서 모레이 상 드니로 가는 그랑 크뤼 첫 번째 통로에 마지 샹베르탕이 있다. 완만한 경사에 자리한 마지 샹베르탕은 마지 오(Mazis Haut, 윗 마지)와 마지 바(Mazis Bas, 아래 마지) 두 가지 지역으로 나뉜다. 물론 이러한 세부 지명이 라벨에 기재되지는 않으니 소비자들이 와인이 위아래 중 어느 쪽에서 왔는지 정확히 알 수는 없다. 마지 샹베르탕은 토양이나 스타일이 클로 드 베즈와 유사하다. 하지만 그와 동시에 마지 샹베르탕만의 뚜렷한 개성을 지닌다. 진한 컬러, 붉은 과실 향과 함께 좀 더 도드라지는 검은 과실 향, 멘톨, 감초 같은 스파이시한 향, 가죽 향 등의 아로마가 강력하다. 무엇보다 마지 샹베르탕을 소개하려면 다른 어떤 피노 누아도 흉내 낼 수 없는 단단하고 와일드한 탄닌을 빼놓을 수 없다. 마지 샹베르탕은 다른 샹베르탕 패밀리에 비해 탄닌의 캐릭터가 강해서 가장 호탕한 와인이라고도 한다. 주브레 샹베르탕을 두고 왜 '남성적'인 와인이라 비유하는지 의문이 드는 이가 있다면 마지 샹베르탕을 마셔보길 추천하고 싶다.

샤름 샹베르탱(Charmes Chambertin)

'샤름(Charme)'은 프랑스어로 '매력적인'이라는 뜻이다. 그래서 사람들은 샤름 샹베르탕 또한 이 단어에서 유래된 것이 아닐까 짐작하곤 한다. 하지만 모두의 예상과는 달리 샤름 샹베르탕은 '그루터기를 베어낸 밭'이라는 뜻의 'Chaume'에 어원을 두고 있다. 샤름 샹베르탕 포도밭은 그랑 크뤼 루트 도로 아래까지 뻗어 있는데, 이는 일반적인 그랑 크뤼의 지리적 위치보다 내려가 있으므로 품질이 떨어진다는 의미다. 이처럼 산기슭 아래 위치한 완만한 언덕은 배수가 잘 안 되고 결과적으로 퀄리티 높은 와인 생산에 유리하지 않다. 그래서 지리학적으로 평가해 볼 때 마조예르 샹베르탕 아래쪽은 프르미에 크뤼나 빌라주 등급을 받았어야 하지 않나 같은 자격 논란의 여지가 있다. 아마도 부르고뉴의 등급 제정 당시 밭의 소유주가 포도밭의 등급 선정에 영향력을 뻗지 않았을까 짐작할 뿐이다. 샤름 샹베르탕은 그랑 크뤼로서의 미덕인 복합적인 맛과 지속력을 보여주지만 그럼에도 불구하고 주브레 샹베르탕 그랑 크뤼 중에서는 가장 빨리 익고 접근하기 편한 와인으로 알려져 있다. 라즈베리 등 붉은 과실 향과 바이올렛 풍미가 잔을 맴돌다가 입안에서 느껴지는 벨벳 같은 탄닌이 둥글고 섬세하다. 때로는 '주브레 샹베르탕 같은 느낌이 들지 않는다'고 해서 '주브레의 뮈지니'로 불리기도 한다.

결국 정리해 보면, 마지 샹베르탕과 샤름 샹베르탕은 '부드러움'과 '강함'을 표현하는 지점에 있어서 주브레 샹베르탕 와인의 스타일을 연결하는 대척점에 서 있다. 그래서 마지 샹베르탕, 샤름 샹베르탕, 샹베르탕 이 세 곳의 클리마를 비교해 보면, 주브레 샹베르탕이 가진 테루아의 공통점을 느끼면서도 묘하게 다른 점을 알 수 있을 것이다. 이는 교향악을 연상해 보면 어렵지 않다. 같은 '피노 누아'의 선율을 연주하더라도 악기에 따라 조금씩 그 느낌이 다른 법이다. 그래서 음악가인 어니스트 아마데우스 호프만은 "샹베르탕은 내게 교향곡과 아리아를 선사해 주었다."고 말했다.

4

모레이 상 드니

Morey Saint Denis

"어떤 와인 좋아하세요?"

와인 업계에서 일하다 보면 피해 갈 수 없는 질문이 있다. 그중에서도 "어떤 와인 좋아하세요?"라는 질문에는 매번 대답하기가 무척 어렵다. 나는 와인이 가지는 매력은 바로 다양성이라고 본다. 따라서 와인에 대한 편식이 없다. 마트의 몇천 원짜리 와인부터 (능력이 닿는 한) 고가의 와인까지 모두 즐겨 마신다. 그래서 이런 질문을 받았을 때 "특별히 없는데요."라고 대답할 수도 없고 참 당혹스럽다. 그러던 어느 날 문득 의문이 들기 시작했다. 질문하신 분은 순수하게 나의 개인적인 취향이 궁금해서 물어보셨을 수도 있지만 어쩌면 좋은 와인을 선택하는 데 필요한 도움을 얻고 싶어서 전문가인 내게 의견을 여쭤본 것은 아니었을까 하고. 그리고 진지하게 고민했다. "와인 생산자 아무개의 와인이 좋은데, **빈티지부터는 맛이 변해서 실망했어요."라든가 "역시 C클리마는 도멘 A보다는 K를 추천하고 싶네요." 정도까지는 아니더라도 적어도 좋아하는 스타일은 어느 정도 정해져 있어야 하지 않을까, 그마저도 없는 건 프로페셔널하지 못하다는 반성을 했다. 그 후로는 내게 와인에 대한 조언을 청하는 분들에게 이렇게 이야기하기 시작했다. "부르고뉴 레드 중에서는 모레이 상 드니 와인을 좋아합니다."

지킬 앤 하이드 와인

모레이 상 드니(Morey Saint Denis)는 북쪽의 주브레 샹베르탕과 남쪽의 샹볼 뮈지니 사이에 자리하고 있다. 하지만 아주 오랫동안 주브레 샹베르탕이나 샹볼 뮈지니와 같은 와인 산지로서의 명성을 누리지 못했다. 먼저 모레이 상 드니란 명칭의 접미사인 상 드니(Saint Denis)가 샹볼 뮈지니의 뮈지니(Musigny) 또는 주브레 샹베르탕의 샹베르탕(Chambertin)만큼 강렬하지 않다. 프르미에 크뤼도 사정은 비슷하다. 샹볼 뮈지니의 아무르즈(Amoureuses), 주브레 샹베르탕의 클로 상 자크(Clos

Saint Jacques)는 모두가 알고 있지만 모레이 상 드니의 프르미에 크뤼를 떠올릴 때 누구나 알만한 클리마를 지목하기는 쉽지 않다. 그러다 보니 모레이 상 드니는 자신의 마을을 설명하기 위해 이웃 마을에 기댈 수밖에 없어 보인다. 일반적으로 부르고뉴에서 주브레 샹베르탕은 견고함으로, 샹볼 뮈지니는 섬세함으로 상징되는 마을이다. 그래서 일찍이 모레이 상 드니는 이 두 가지 마을의 특성이 모두 드러나는 '양면성'을 지닌 마을로 생각되어져 왔다. 하지만 이는 와인을 마시는 사람에 따라 여러 가지 해석이 가능하다. 그들 식으로 표현하자면 '양처럼 순하고 원숭이처럼 교활한 와인'이다. 누군가는 마시다 보면 정신 분열을 겪는 것 같다고도 한다. 이러한 이미지만 보면 얼핏 일관성 없는 와인으로 해석이 되기도 하지만 '양면성'의 의미를 되새겨보면 그리 부정적이지는 않다. 두 가지 특징을 한 번에 느낄 수 있는 효율성으로도 해석할 수 있는 것이다. 모레이 상 드니의 부드러우면서도 강건한 맛을 느껴보면 와인을 마시는 즐거움이 배가 된다. 그렇게 본다면 주브레 샹베르탕과 샹볼 뮈지니가 이곳에서 하나가 되는 경지에 이른다.

월드컵이 얻은 행운

2002년 봄, 나는 부르고뉴에 있었다. 부르고뉴 대학교에서 '테루아 지식을 통한 시음 실습(Pratique de la Degustation Par la Connaissance des Terroirs)'이라는 과목을 수강하는 중이었다. 커리큘럼의 하나로 부르고뉴의 유명 도멘에 방문하며 와인 생산자들과 교류하는 시간을 가졌다. 그러던 어느 날 도멘 데 람브레이(Domaine des Lambrays)를 찾아갔다. 하얀 자갈이 깔린 정원으로 들어가자 한 남자가 우리를 반겼다. 이곳 포도원을 책임지고 있는 감독(Régisseur) 티에리 부르앙(Thierry Brouin)이었다. 큰 키에 마른 체구, 크고 선한 눈빛이 인상적이었다. 그는 우리를 포도밭과 양조장 이곳저곳으로 안내했다. 와인을 테이스팅하며 분위기가 무르익을 무렵, 그는 그제서야 방문객들을 돌아볼 여유를 찾았다. 유일한 아시아인인 나에게 눈길을 돌렸고 어디에서 왔는지 물었다. '한국'이라고 대답하자 어떤 나라인지 정확하게 모르는 눈치였다. 당시 프랑스에서 겪었던 익숙한 반응인지라 나는 노련하게 화제를 전환했다. 그리고 그해 초여름, 2002 월드컵이 우리나라와 일본에서 개최되었다. 6월 한 달간 대한민국은 붉은색 물결로 완전히 뒤덮였다. 프랑스 언론에서도 '붉은 악마'와 대한민국의 월드컵 열기 관련 소식을 내내 보도했다. 우리나라는 4강 진출의 역사적 기록을 남기며 월드컵을 성공리에 마쳤다. 그로부터 얼마 지나지 않아 학기가 끝난 후 종강 행사에 참석한 날이었다. 그곳에서 티에리 부르앙을 또 만났다. 이번에 그는 먼저 반갑게 아는 척을 하며 말했다. 마치 '너 재미있는 나라에서 왔구나'라는 표정으로 자신이 텔레비전에서 보고 기억하는 월드컵의 장면들을 이야기해 주었다(덕분에 그날 많은 사람들이 내게 몰려오는 바람에 꽤 당황스러웠던 기억이 난다). 그러고는 대한민국이 정말 인상적인 나라라는 걸 이번에 알게 되었다면서 언젠가 기회를 만들어 자신의 와인을 한국에 수출해 보고 싶다고 했다. 그 후 부르고뉴에서의 공부를 마치고 한국에 돌아온 나는 정말 국내에 클로 데 람브레이가 수입되기 시작한 사실을 발견했다. 가끔 그 와인을 볼 때마다 혼자 속으로 괜히 친한 척 해보며, 기분 좋은 마음이 든다.

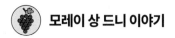

모레이 상 드니 이야기

　모레이 상 드니(Morey Saint Denis)는 디종에서 남쪽으로 약 17km 떨어진 마을이다. 이 마을의 중심에는 큰 안뜰을 가진 13세기경의 수도원들이 나란히 담을 끼고 서 있다. 모레이 상 드니에는 부르고뉴를 상징하는 '클로(Clos)'라는 이름의 밭이 많다. 원래 '클로'는 수도원을 뜻하는 말인데, 당시의 수도원은 종교 공간이면서 미사주를 위한 양조장을 운영했던 곳이었다. 당시의 시대 배경 상 수도원에는 수재들만 모여 있었기에 수도사들은 미사주를 만들면서도 최고의 품질을 만들기 위해 노력했다. 신을 향한 맑은 종교적 신념과 프로페셔널한 지성이 만나 그 시너지가 폭발한 것이다. 수도사들은 이곳에서 자신들만의 작업 비밀을 전수했고 그 유산은 오늘날까지도 전해지고 있다. 물론 프랑스 혁명 이후 더 이상 수도원에는 수도사들이 남지 않게 되었고, 수도원도 운영되고 있지 않다. 지금은 그곳도 다른 도멘들과 마찬가지로 그저 하나의 와이너리나 포도밭일 뿐이지만 여전히 옛 수도사들의 숨결을 느낄 수 있을 만큼 잘 보존되어 있다. 이 또한 모레이 상 드니의 매력 중 하나다.

　모레이 상 드니는 코트 드 뉘의 중심부에 위치하고 있으면서 북쪽의 주브레 샹베르탕과 남쪽의 샹볼 뮈지니 사이에 자리한다. 그리고 지리적 특성뿐만 아니라 와인의 정체성도 이 두 마을 사이에 놓여 있다. 모레이 상 드니는 아주 오랫동안 이웃 마을들의 명성에 가려져 자신의 색깔을 드러내지 못했다. 전문가들은 모레이 상 드니의 캐릭터를 어떻게 정의내려야 할지 곤욕스러워했다. 그래서 그랑크뤼 포도밭을 가지고 있음에도 모레이 상 드니는 이웃 마을들에 비해 뒤늦게 이름이 알려졌다. 그래서일까. 과거 이 지역 생산자들은 자신들의 포도 대부분을 주브레 샹베르탕이나 샹볼 뮈지니의 네고시앙에 팔아넘겼다. 1970년 당시만 해도 주브레 샹베르탕 와인은 모레이 상 드니의 두 배 가격에 팔렸다고 한다. 그러니 쉽게 유혹에 넘어갈 수밖에 없었을 것이다. 이러한 관행은 양조자와 상인 간의 암묵적 합의에 따른 것이었고, AOC가 제정되기 전까지 계속되었다.

모레이 상 드니 AOC는 같은 이름인 모레이 상 드니 마을에서 피노 누아 품종으로 레드와인을 생산한다. 그리고 아주 적은 양의 화이트와인을 샤르도네, 피노 블랑, 알리고테 품종으로 생산한다. 이 점이 주브레 샹베르탕이나 샹볼 뮈지니 와인과 다른 점이다. 대표적인 모레이 상 드니 화이트와인으로는 몽 뤼장(Mont luisants)과 앙 라 뤼 드 베르지(En la rue de Vergy)를 들 수 있다. 먼저 알리고테(도멘 퐁소)와 샤르도네(도멘 뒤작)로 만든 두 가지 스타일의 몽 뤼장 와인은 프르미에 크뤼 등급이다. 그리고 1981년부터 그랑 크뤼인 본 마르(Bonnes Mares) 포도밭 아래 0.51헥타르의 석회암 바위에 심어진 앙 라 뤼 드 베르지는 부르고뉴(Bourgogne) AOC 등급의 와인이다. 아주 소량 생산되어 희귀한 모레이 상 드니 화이트와인은 무척 흥미롭다. 코트 드 본의 다른 화이트와인과는 다르게 개성 있는 스타일이라서 블라인드 테이스팅을 했을 때 부르고뉴 샤르도네라고 쉽게 맞출 수 없는 맛이다.

모레이 상 드니 레드와인은 샹볼 뮈지니의 부드러움과 주브레 샹베르탕의 견고함(Sturdy)을 넘나든다. 동시에 모레이 상 드니만의 개성도 잃지 않는다. 모레이 상 드니만의 매력을 딱 하나 꼽는다면 풍성한 미네랄리티라고 할 수 있다.

 기후와 토양

모레이 상 드니는 해발 220~270m 사이 동향의 언덕에 자리한다. 그랑 크뤼 루트가 중심 도로인 조밀한 마을로, 남북으로 폭이 약 1km에 불과한 정사각형 모양이다. 이 자그마한 큐브에 빌라주 등급의 와인부터 다채로운 프르미에 크뤼, 그리고 클로 드 타(Clos de Tart), 클로 드 라 로슈(Clos de la Roche), 클로 생 드니스(Clos Saint Denis), 클로 데 람브레이(Clos des Lambrays) 등의 그랑 크뤼까지 꽉 차 있다. 모레이 상 드니에서 특이할 만한 점을 꼽자면 부르고뉴 테루아의 교과서라 할 만큼 품질에 따라 포도밭이 지정되고 구획화되어 있다는 것이다. 다시 말해 모레이 상 드니의 등급인 모레이 상 드니(Morey Saint Denis) AOC, 모레이 상 드니 프르미에 크

Gevrey Chambertin

Chambolle
Musigny

DIJON ▲

BEAUNE ▼

Route des Grands Crus

300

250

❶
❷
❸
❹
❺
❻

뤼(Morey Saint Denis Premier Cru) AOC, 모레이 상 드니 그랑 크뤼(Morey Saint Denis Grand Cru) AOC에 따라 또렷하게 경계가 갈라질 만큼 토양의 차이가 명확하게 보이며 배열된다. 왼쪽 지도를 살펴보면 코트 드 뉘 아펠라시옹 등급의 전형적인 위치를 분명하게 알 수 있다. 포도밭 기슭이 시작되는 동쪽 손(Saône) 평야부터 포도밭 산마루에 오르는 서쪽까지, 이 지역의 와인 산지는 아주 규칙적인 띠를 두른 형태다.

❶ 지도상 가장 동쪽 산지. 모레이 언덕 기슭 끝자락에서 쭉 뻗어 나간 넓은 평지는 코토 부르고뉴(Coteaux bourguignons) AOC로 와인이 생산된다. 이 구역의 고도는 일반적으로 225~240m이고 경사는 0~3%로 매우 낮다.

❷ 코토 부르고뉴 AOC 산지 근처 불규칙적으로 얇은 밴드 모양처럼 삽입된 구역. 이곳에서는 부르고뉴(Bourgogne) AOC로 와인이 생산된다. 고도는 225m에서 240m 사이이며 경사가 2~4% 사이로 낮다.

❸ 74번 국도를 중앙으로 가르는 산지. 이곳에서는 모레이 상 드니(Morey Saint Denis) AOC로 와인을 생산한다. 언덕 기슭에 자리하며 고도는 일반적으로 250~260m이고 경사는 여전히 3~5%로 낮다. 이회토가 대부분이다.

❹ 언덕 하단 밴드. 이곳에서 모레이 상 드니 프르미에 크뤼(Premier Cru)가 생산된다. 고도는 일반적으로 260~275m이며 대부분 완만한 경사로 5%에서 10% 사이다. 다양한 석회질과 충적토로 이루어졌다. 그랑 크뤼보다 언덕 조금 아래에 위치해 있어 그랑 크뤼 침식 혜택을 받는다는 이점이 있다.

❺ 언덕 중상 밴드. 그랑 크뤼(Grand Cru)가 있는 밴드다. 이곳의 고도는 275~310m이고 경사는 대부분 가파르며 최대 25%다. 해양성 석회암 토양(Calcaire à Entroques)이 보여진다. 특히 이 토양은 주브레 샹베르탕의 클로 드 베즈(Clos de Bèze)에서 샹볼 뮈지니의 본 마르(Bonnes Mares)까지 이어지는 그랑 크뤼 시퀀스의 공통 분모일 만큼 중요하다.

❻ 마지막으로 언덕의 정상은 다시 모레이 상 드니 AOC로 와인을 생산한다. 고도는 325~375m까지 다양하며, 20% 이상의 매우 가파른 경사다.

이쯤에서 부르고뉴 와인을 깊이 있게 공부하신 분이라면 의문이 들 것이다. 같은 등급끼리라면 비슷한 조건에서 비슷한 와인이 만들어질까? 물론 아니다. 그랑 크뤼 포도밭 중앙을 동강 내듯이 수직으로 갈라진 협곡이 있다. 이 협곡 때문에 포도밭의 햇빛 노출도나 토양의 구성이 조금씩 달라지게 되었다. 흥미로운 사실은 협곡을 기준으로 북쪽 와인은 주브레 샹베르탕과 유사하고(대리석 같은 프레모 석회석Premeaux limestone, 단단한 바위 같은 콤블랑시앙 석회석Comblanchian limestone), 남쪽 와인은 샹볼 뮈지니와(화석 잔해 알갱이 석회암L'oolithe ferrugineuse) 비슷하다는 것이다(협곡이 포도밭에 미치는 영향에 대해서는 111쪽 주브레 샹베르탕 편을 참조해 보시기 바란다).

 ## 클로

부르고뉴에서 포도원과 와인이 본격적으로 질서와 안정을 찾게 된 계기는 중세 수도사들에 의해서였다. 당시의 포도원은 수도원들의 정신적인 메시지와도 같았다. 와인은 주로 미사주로 사용되었으며, 각 교구의 재정을 채우는 데도 필요했다. 따라서 수도사들은 땅을 경작하고 와인을 생산하는 데 주력할 수밖에 없었다. 부르고뉴에는 유난히 '클로(Clos)'라는 명칭이 붙은 와인이 많은데, 원래 '담'이라는 뜻을 가진 클로는 수도원의 영지를 뜻하는 말이었다. 이때 수도원이 소유했던 포도밭들이 오늘날까지 이어져 내려온 것이다. 예를 들어 모레이 상 드니라는 마을 이름의 유래가 된 클로 상 드니(Clos Saint Denis)는 본래 상 드니 수도원을 말한다. 베르지(Vergy) 대성당 참사회 소속이었던 이 수도원은 역사가 11세기까지 거슬러 올라가는 유서 깊은 곳이다. 담으로 둘러싸인 수도원 안에는 포도밭이 있었고, 수도사들은 그곳에서 와인을 만들었다.

오늘날 수도사들은 없지만 포도밭과 수도원은 그대로 남아 있으며, 이곳에서 생산되는 와인은 여전히 '클로 상 드니'라는 이름으로 생산된다. 현재 '클로'라는 이름을 가진 포도원은 코트 도르에 약 130개, 코트 샬로네즈에 약 25개, 샤블리에 약 10개, 마코네에는 수많은 개수가 있다. 프랑스 혁명 이후 수도원과 그 재산이 국가에 몰수되었는데, 흥미로운 사실은 이 사건을 계기로 보르도와 부르고뉴가 완전히 다른 길을 걷게 되었다는 것이다. 부르고뉴에서는 수도사들이 쫓겨난 포도원이 유복한 포도 재배자와 부르주아들에게 돌아갔다. 이후 포도원이 그들의 여러 자녀들에게 상속되면서 더욱 쪼개지게 되었고, 오늘날과 같은 모자이크판 포도밭이 만들어졌다. 모레이 상 드니에서는 클로 데 람브레이(Clos des Lambrays)가 대표적인 사례다. 1365년 시토 수도원의 기록에 따르면, 8.66헥타르의 이 밭은 74명의 다른 소유주가 소유하고 있었다고 한다. 이후 뉘(Nuits) 출신의 상인 루이 졸리(Louis Joly)가 밭의 통합을 시도했고, 현재 LVMH의 회장 베르나르 아르노가 소유하기 전까지 클로의 단일성을 재구성하는 데 70년이 걸렸다. 반면 클로 드 타(Clos de Tart)는 특이한 케이스다. 클로 드 타는 1141년, 시토파 수도원의 베르나딘 수녀에 의해 설립되었다. 900년 동안 이곳의 소유자는 단 4번 바뀌었다. 1791년에 마레 몽쥐(Marey Monge) 가족에게, 1932년에 마콩 출신인 모메상(Mommessin) 가족에게 매각되었으며, 2017년에는 프랑수아 피노(François Pinault)가 소유한 아르테미스(Artemis)에 2억 8천만 유로라는 기록적인 금액에 매각되었다. 클로 드 타는 그랑 크뤼 아펠라시옹이며, 독점 포도밭인 모노폴이다. 이는 밭의 소유자가 특정 그랑 크뤼를 전적으로 지배한다는 것을 의미하며, 그야말로 강력한 브랜드 효과를 가져온다. 부르고뉴에는 총 5개의 모노폴이 있는데 클로 드 타가 가장 면적이 크기 때문에 이런 천문학적 금액에 거래가 가능했을 것이다.

마치 성직자의 정원 같은 수도원의 포도밭, 클로는 가장 부르고뉴다운 포도원이기도 하다. 클로의 환경은 본래 이웃 식물과 태양, 바람으로부터 포도를 보호해 주는 생체 역학적인 기능을 해주었다. 인정하고 싶지 않지만 현대 사회에서 품질의 잣대는 가격이 되었고, 이제 클로의 '닫혀진 담'은 부와 성공을 과시하는 새로운 기능까지 추가되었다.

🍷 와인 등급

모레이 상 드니의 와인은 132헥타르의 포도밭에서 생산되며, 세 가지 등급으로 분류된다. 먼저 빌라주 등급은 50헥타르 면적에 모레이 상 드니(Morey Saint Denis) AOC라는 명칭을 사용하여 판매된다. 사실 모레이 상 드니 마을은 마을 명(Morey)에 크뤼 명(Saint Denis)을 붙이는 바람에 AOC 지정이 다른 마을들보다 늦어졌다. 몇 년에 걸친 논쟁 끝에 최종 AOC 명칭이 모레이 상 드니로 결정되었다고 한다. AOC의 유래가 된 이름이긴 하지만 클로 상 드니(Clos Saint Denis)가 모레이 상 드니 그랑 크뤼의 탑이 아니라는 건 누구나 인정할 것이다. 하지만 모레이 타(Morey Tart), 모레이 라로슈(Morey Laroche) 등 다른 그랑 크뤼 명은 발음상 매끄럽지 못하단 이유로 탈락되었고 1927년에 '상 드니'가 최종적으로 승인되었다.

42헥타르에 달하는 모레이 상 드니 프르미에 크뤼(Morey Saint Denis Premier Cru) AOC에는 총 20개의 클리마가 있다. 프르미에 크뤼의 경우 고유 클리마 이름을 와인 라벨에 기재하지만 많은 생산자들이 포도밭 이름이 명시되지 않은 프르미에 크뤼 와인을 관행처럼 제공해왔다. 대부분의 포도밭이 2헥타르 미만으로 생산량이 무척 적다 보니, 프르미에 크뤼 밭끼리 와인을 섞거나 또는 그랑 크뤼 중 어린 포도나무의 와인을 섞어서 만들었기 때문이다. 또한 클로 드 타 위쪽으로는 모레이 상 드니 AOC 등급의 앙 라 뤼 드 베르지(En la rue de Vergy)라는 밭이 있다. 이 밭의 소유주는 1995년에 프르미에 크뤼를 요청했으나 승인받지 못했다. 하지만 그만큼의 품질을 인정받는 곳이다.

가장 높은 등급인 모레이 상 드니 그랑 크뤼(Morey Saint Denis Grand Cru) AOC는 39.6헥타르의 면적에 4개 클리마로 구성된다. 프르미에 크뤼와 마찬가지로 그랑 크뤼 라벨에도 고유한 클리마 이름을 사용한다. 북쪽에서부터 순서대로 클로 드 라 로슈, 클로 상 드니, 클로 데 람브레이, 클로 드 타다. 이중 클로 데 람브레이는 1981년도에 그랑 크뤼로 승급된 곳이다.

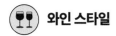 **와인 스타일**

모레이 상 드니(Morey Saint Denis AOC)

모레이 상 드니 와인은 두 곳의 유명한 마을 사이에 위치한 지리적 특성 덕분에 힘찬 주브레 샹베르탕과 섬세한 샹볼 뮈지니의 중간쯤에 가까운 느낌이다. 마치 테너와 베이스 사이에 있는 바리톤 음역처럼 언뜻 보면 개성이 없어 보이지만 양쪽의 장점을 훌륭하게 흡수하고 있다. 자줏빛 반사가 있는 밝은 루비 컬러의 광채는 와인이 나이가 들어감에 따라 카민(Carmine) 또는 가넷 색조로 변한다. 아로마로는 블랙커런트, 블루베리와 같은 작고 검은 과실과 체리 같은 붉은 핵과류의 향이 강하다. 또한 나이가 들수록 트러플 풍미가 매력적으로 드러나는 것도 특징이다. 가죽, 이끼 등의 부케도 함께 즐길 수 있다. 탄닌은 부드러우면서도 풍성하다.

모레이 상 드니 프르미에 크뤼(Morey Saint Denis Premier Cru AOC)

모레이 상 드니 프르미에 크뤼는 그랑 크뤼 포도밭 아래쪽의 더 낮은 경사에 걸쳐 있다. 앞에서도 언급한 것처럼 대부분 2헥타르 미만 면적에 생산량이 적다 보니 각 클리마 별 고유 개성을 부여하기가 쉽지 않다.

레 파소니에르(Les Faconnières)

모레이 상 드니에서 가장 좋은 자리에 위치한 프르미에 크뤼 중 하나다. 그랑 크뤼인 클로 드 라 로슈 아래 밭이라 심토가 유사하고 배수가 잘되는, 돌이 많은 토양이다. 검은 과실 향, 홍차, 감초 등의 아로마와 함께 입안에서는 미세한 탄닌감과 미네랄이 느껴진다.

몽 뤼장(Monts Luisants)

'반짝이는(영롱거리는) 산'이라는 시적인 뜻을 지닌 몽 뤼장은 코트 드 뉘의 희귀한 프르미에 크뤼 화이트와인 중 하나다. 2.19 헥타르밖에 되지 않는 협소한 밭이지만 그 구성은 매우 복잡하다. 이곳에서는 피노 누아로 만든 레드와인과 샤르도네로 만든 화이트와인이 생산된다. 흥미로운 점은 도멘 뒤작(Domaine Dujac)의 몽 뤼장은 샤르도네로 생산하는 데 반해, 도멘 퐁소(Domaine Ponsot)는 알리고테 품종을 선택했다는 것이다.

또한 같은 밭이라 하더라도 높이에 따라 등급이 달라진다. 해발 약 340m의 맨 위 부분은 모레이 상 드니 AOC 등급이다. 그 아래 약 300~340m는 이 포도밭의 중심이며 몽 뤼장 프르미에 크뤼 AOC다. 가장 아래 밭은 1936년부터 그랑 크뤼인 클로 드 라 로슈로 생산된다. 몽 뤼장 레드와인은 부드럽고 정제된 맛이다. 화이트와인은 미네랄의 짠맛과 함께 달콤한 과실 향이 균형감을 이룬다.

모레이 상 드니 그랑 크뤼(Morey Saint Denis Grand Cru AOC)

모레이 상 드니에는 4개의 그랑 크뤼가 있다. 같은 공동체 안에 묶여 비슷한 스펙트럼을 보여주지만 자세히 살펴보면 토양이나 스타일에서 각자의 고유한 개성을 지닌다.

클로 드 라 로슈(Le Clos de la Roche)

클로 드 라 로슈는 뚜렷한 석회 토양이다. '로슈(Roche)'는 프랑스어로 '바위'라는 뜻으로, 이름에서도 알 수 있듯 이곳은 겨우 30cm의 흙과 약간의 자갈이 깔리고 나머지는 전부 석회암이다. 모레이 상 드니에서 샹베르탕과 지리적으로 가장 가깝고 스타일도 비슷하다. 붉은 과실보다는 검은 과실 향이 두드러진다. 부식토, 트러플 향 등 야생적인 아로마는 클로 드 라 로슈의 유전자와도 같다. 근육질의 탄닌과 함께 단단하고 진지하면서 깊은 풍미가 느껴진다.

클로 상 드니(Clos Saint-Denis)

클로 상 드니는 갈색 석회암 토양이다. 특이한 점은 샹베르탕과 마찬가지로 화학 물질인 인(P)이 포함되어 있고 뮈지니와 같은 점토질도 동시에 가지고 있다는 것이다. 섬세한 뉘앙스를 풍기는 와인으로 '코트 드 뉘의 모차르트'라 불리는 와인이다. 클로 드 라 로슈보다 탄닌이 매우 실키해서 훨씬 다가가기 편하다.

클로 드 타(Clos de Tart)

클로 드 타는 석회암 기반의 토양이다. 딸기와 바이올렛 향의 베일 아래에서 견고함과 부드러움이 결합하는 듯하다. 어릴 때는 강했던 탄닌이 나이가 들면서 부드러워지고 복잡해진다. 라운드하면서도 여운이나 복합미에서 오는 기품을 드러내는 와인이다.

클로 데 람브레이(Clos des Lambrays)

클로 데 람브레이는 상부는 이회암질 토양이고 하부가 석회질 토양이다. 체리 같은 과실 향과 더불어 스모키, 스파이시 등 여러 다양한 풍미가 섬세하게 시차를 두고 피어오른다. 진정한 귀족으로서 어릴 때는 완전히 라운드하다가 세월이 흐르면서 와인에 깊이와 중력이 더해진다. 피노 누아의 절제미를 잘 보여주는 와인이라 생각한다.

5

샹볼 뮈지니

Chambolle Musigny

와인을 마실 것인가, 음미할 것인가

와인 테이스팅 강의를 하다 보면 초보자들로부터 자주 접하게 되는 반응이 있다. "전 테이스팅에 재능이 없는 것 같아요. 그냥 편하게 마시기나 해야겠어요." 하는 자책형부터 "와인 향을 잘 모르겠어요. 아로마 키트를 사면 도움이 좀 될까요?"라는 장비 욕심형까지 제각기 다양한 반응이다. 하지만 결국 동일한 고민은 테이스팅을 잘하고 싶은데 어떻게 해야 할지 몰라서 좌절하거나 난감해 하고 있다는 것이다. 와인에 관한 이론이야 이미 무수한 정보와 교재들을 통해 배울 수 있지만 테이스팅은 머리로만 익혀서 될 문제가 아니기 때문이다. 더욱이 접해보지 못한 수많은 과일과 꽃 이름을 내 것인 양 입에서 자연스럽게 내뱉기란 더욱 어렵다. 와인을 마시는 것(Drinking)은 즐거운 일이지만 시음(Tasting)은 왠지 복잡하고 어렵게 느껴지는 이런 경험은 와인을 즐기는 사람이라면 누구나 한 번쯤 겪어봤을 것이다.

> "엄청 제멋대로인 맛이야. 게다가 고집스럽고. 이 와인은 미련할 정도의 정열과 탁 트인 하늘의 맛이 나. 나는 이 와인이 맘에 들어."
>
> _영화 〈해피 해피 와이너리〉의 대사 중에서

> "오렌지빛이 도는 붉은색, 잘 익은 자두 아로마와 이끼, 낙엽 향, 묵직한 무게감, 잘 잡힌 균형감, 부드러운 탄닌, 6~7초가량 여운이 도는 잔향, 수개월 보관 가능, 붉은살 로스트 미트와 잘 어울릴 것이다."
>
> _어느 전문가의 테이스팅 노트 중에서

여러분은 위 두 가지 예시 중 어떤 식의 표현을 선호하는가? 또는 즐겨 사용하는가? 첫 번째 예시는 와인을 시적으로 그린 무척 아름다운 표현이지만 자의적인 해석이 강한 느낌이 든다. 이런 식의 표현을 두고 '테이스팅'했다고 말하기에는 무리가 따른다. 누구나 공감할 만한 보편성이 부족하기 때문이다. 반면 두 번째 예시는 와인 테이스팅을 익혀온 사람이라면 어렵지 않게 와인의 스타일이나 느낌을 유추할 수 있는 '보편성'을 가지고 있거니와 다른 와인과 구별되는 '독창성'도 잘 표현해 낸 '테이스팅'이라고 볼 수 있다. 테이스팅은 와인이라는 언어를 사용하는 커뮤니케이션이다. 따라서 타인과 주고받는 정보의 교류가 가능하도록 약속된 기호와 상징을 통해 교감해야 한다. 결국 와인 테이스팅을 잘하기 위해서는 우선 와인 음용(Drinking)과 와인 테이스팅(Tasting)에 대한 개념적 차이를 구별하는 일부터 시작해야 할 것이다.

섬세해서 매혹적인 와인

샹볼 뮈지니는 모레이 상 드니와 부조 사이의 그랑 크뤼 루트에 자리한 지역이다. 무엇보다 이곳은 세계에서 가장 아름다운 와인을 생산하는 마을로 알려져 있다. 샹볼 뮈지니 레드와인은 본 로마네, 주브레 샹베르탕과 함께 전 세계에서 가장 훌륭한 피노 누아 와인 중 하나로 꼽힌다. 샹볼 뮈지니 와인을 한마디로 정의하면 섬세함이다. 영어로 표현하자면 'Finesse' 또는 'Delicate'로 번역이 가능하다. 샹볼 뮈지니는 섬세한 와인의 대명사로서 흔히 언급된다. 예를 들어 코트 드 본에 위치한 볼네(Volnay) 지역의 와인은 섬세한 스타일을 강조하기 위해 '코트 드 본의 샹볼 뮈지니'라 불린다. 오래전 라발 박사(Dr. Lavalle)는 코트 드 뉘 와인 가운데 가장 섬세한(Delicate) 와인으로 샹볼 뮈지니를 꼽았으며 레밍턴 노만(Remington Norman)은 샹볼 뮈지니는 부르고뉴의 섬세함(Finesse)의 전형이자 본보기라 주장했다. 그리고 가스통 루프넬(Gaston Roupnel)은 샹볼 뮈지니의 맛을 실크와 레이스에 비교했고, 안토니 핸슨(Antony Hanson)은 미묘하고 고급스러운 맛(Subtle nobility)이라 정의했다. 와인에는 여러 가지 맛이 있으며, 저마다의 풍미에 따라 파워풀하다거나 우아하다거나 프레시하다 등으로 스타일을 표현한다. 그리고 샹볼 뮈지니는 와인의 속성 안에서 '섬세함'을 책임지고 있는 와인이다.

테이스팅을 잘하고 싶다면?

앞선 이야기로 다시 돌아가 보자. 와인을 마시는 행위, 즉 드링킹(Drinking)은 다른 음료들을 마시는 행위, 또는 미술품을 감상하거나 음악을 듣는 것과 마찬가지로 사용자의 감각을 즐기는 행위다. 반면에 와인을 시음하는 것, 테이스팅(Tasting)은 특정 체계와 목적을 향해 이루어지는 의식이다. 마치 미술품을 제대로 이해하기 위해 대표적인 예술 사조의 역사, 구도 잡는 법, 색깔 선택하는 법, 재료의 쓰임새 등의 지식을 갖춰야 하는 것처럼 말이다. 장 클로드 뷔팡은 와인 테이스팅을 "지각한 감각을 잘 고른 단어로 표현하는 것"이라고 정의했다. 결국 테이스팅이란 와인이 주는 정보를 우리가 최대한 지각하고, 약속해 둔 가장 적합한 언어로 찾아내는 훈련인 것이다. 예를 들어 와인이 '실크 같다'거나 '벨벳 같다'라는 표현은 무척 추상적으로 느껴지겠지만 이는 입안에서 느껴지는 탄닌의 텍스처를 뜻하는 것이다. 따라서 이는 탄닌의 양과 숙성도에 따른 미묘한 질감의 차이를 구분하여 정확한 상태를 진단하는 전문적이며 구체적인 용어다. '샹볼 뮈지니는 섬세하다', 이 명제는 마치 인상파 화가의 그림처럼 우리의 개인적 취향에 관계없이 오랜 세월에 걸쳐 입증되고 분류된 정의에 가깝다. 그래서 여러분이 와인을 제대로 배워보고자 한다면 여기 가장 좋은 교재를 추천하고 싶다. 바로 샹볼 뮈지니를 마셔보라. 몰라도 마셔보라. 실키한 탄닌의 텍스처를 느낄 때까지, 부드럽고 벨벳 같은 질감 안에 숨겨진 과실 향의 호화로운 풍미를 느낄 때까지. 왜 샹볼 뮈지니를 두고 '벨벳 장갑 안에 감춰 둔 강철 주먹(Une main de fer dans un gant de velvet)' 같은 와인이라 했는지 공감하며 무릎을 칠 때까지. 그러고 나면 여러분은 샹볼 뮈지니 와인을 마침내 알게 될 것이다. 그뿐만이 아니다. 섬세함이라는 와인의 전형성 역시 함께 정복한 것이다.

샹볼 뮈지니 이야기

샹볼 뮈지니(Chambolle Musigny)는 디종에서 남쪽으로 약 18km 떨어진 마을이다. 코트 드 뉘 남부에 자리하기 때문에 오히려 약 6km 떨어진 뉘 상 조르주가 더 가깝다. 샹볼 뮈지니는 인구가 400명 미만인 전형적인 프랑스 시골 마을로, 좁고 구불구불한 시골길을 따라 올라가면 앙리 4세 시대에 심어졌다고 전해지는 둘레 5m의 거대한 고목을 마주하게 된다. 이 라임 나무를 앞에 두고 성 바르베(St. Barbe) 성당이 보인다. 프랑스 혁명 전까지만 해도 샹볼 뮈지니는 모레이 상 드니와 마찬가지로 시토회 수도원 직속 관할 구역이었다. 그래서 여전히 유서 깊은 카톨릭 유적들이 제법 남아 있다. 16세기에 지어진 성 바르베 성당은 샹볼 뮈지니의 역사적이며 상징적인 건축물이다. 특히 성경에 나오는 여러 성인과 인물들의 행적을 그린 벽화는 꼭 관람해야 할 만큼 중요한 기록물이기도 하다. 소름 끼치도록 사실적으로 묘사된 성경 속 장면들이 여러분의 시선을 끌 것이다.

그론(Grône)강은 샹볼 뮈지니 마을의 중심(주로 지하)을 가로질러 흐른다. 이 강에서 마을 이름이 유래되었다. 그론강은 자주 범람했는데 심한 뇌우와 함께 폭우가 내리면 급류가 그 아래의 포도밭에 흘려내리며 끓는 물처럼 거품을 일으켰다고 한다. '샹볼(Chambolle)'이라는 이름은 라틴어 'Campus Ebulliens(Champs bouillannants)'에서 유래되었는데, 이는 '끓는(또는 보글보글) 밭'이라는 뜻이다. 샹볼로 불리던 이 마을은 1882년 포도밭 이름 뮈지니(Musigny)가 추가되며 최종적으로 샹볼 뮈지니가 되었다.

샹볼 뮈지니에서는 거의 독점적으로 피노 누아로 만든 레드와인을 생산한다. 예외적으로 그랑 크뤼인 '뮈지니(Musigny Grand Gru AOC)'만 레드와인과 함께 화이트와인도 소량 생산한다. 샹볼 뮈지니 와인은 주브레 샹베르탕이나 본 로마네 레드와인과 비교했을 때 컬러가 진하거나 구조감이 강하지는 않다. 하지만 강렬한 풍미와 기교 넘치는 텍스쳐가 매끄럽고 섬세하면서도 유연하게 표현된다. 여기서 말하는 섬세함이나 유연함은 나약함(Feeble)과는 다른 의미로, 특히 과실 향과 매

끄러운 텍스처가 이같은 특징을 잘 드러낸다. 또한 샹볼 뮈지니는 피노 누아의 향기를 그 어떤 와인보다 잘 보여주는 와인으로, 다채로운 과실 향을 농도 짙게 풍긴다. 딸기, 라즈베리 등 순도 높은 붉은 과실 향과 함께 바이올렛 꽃 향이 나다가 나이가 들면서는 익은 자두, 구운 향신료, 거친 야생의 공기를 느끼게 하는 숲 바닥, 트러플, 동물성 아로마를 얻는다. 탄닌은 마치 실크나 레이스 같이 부드럽고 완벽하게 입안을 채워주고, 그 결과 강력하면서도 세련되고 향긋한 피노 누아가 탄생한다.

샹볼 뮈지니의 등급 체계를 살펴보면 부르고뉴 아펠라시옹의 전체 등급을 아우른다. 다시 말해 마을 단위 등급인 샹볼 뮈지니, 포도밭(클리마) 이름이 붙는 프르미에 크뤼, 그랑 크뤼 자격을 가진 밭이 모두 존재한다. 코트 드 뉘에는 총 24개의 그랑 크뤼가 있는데, 그중 샹볼 뮈지니는 본 마르(Bonnes Mares)와 뮈지니(Musigny) 이렇게 2개의 밭을 차지한다.

 기후와 토양

샹볼 뮈지니는 가파른 숲이 우거진 암방 협곡(Combe d'Ambin) 기슭에 자리한다. 지리적 위치를 보면 마치 원형 교차로의 중앙 부분처럼 5개 마을에 둘러싸인 모양새다. 북쪽의 모레이 상 드니, 남서쪽의 뉘 상 조르주, 남쪽의 플라제 에세조, 남동쪽의 부조, 그리고 동쪽의 질리 레 시토. 이렇게 5개 마을과 경계를 이루며 그 중앙에 자리 잡았다. 샹볼 뮈지니의 면적은 모레이 상 드니보다 약 30헥타르 정도 더 넓지만 생산량은 본 로마네나 모레이 상 드니에 비해 오히려 더 적다. 샹볼 뮈지니는 지형뿐만 아니라 테루아 그리고 와인의 스타일까지 모두 샹볼 뮈지니만의 독특한 개성을 지닌다.

샹볼 뮈지니의 기후는 다른 마을과 마찬가지로 대륙성 기후다. 북부 대륙성 기후의 일교차는 와인에 균형 잡힌 산도와 당분을 형성하는 데 도움을 준다. 하지만 이를 낙관적으로만 볼 수는 없다. 사실 샹볼 뮈지니는 다른 마을에 비해 포도가 빨리 익는 경향이 있다. 따뜻한 빈티지에는 너무 익어서 껍질이 쭈글해질 정도다. 그래서 요즘처럼 기후 온난화 현상을 겪는다면 빈티지별 영향력을 무시할 수 없다.

샹볼 뮈지니의 토양은 지나칠 정도로 석회질이다. 다시 말해 진흙질이 거의 없는 석회석이 주요 토양을 이루고 있다. 예외적으로 뮈지니 포도밭 옆의 리외디인 레 자르질리에르(Les Argillièrs argile, '진흙'이라는 뜻), 그리고 본 마르(Bonne Mares) 밭의 일부(모레이 상 드니와 가까운 곳. 여기는 하얀 이회토)만이 약간의 진흙질을 품고 있을 뿐이다. 일반적으로 부르고뉴의 클래식한 테루아는 석회석과 진흙이 섞인 석회질(Clay-limestone) 토양이다. 샹볼 뮈지니 와인만의 개성이 있다면 순도 높은 석회석 토양에서 나오는 모든 특징을 잘 드러낸다는 것이다. 석회암이 균열이 일어나고 그 틈으로 포도나무는 뿌리를 내려 깊숙한 심토까지 내려가 마침내 운 좋게도 테루아의 진수를 빨아들인다. 한 가지 흥미로운 사실은 석회석 토양에서는 식물의 잎이 황색이나 황백색으로 변하는 위황병이 빈번하게 발생한다는 것이다. 그래서 이로 인해 와인의 컬러가 연해지고, 파워보다는 아로마가 강한 와인이 탄생하게 된다.

샹볼 뮈지니의 밭을 등급별로 나눠보면 아래 그림과 같다. 노란색으로 표시된 곳은 빌라주 등급 즉 샹볼 뮈지니 AOC다. 그리고 주황색으로 표시된 지역은

프르미에 크뤼 밭이며 빨간색 영역이 그랑 크뤼 밭이다. 일반적으로 코트 드 뉘에서 그랑 크뤼는 무리를 지어 그룹화를 형성하는데 샹볼 뮈지니의 경우는 매우 독특하다. 마을 중앙의 암방 협곡을 기준으로 마을 반대편 양쪽 끝에 그랑 크뤼가 하나씩 있다. 심지어 같은 그랑 크뤼 등급인 뮈지니와 본 마르는 거의 1km가량 떨어져 있다. 앞에서 언급한 협곡, 콤브 당방(Combe d'Ambin)이 두 개의 그랑 크뤼 사이를 가로막아 분리시킬 뿐만 아니라 이로 인해 지층이 달라지면서 서로 다른 테루아를 형성한다.

먼저 그랑 크뤼인 뮈지니(Les Musigny)는 뽀얀 콩블랑시앙 석회암(Comblanchien limestone) 토양이다. 99퍼센트 순도의 화이트 탄산칼슘 바위다. 이곳이 유난히 볼록 튀어나온 지형을 보이는 이유 또한 더 이상 침식되기 어려운 단단한 석회암이기 때문이다. 샹볼 뮈지니의 개성, 고급스럽고 우아한 와인의 명성은 바로 이 척박하고 단단한 암석에서 출발한다. 뿐만 아니라 뮈지니와 인접한 프르미에 크뤼 가운데 레 자무르즈(Les Amoureuses)와 레 샤름(Les Charmes) 또한 뮈지니와 매우 유사한 토양을 가지고 있어 와인의 스타일도 비슷하다고 알려져 있다.

한편 모레이 상 드니와 붙어있는 본 마르(Bonnes Mares)는 같은 석회암이지만 해양 생물이 섞인 석회암(Limestone at Entroques)이다. 그래서 뮈지니 와인보다 더 단단하고 와일드하다. 와인 스타일도 샹볼 뮈지니의 전형적인 스타일보다는 모레이 상 드니와 가깝다. 마찬가지로 그 근처의 프르미에 크뤼인 레 퓌에(Les Fuées)와 레 크라(Les Cras) 또한 지리적 특성(고도, 경사, 노출 등)뿐만 아니라 토양까지 거의 같아서 오히려 왜 프르미에 크뤼 등급을 받았는지 의문이 생길 정도로 그랑 크뤼와 비슷한 맛을 보여준다. 이렇게 두 가지 토양의 차이로 두 개의 그랑 크뤼 스타일의 차이를 설명할 수 있다.

한편 빌라주 등급의 와인은 여기저기 흩어져 있다. 특히 언덕 중간 경사면은 가장 좋은 입지라서 주로 그랑 크뤼와 프르미에 크뤼 밭이 밀집해 있다. 그렇기 때문에 언덕의 가장 낮은 곳과 가장 높은 곳이 빌라주 등급을 받는다. 먼저 해발 240~340m인 언덕 윗부분은 온도가 낮고 매우 가파르기 때문에 과거에는 대부분

휴경지였다. 그러나 최근 온난화 현상의 혜택을 받아 포도의 숙성에 도움이 되고 와인의 품질도 좋아지고 있다. 또 하나 특이할 점은 마을 남부에서 양조장이 모여 있는 주택가 근처 빌라주 등급 밭이다. 이곳은 위도상으로는 그랑 크뤼나 프르미에 크뤼와 나란히 자리한 언덕 중상부이다. 하지만 북향의 경사면이라서 빌라주 등급을 생산한다(그림1 참조). 마지막으로 샹볼 뮈지니 메인 도로를 건너면 이곳은 빌라주 등급을 받지 못하고 부르고뉴 등급(Bourgogne AOC)이 허용된다. 비록 등급은 가장 낮지만 이곳에서도 가성비 좋은 와인을 생산한다. 대표적인 예로 부르고뉴 레 봉 바통(Bourgogne les Bons Bâtons)을 들 수 있다(그림 2 참조).

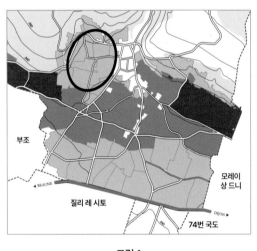

그림 1

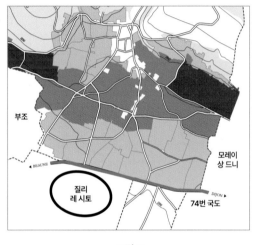

그림 2

라 콤브 도르보 그리고 뮈지니

　　샹볼 뮈지니 남부 끝 경계선에 자리한 클리마인 라 콤브 도르보(La Combe d'Orveau)는 코트 드 뉘의 숨겨진 보석 가운데 하나다. 약 5헥타르의 밭에서 대여섯 명 정도의 소수 생산자만이 와인을 만든다. 특이한 점은 이 클리마가 두 개의 밭으로 나눠져 있다는 것이다. 100m가량 떨어진 두 개의 독립적인 밭이지만 라 콤브 도르브라는 같은 이름의 단일 밭으로 인정받는다. 더욱 희한한 점은 이 단일 클리마에서 빌라주, 프르미에 크뤼, 그랑 크뤼 총3가지 등급의 와인을 생산한다는 것이다. 지금부터 이 특이한 밭에 대한 이야기를 시작해 보려고 한다.

라 콤브 도르보는 직역하면 '오르보 협곡'이라는 뜻이다. 이 밭은 그랑 크뤼 클리마인 '뮈지니'와 옆 마을의 그랑 크뤼 클리마인 '클로 드 부조' 사이에 자리하고 있다. 그리고 조금 떨어진 곳에 플라제 에세조 마을 서쪽 경계에도 있다. 먼저 뮈지니, 좀 더 정확하게는 프티 뮈지니(Les Petits Musigny) 포도밭 아래의 라 콤브 도르보 밭은 그랑 크뤼와 프르미에 크뤼 등급으로 나뉜다. 그래서 그랑 크뤼로 지정된 밭은 당연히 뮈지니 그랑 크뤼로 라벨에 적힌다. 나머지 밭은 본래 이름인 라 콤브 도르보 프르미에 크뤼 등급으로 인정을 받아 와인을 만든다. 그리고 플라제 에세조 사이에 위치한 경계 밭은 빌라주 등급으로 나뉘어 샹볼 뮈지니 AOC로 판매된다.

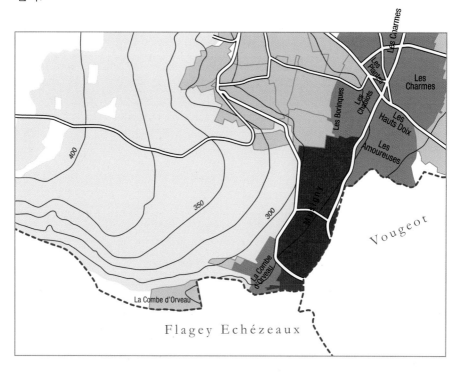

1929년의 그랑 크뤼 승급

원래 뮈지니 포도원은 레 뮈지니(Les Musigny)와 레 프티 뮈지니(Les Petit Musigny) 두 개의 클리마를 가지고 있었다. 그런데 1929년 자크 프리외르(Jacques Prieur)가 소유한 라 콤브 도르보의 0.62헥타르가 그랑 크뤼인 뮈지니(Musigny)로 승격되었다. 승격된 곳은 라 콤브 도르보의 하단부다(아래 지도 참조). 소문에 따르면 이 땅의 다른 소유주 중 일부는 그랑 크뤼 포도밭에 대한 높은 토지세 때문에 승급 신청을 꺼렸다고 한다.

1989년의 두 번째 승급

1989년에 다시 한번 라 콤브 도르보의 일부 밭이 뮈지니 그랑 크뤼로 승격되었다. 이번에도 역시 자크 프리외르 소유의 밭이었다. 그는 자신의 라 콤브 도르보 밭의 일부분이 그랑 크뤼로 인정받기를 원했고 다시 한번 승격 심사를 신청했다. 그리고 총 0.15헥타르의 라 콤브 도르보 프르미에 크뤼가 그랑 크뤼로 추가 승격되었다.

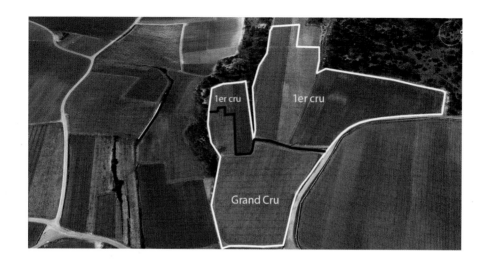

    이쯤 되면 라 콤브 도르보가 대체 프르미에 크뤼 밭인지 그랑 크뤼 밭인지 혼동을 일으키게 된다. 지금까지의 승급 절차를 보면 이 땅이 계속해서 프르미에 크뤼로 머물러 있는 것이 의아할 따름이다. 하지만 소비자 입장에서 생각해 본다면, 라 콤브 도르보는 사실상 그랑 크뤼 자격이 충분한 프르미에 크뤼 와인을 우리가 선택할 수 있다는 즐거움을 안겨주는 곳이 되었다. 심지어 이곳에는 그랑 크뤼와 어깨를 나란히 하는 빌라주 등급의 와인까지 있다는 걸 잊어서는 안 된다.

 와인 등급

    샹볼 뮈지니 AOC는 1936년 9월에 시작되었으며, 이는 프랑스 최초의 AOC 중 하나다. 현재 180헥타르의 포도밭에서 세 가지 등급의 와인이 생산된다. 먼저 빌라주 등급은 93헥타르의 면적에 샹볼 뮈지니(Chambolle Musigny) AOC라는 명칭을 사용한다. 이어서 61헥타르에 달하는 샹볼 뮈지니 프르미에 크뤼(Chambolle Musigny Premier Cru) AOC에는 24개의 클리마가 있다. 이 밭들은 고유한 클리마 이름을 라벨에 기재한다. 가장 높은 등급인 샹볼 뮈지니 그랑 크뤼(Chambolle Musigny

Grand Cru) AOC는 26헥타르에 2개의 클리마가 있다. 바로 본 마르(Bonnes Mares)와 뮈지니(Musigny)인데 프르미에 크뤼와 마찬가지로 고유한 클리마 이름을 라벨에 사용한다. 본 마르는 피노 누아로 만든 레드와인만 생산하는 그랑 크뤼다. 이곳은 모레이 상 드니와 경계에 위치한 밭이라서 일부 1.5헥타르는 행정 구역상 모레이 상 드니에 속해 있다. 또 다른 그랑 크뤼인 뮈지니는 피노 누아로 만든 레드와인과 샤르도네로 만든 화이트와인 모두를 생산할 수 있다. 뿐만 아니라 뮈지니는 라 콤 브 도르보(0.77헥타르), 레 그랑 뮈지니(5.90헥타르) 그리고 레 프티 뮈지니(4.19ha) 이 렇게 3개의 리외디가 모여 있다.

 ## 와인 스타일

샹볼 뮈지니(Chambolle Musigny AOC)

피노 누아 품종은 카베르네 소비뇽이나 시라 등 다른 품종과 비교했을 때 보다 섬세하고 부드럽다. 피노 누아는 과연 어떤 맛일까? 단 한 번의 설명으로 끝내야 한다면 샹볼 뮈지니를 마셔야 할 것이다. 샹볼 뮈지니 와인은 전혀 공존할 수 없을 것 같은 상반된 두 가지 스타일을 동시에 지니고 있다. 바로 풍성함과 연약함이다. 그래서 이 두 가지 단어를 합해 섬세함이라는 등식이 성립된다. 밝고 빛나는 와인의 루비 컬러는 나이가 들면서 점점 어두워진다. 바이올렛 꽃, 작고 붉은 과일(딸기, 라즈베리)이 두드러지는 아로마를 보여주며, 세월이 흐르면서 익은 과일, 자두 또는 트러플, 덤불 및 동물성 부케로 진화할 것이다. 이 와인은 입안에서도 풍성한 아로마를 느낄 수 있고, 이어서 등장하는 풍부하고 복합적인 풍미가 매력적으로 미각을 이끈다. 결정적으로 실크와 레이스 같은 탄닌의 텍스처가 입안을 미끄럽게 휘감아 섬세한 풍만함으로 마무리된다. 균형감이 뛰어난 와인이다. 그래서 마치 산도가 없는 와인처럼 부드럽고, 구조감을 느낄 수 없을 정도로 온화한 분위기의 맛이다.

샹볼 뮈지니 프르미에 크뤼(Chambolle Musigny Premier Cru AOC)

레 자무르즈(Les Amoureuses)

'연인들'이라는 뜻을 가진 '레 자무르즈', 이 클리마는 그랑 크뤼 밭인 뮈지니의 내리막 언덕에 있다. 주브레 샹베르탕에 '클로 상 자크'가 있다면 샹볼 뮈지니에는 '레 자무르즈'가 있다. 다시 말해 그랑 크뤼만큼 품질이 좋고 가격도 높은 대표적인 프르미에 크뤼 와인이다. 그랑 크뤼보다 더 좋은 평판을 받고 있을 뿐만 아니라 심지어 몇몇 도멘은 본 마르 그랑 크뤼와 같은 가격대로 판매하기도 한다. 레 자무르즈의 와인 스타일을 설명하기 위해서는 먼저 뮈지니를 이야기해야 한다. 뮈지니와 테루아나 특징이 비슷하다 보니 누군가는 레 자무르즈를 두고 '뮈지니의 남동생'이라 부른다. 신이 뮈지니에게 파워를 줬다면 레 자무르즈에게는 우아함을 주었다. 와인 전문가들은 이 와인을 부드러움과 우아함의 극치라 칭송하며 가장 부르고뉴다운 와인이라고 한다. 향긋하고, 실크처럼 부드럽고, 강렬하고 부드러우며, 진정한 기교가 넘치는 와인이다. 결론적으로 말해 부르고뉴에서 가장 매력적인 와인 가운데 하나임이 틀림없다.

레 퓌에(Les Fuées)

레 자무르즈에 이어 두 번째로 우수한 프르미에 크뤼 와인이다. 본 마르와 비슷한 스타일이다. 확실히 레 자무르즈의 부드러움과는 다른 맛으로, 단단하고, 근성과 냉정한 위엄이 있다. 아주 좋은 과실 향에 우아함이 부족하지 않은 균형 잡힌 와인이다.

샹볼 뮈지니 그랑 크뤼(Chambolle Musigny Grand Cru AOC)

샹볼 뮈지니에는 총 2개의 그랑 크뤼가 있다. 샹볼 뮈지니 마을 양쪽 끝에 자리한 이 두 클리마는 토양이나 스타일에서 서로 다른 뚜렷한 개성이 있다.

뮈지니(Musignys)

뮈지니는 부르고뉴에서 다섯 손가락 안에 꼽힐 만한 전설의 와인 산지다. 코트 도르 전체를 통틀어서 가장 훌륭한 테루아 중 하나로 화이트와 레드를 모두 생산한다. 이렇게 레드와 화이트 그랑 크뤼 와인을 모두 생산하는 단일 클리마는 뮈지니가 코트 드 뉘에서 유일하다. 9.72헥타르의 면적에서 피노 누아로 만들어진 뮈지니 레드와인은 반짝이는 루비 컬러, 붉은 과일과 흰 꽃의 아로마, 스파이시한 노트와 오리엔탈 향수를 연상시키며 나이가 들수록 가죽, 모피, 부식토 향으로 진화한다. 매끈한 보디는 탄닌과 함께 복합적인 균형을 완벽하게 유지한다. 특히 뮈지니는 입안에서 가장 완벽한 존재감을 드러낸다. 과실 향의 호화로운 풍미와 함께 부드럽고 벨벳 같은 질감은 마치 지문처럼 자신만의 인상을 남긴다. 바로 외유내강! 어느 전문가는 이를 두고 '벨벳 장갑 안에 감춰 둔 강철 주먹'이라고 표현했다. 이러한 모든 조건이 결합되므로 뮈지니는 독보적이다.

0.66헥타르에 해당하는 뮈지니 화이트와인은 도멘 콩테 조르주 드 보귀에(Domaine Comte Georges de Vogüé)의 모노폴 밭이다. 화사하다. 화이트와인이지만 레드와인처럼 바이올렛 꽃 향과 아몬드 부케가 특징이다. 독특한 개성이 부여된 이 와인은 풍성하고 절제된 미각을 드러낸다. 뮈지니 화이트와인은 한동안 생산되지 않았고(1994년부터 2014년까지는 부르고뉴 AOC 등급으로 생산되었다), 또 워낙 생산량이 적다 보니 마시는 경험만으로도 의미가 있는 귀한 와인이다.

본 마르(Bonnes Mares)

본 마르는 뮈지니의 반대편 끝에 위치한, 샹볼 뮈지니의 또 다른 그랑 크뤼다. 그러나 뮈지니와는 결이 전혀 다른 그랑 크뤼 와인이다. 뮈지니 레드와인이 샹볼 뮈지니 마을의 캐릭터를 잘 잡아준 와인이라면 본 마르는 전형적인 샹볼 뮈지니 스타일이라고 보기는 어렵다. 냉정하게 평가하면 샹볼 뮈지니의 그랑 크뤼지만 오히려 모레이 상 드니에 더 가깝다. 본 마르 와인에는 확실히 와일드한 면이 있기 때문이다. 뮈지니와 비교를 해보면 보다 탄탄한 구조를 보인다. 대신 라운드하다거나 섬세한 표현은 약하다. 결론적으로 본 마르는 '힘과 견고함' 사이의 매력을 잘 보여준다. 이런 스타일은 대체로 시간을 두고 충분히 나이가 들었을 때 제 매력을 발휘한다.

뮈지니 포도밭

6

부조

Vougeot

부르고뉴 와인은 어려워요

"피노 누아는 제 취향이 아니라서 아예 안 마셔요." 이렇게 이야기한 그 분은 최근에 마셨던 와인을 나에게 자랑삼아 보여주셨다. 사진 속의 와인은 로마네 콩티였다. 와인은 어렵다. 포도 품종, 라벨 표기법, 와인 등급 등 공식이라 할 만한 기초 지식을 알아야 즐길 수 있는 취미이기 때문이다. 그래서 와인은 일종의 암기 과목이다. 취미로서는 다소 가혹하지만 외워야만 한다. 게다가 부르고뉴 와인은 더더욱 어렵다. 외워야 할 항목들이 그만큼 더 많기 때문이다. 하지만 와인을 단순히 즐기는 일, 그 이상의 뭔가를 느끼고 싶다면 와인이 부르는 노래를 들을 줄 알아야 한다. 맷 크레이머는 그의 저서 《와인력》에서 "와인을 진정으로 이해하기 위해서는 어떤 와인을 다른 와인보다 더 탁월하게 만드는 가치가 있음을 인식하고 수용하는 태도가 필요하다."고 역설했다. 그래서 궁극적으로 최상급 와인의 매력은 "땅의 목소리를 담아낸 불가사의한 신비로움"에 있다고 주장했다. 나는 그의 이론을 뒷받침할 만한 와인 산지 중에 부르고뉴만 한 지역이 없다고 본다. 불과 1미터밖에 떨어지지 않은 포도밭이라고 해도 같은 품종으로 만든 와인이 서로 다른 맛을 내기 때문이다.

복잡한 공식, 클로 드 부조

디종에서 본으로 이어지는 그랑 크뤼 루트를 따라가면 가장 눈에 띄는 중세 건축물이 보인다. 성을 에워싸는 3.2km가량의 석조 울타리는 이곳이 심상치 않은 곳임을 경고하는 듯하다. 바로 세계에서 가장 권위 있는 장소 중 하나인 클로 드 부조(Clos de Vougeot)다. 클로 드 부조는 코트 도르 지역에서 가장 작은 코뮌에 자리하지만, 가장 큰 면적을 가진 그랑 크뤼이기도 하다. 부조에서 생산되는 대부분의 와인은 뛰어난 단일 포도원인 클로 드 부조에서 생산된다. 클로 드 부조의 석조 울타리는 여러모로 상징적인 존재다. '담'이라는 뜻의 '클로'의 어원이기도 하거니와 강한 구속력을 가지는 밭, 클리마 또한 의미하기 때문이다. 프랑스의 다른 지역에서는 볼 수 없는 독특한 시스템이다. 클로 드 부조의 면적은 50.97헥타르로 소박해 보이지만, 이곳은 소유자가 많은 것으로도 유명하다. 축구 운동장만 한 이곳에 정확하게 몇 명의 소유자가 있는지조차 알 수 없을 정도로 소유관계가 복잡하고 미스터리하다. 로랑 고티(Laurent Gotti)의 저서 《클로 드 부조》(2018)에서는 약 82명 이상의 소유자가 공유하고 있으며 그중 67명은 자신의 이름으로 와인을 만든다고(나머지 생산자는 포도를 판매) 설명했고, 위키피디아에는 84명의 생산자가 밭을 소유하고 있다고 실려 있다. 클로 드 부조에는 소유자의 부지를 알 만한 장벽도, 길도, 표지판도 없다. 그래서 간혹 수확 때 남의 밭의 포도를 수확하는 엄청난 실수를 저지르기도 한다. 와인 생산자들만 난처한 것이 아니다. 클로 드 부조는 단일 클리마이기 때문에 똑같은 이름으로 대략 60여 개의 다른 와인이 존재한다. 와인 생산자들의 철학이나 재배 방법, 양조 스타일은 모두 각양각색이다. 그뿐인가. 언덕 아래 높낮이에 따라서 토양의 품질도 달라진다. 그러다 보니 동일한 와인 명에 다양한 와인이 생산된다. 이 와인들은 스타일도 품질도 가격도 다르다. 테루아의 품질은 상대적으로 떨어지지만 스타 와인 메이커의 와인을 선택할 것인가? 아니면 유명세는 떨어지지만 인정받은 테루아의 와인을 선택할 것인가? 이도 저도 아니라면 평균치의 적당한 와인? 이쯤 되면 클로 드 부조 와인을 선택하는 일은 경우의 수가 수십 개 넘는 수학 공식을 푸는 것처럼 복잡해진다.

최악의 와인 메이커는 훌륭한 테루아를 망칠 수 있다.
최고의 와인 메이커는 최악의 테루아를 살릴 수 없다.

부르고뉴 와인이 훌륭하지만 난해한 산지라는 걸 인정한다면 이 난관의 강적은 클로 드 부조인 듯하다. 클로 드 부조가 우리에게 가르쳐주는 건 다음과 같다. '땅의 목소리'를 담아낸 관현악과 '장인의 훌륭한 기교'가 돋보이는 솔로이스트가 함께하는 클로 드 부조라는 협주곡을 서두르지 말고 천천히 즐겨보라. 그렇게 즐기다 보면 '모든 걸 다 알아내고 싶은' 욕심도 서서히 내려놓게 될 것이다.

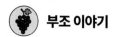# 부조 이야기

　부조(Vougeot)는 디종에서 남쪽으로 19km 떨어져 있고, 뉘 상 조르주에서는 북쪽으로 5km 떨어진 마을이다. 샹볼 뮈지니와 플라제 에세조 마을 사이에 자리한 부조는 거주민이 약 200명가량인, 코트 도르에서 가장 작은 마을 가운데 하나다. 부조라는 이름은 마을을 가로지르는 부즈(Vouge)라는 작은 강에서 따왔다. 마을을 산책하다 보면 수도사들의 발자취가 담긴 오솔길이 보이는데 이 길의 시작에 클로 드 부조가 있다. 5세기경 지어진 클로 드 부조의 돌담 안으로 들어가면 약 51헥타르, 축구장 정도 넓이의 포도밭이 보이는데 이때 포도밭 중앙으로 장엄하게 우뚝 선 수도원 건물이 눈에 들어온다. 클로 드 부조는 옛 수도원 건물과 그를 둘러싼 포도밭 모두를 통틀어 말한다. 그리고 이곳에서 생산되는 와인은 클로 드 부조 그랑 크뤼로 판매된다. 이곳은 부조 마을의 존재감 그 자체이며 나아가서 부르고뉴의 아이콘이다. 클로 드 부조의 기원은 1098년의 시토 수도원 건립까지 거슬러 올라간다. 시토 수도사들은 뫼르소 근처에 시토 수도원을 건립한 뒤 1109년부터 부조에서 당시 관목지였던 곳을 포도밭으로 개간하기 시작했다, 아마 부즈강의 수원을 따라 올라왔을 거라는 추측이다. 따라서 시토파 수도사들에 의해 건립된 이곳 클로 드 부조는 프랑스 대혁명 전까지 시토회 카톨릭 교회의 소유였다. 하지만 혁명 이후 연이은 포도밭 거래에 의해, 그리고 복수의 소유권과 상속법으로 인해 현재 많은 생산자들이 이곳을 공동 소유하고 있다. 사실 이 문제는 좀 복잡하니, 다음 장에서 좀 더 자세하게 살펴보기로 하자.

　한편 '클로 드 부조'는 단순한 포도원을 넘어 부르고뉴의 역사적 건축물이자 박물관, 그리고 부르고뉴 와인의 문화적 요새와 같다. 1170년에 시토파 수도사들이 건립한 이곳은 12세기의 포도 압착기를 비롯하여 1480년식 양조실 그리고 1551년에 지어진 숙소 등 중세 수도원의 유적이 그대로 보전되어 관광객들에게 개방된다. 클로 드 부조의 1층 로비에 위치한 기념품숍은 부르고뉴 와인 관련 도서나 지도 등 실속 있는 굿즈까지 판매하고 있어 부르고뉴를 방문하는 관광객이

부조

라면 반드시 들러야 하는 곳이다. 또한 이곳에서 콩프레리 데 슈발리에 뒤 타스트 방(Confrérie des Chevaliers du Tastevin, 타스트방 기사단)의 다채로운 행사가 열린다. 특히 콩 프레리(Confrerie)는 수백명의 '타스트방 기사들'과 전 세계의 손님들을 초청해 가 장 아름답고 화려한 부르고뉴 디너를 개최한다. 기사 작위식이 열리는 날이면 부 르고뉴의 로컬 메뉴가 포함된 만찬과 전통 의상, 구전 민속 노래 등 부르고뉴의 전 통 의식을 그대로 담아낸 축제를 직접 볼 수 있다. 그래서 클로 드 부조는 화려한 옛 명성을 추억하는 곳을 넘어 이제는 부르고뉴의 외교관 역할을 담당하며 지역 적 상징성을 제공하는 중요한 장소가 되었다.

부조는 아주 작은 AOC로도 유명하다. 마을 전부가 유명한 그랑 크뤼와 프르 미에 크뤼 밭들로 둘러싸여 있어서 더 확장하기도 어려운 형편이다. 이곳에서 레 드와인(피노 누아)과 소량의 화이트와인(샤르도네)을 생산한다. 일반적으로 부조는 레드와인으로 유명하지만 사실 부조의 기원은 화이트와인인 클로 블랑 드 부조 (Clos Blanc de Vougeot)에서 탄생했다. 유서 깊은 화이트와인인 클로 블랑은 마치 피 노 누아라는 망망대해의 유일한 샤르도네 섬 같은 곳이다. 2헥타르가 채 안 되는 자그마한 밭으로 샤르도네 95%, 피노 그리 4%, 피노 블랑 1%를 사용해 와인을 만 든다. 그러다 보니 겨우 13,000병 정도의 와인이 생산되는 아주 비밀스런 산지다. 1110년 시토파 수도사들에 의해 처음 와인이 생산되었다는 이 밭은 현재는 도멘 드 라 부즈레(Domaine de la Vougeraie)가 소유한 모노폴이다. 화이트와인이 귀한 코트 드 뉘에서 옛 수도사들의 임무를 영속해 나간다는, 도멘 드 라 부즈레의 자부심이 담긴 와인이다. 부조의 레드와인은 코트 드 뉘에서도 독보적인 스타일을 자랑한 다. 무엇보다 화려한 풍미로 매력을 끌어당기는데 과실 향은 물론 신선한 바이올 렛 꽃 향과 감초 향이 실제 아로마를 눈앞에 떨어뜨린 듯 강렬하다. 탄닌은 주브레 샹베르탕처럼 강하지만 화려한 풍미 덕에 한결 부드럽게 느껴진다.

부조의 등급 체계는 유일한 그랑 크뤼인 클로 드 부조(Clos de Vougeot)가 있고 클리마 이름이 붙는 4개의 프르미에 크뤼가 있다. 클로 드 라 페리에르(Clos de la

Perrière), 르 클로 블랑(Le Clos Blanc), 레 크뤼(Les Cras), 레 프티 부조(Les Petits Vougeots)가 부조의 프르미에 크뤼 클리마다. 부조는 특이하게도 전체 아펠라시옹(66헥타르)에서 그랑 크뤼 면적이 51헥타르로 가장 넓다. 반면 마을 단위 등급인 부조 AOC는 3헥타르가 전부다. 이 정도면 왠만한 크뤼 단일 밭보다도 좁은 면적이다. 아마 다른 마을에 비해 부조 AOC 와인을 보기 드문 이유가 여기에 있을 것이다. 그래서 누구나 부조하면 명성으로나 생산량으로 보나 클로 드 부조를 생각하게 된다. 하지만 클로 드 부조 외에도 품질 좋은 와인들이 많으니 프르미에 크뤼와 극소량의 빌라주 와인에게도 기회를 주기 바란다.

🍃 기후와 토양

부조 마을은 클로 드 부조가 지배하고 있다고 할 정도로 그 영향력이 절대적이다. 먼저 포도밭 면적이 마을 전체의 4분의 3을 차지한다. 그랑 크뤼 포도밭으로서는 꽤 넓은 편이다. 그러다 보니 담으로 둘러싸인 클로 드 부조 밭은 사방이 여러 마을과 다양한 등급의 밭들에 둘러싸여 있다. 동쪽으로는 저지대에 있는 부르고뉴(Bourgogne) AOC 포도밭이 있고 남쪽의 인접한 경사면에는 마을 등급인 본 로마네 AOC와 접해 있다. 뿐만 아니라 남서쪽으로는 그랑 에세조(Grands Echézeaux) 그랑 크뤼 밭, 북서쪽으로는 뮈지니 그랑 크뤼 밭과 연결된다. 따라서 토양이나 경사의 기울기 등이 변덕스러울 수밖에 없는데, 그 결과 단일 클리마로서는 가장 복잡한 그랑 크뤼가 되었다. 다시 말해 클로 드 부조라는 이름 아래 선택할 수 있는 폭이 넓어지니, 그 안의 밭이나 생산자로부터 오는 변수를 무시할 수 없게 되었다. 나머지 프르미에 크뤼와 빌라주 등급은 클로 드 부조 북쪽에 마치 모자를 쓴 것처럼 포개져 있다. 북서편에는 클로 드 라 페리에르, 레 프티 부조, 클로 블랑 그리고 레 크라 이렇게 4개의 프르미에 크뤼 클리마가 약 12헥타르의 면적으로 자리 잡았다. 그리고 북동편 구석으로 빌라주 등급의 밭이 3헥타르가량 보인다. 이곳의 밭이름 즉 리외디 명은 빌라주(Village)다. 그래서 와인 라벨에 부조(Vougeot) AOC와 함께 'Village'를 표기할 수 있다. 왜 밭 이름이 '마을'이라는 뜻의 '빌라주'일까? 밭 옆에 바로 주택가 즉 마을 주거지(Village)가 있기 때문이라는 단순한 이유라고 한다. 아무래도 부조의 작명가들은 철저한 직관주의자들인가보다. 마지막으로 클로 드 부조에서 동쪽으로 도로 하나를 건너면 질리 레 시토(Gilly les Citeaux) 마을이 나타나는데 이곳은 부르고뉴 AOC 등급이다.

이쯤에서 클로 드 부조 클리마의 그랑 크뤼 자격에 대해 이야기하지 않을 수 없다. 클로 드 부조는 그랑 크뤼이지만 언덕의 경사 정도나 위치 그리고 토양 등 지리 및 지질학적 조건을 다른 마을에 똑같이 적용해볼 경우 프르미에 크뤼나 빌라주 등급을 받았어야 할 밭들까지 그랑 크뤼에 함께 포함되어 있다. 클로 드 부

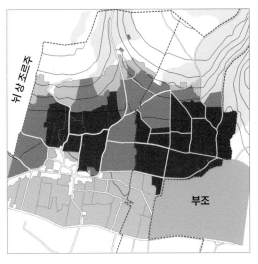

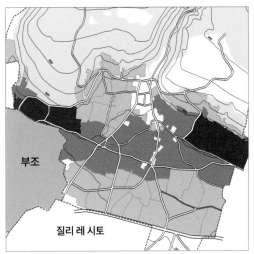

본 로마네   샹볼 뮈지니

조와 인접한 에세조 그랑 크뤼가 고도 250~310m 사이고 클로 드 부조는 고도 240~260m 사이에 위치한다. 특히 클로 드 부조 아래쪽 밭은 경사가 완만한 산기 슭이다. 2~5% 사이의 이렇게 완만한 경사의 토양은 배수가 서서히 진행되어 포 도나무의 뿌리가 불편할 정도로 축축하다. 결과적으로 더 두터운 토양이 되고 농 축미가 떨어지면서 높은 품질의 포도 재배에 유리하지 않다. 따라서 일반적으로 산기슭 아래 밭은 마을 등급 AOC나 프르미에 크뤼로 분류된다. 위의 두 지도를 보면 확연하게 드러나는데, 클로 드 부조 밭들을 수평으로 비교하면 본 로마네와 샹볼 뮈지니 빌라주 등급 밭이 나란히 붙어 자리한다. 이처럼 코트 드 뉘에서 언덕 하부 산기슭 지역을 그랑 크뤼로 인정받은 테루아는 클로 드 부조와 마조예르 샹 베르탕 두 곳뿐이다. 단순한 지리적 위치만을 두고 문제 삼는 것은 아닌 것이다.

언덕 아래의 높낮이에 따라서 포도밭의 토양은 달라진다. 좀 더 학문적으로 얘기하자면 지질의 특성이나 바탕 자체가 다른 건 아니지만(Heterogeneity), 토양의 배열이나 토질의 비율 자체가 유사하지 않다(Dissimilitude).

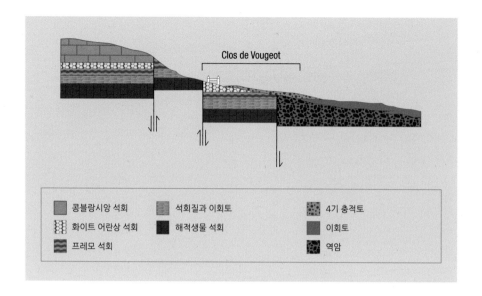

콩블랑시앙 석회	석회질과 이회토	4기 충적토
화이트 어란상 석회	해적생물 석회	이회토
프레모 석회		역암

    오르막에는 부르고뉴 최대 포도밭의 심장이자 영혼인 쥐라기의 얇은 갈색 석회암과 이회암이 있다. 중간 부분은 석회질 자갈로 이루어져 있고, 내리막(계곡) 쪽에는 실트(Silt)라고 하는 모래와 진흙의 충적토가 있다. 모래 토양은 때때로 포도를 과숙시킨다. 그 결과 와인 맛의 집중도가 떨어질 수 있다.

    사실 수도사들이 포도밭을 개간하던 초기인 133년경에는 위쪽 경사면에만 포도밭이 있었다. 시간이 흘러 포도원이 확장되자 구획을 정해 포도밭을 구분했다. 170쪽 지도를 보면 당시 수도사들이 구별해 놓은 클로 드 부조 안의 16개의 리외디를 알 수 있다. 포도밭은 구획별로 이름이 있었고 품질을 인식하여 자체적인 등급을 정했다. 이를테면 언덕 상부는 교황의 밭(Musigni, Chioures, Grand Maupertuis 등), 중간 경사면은 왕실의 밭(Dix journals, Baudes), 낮은 경사면은 수도원의 밭이었다. 좀 더 자세하게 살펴보면 언덕 상부의 프티 모페르티(Petit Maupertui), 뮈지니(Musigni), 몽티오트 오트(Montiotte Hautes) 리외디는 가장 뛰어난 밭으로, 척박하고 석회석이 많은 토양이다. 그래서 이곳의 와인은 부르고뉴의 뛰어난 혈통에서만 보이는 장미 향, 향신료 향이 섞인 스모키한 터치와 더불어 강렬한 미네랄리티가 두드러지는 고급스러운 맛을 연출한다. 반면 언덕 하부에서 생산된 와인은 소박하면서 알코올 도수에서 오는 거친 느낌이 들 수 있다. 마지막으로 어느 쪽에도 끼지 못한 중부 밭들은 점토가 많지 않고 햇볕도 잘 들기 때문에 미네랄리티가 풍부한, 상부 쪽 와인과 비슷한 스타일을 보인다. 다만 살짝 부족한 느낌이랄까, '천재의 번득이는 광채'를 발견할 수 없다는 아쉬움이 있다. 그래서 일부 생산자들은 미셸 그로(Michel Gros)의 그랑 모페르튀(Grand Maupertuis), 안 그로(Anne Gros)의 그랑 모페르튀(Grand Maupertui), 그로 프레르 에 쇠르(Gros Frère et Soeurs)의 뮈지니(Musigni) 및 다니엘 리용(Daniel Rion)의 프티 모페르튀(Le Petit Maupertuis)와 같이 라벨에 클로 드 부조의 리외디를 기재하며 은근하게 혈통을 자랑하곤 한다.

정리해 보면, 클로 드 부조 그랑 크뤼는 사실 여러 개의 리외디로 나눠져 있을 뿐만 아니라 언덕의 상부, 중부 그리고 하부에 따라 언덕 경사의 기울기나 배수 정도, 토양의 성분이 유사하지 않다. 따라서 클로 드 부조에서 포도밭의 위치는 와인의 스타일이나 품질에 막대한 영향을 줄 수 있는 변수가 된다.

 ## 슈발리에 타스트방 기사단

이 모든 일의 시작은 소박했다. 1934년 11월 16일 저녁, 뉘 상 조르주 출신의 와인 생산자 조르주 페뷸레와 카미으 로디에는 대화를 나누다가 기발한 아이디어를 생각해 냈다. 친구들을 초대해서 따뜻한 저녁을 나누며 형제애를 다지면 좋겠다는 계획이었다. 겸손한 의도와는 달리 이 계획은 훗날 부르고뉴 역사에 남을 획기적인 사건이 된다. 바로 부르고뉴 슈발리에 타스트방 기사단이 출범한 것이다.

1950년경부터 매년 샤토 클로 드 부조에서는 기사 작위식이 열린다. 세계 각국에서 찾아온 500여 명가량의 사람들이 이 입회식을 지켜보기 위해 성에 모여든다. 타스트방 기사 자격은 무척 까다롭다. 기본 조건은 (이미 기사 작위를 받은) 형제단 두 명의 추천이다. 작위식이 시작되면 턱시도와 드레스를 입은 참석자들이 연회장에 입장한다. 재미있는 점은 턱시도 복장을 입고 오지 않았을 경우 입구에

부조의 리외디

Chambolle Musigny

DIJON

les petits Vougeot

Les Peties Vougeots

Les Cras

La Vigne Blanche

Musigni

Montiotes Hautes

Montiotes Basses

Garenne

Les Chioure

Dix Joumaux

Quatorze Joumaux

Plante Homot

Plante Labbé

Quartier des Marei Haut

Quartier des Marei Bas

Baudes Saint Martin

Flagey Echézeaux

Grand Maupertui

Baudes Hautes

Petit Maupertui

Baudes Basses

	Clos de Vougeot (Grand Cru)
	Premier Cru
	Vougeot

BEAUNE

서 빌려 입는다고 한다. 대신 한복이나 기모노 같은 전통 의상을 입을 수 있다. 다만 디너가 진행되는 내내 500여 명의 눈길을 견뎌내야 할 것이다. 디너는 셰프가 한껏 기량을 펼친 부르고뉴 요리와 함께 부르고뉴 와인이 준비된다. 음식과 와인의 조화로운 호흡을 눈앞에서 경험할 수 있다. 뿐만 아니라 빈틈없는 서비스로 연마된 소믈리에들이 질서정연하게 와인을 서빙하는 퍼포먼스 또한 진기한 볼거리다. 보통 연회는 저녁 6시부터 다음 날 새벽 1~2시까지 이어진다. "La la, la la, la la la la lère!" 그 유명한 '버건디 드링킹송'이라 불리는 민요가 시작되면 파티는 절정에 이른다. 모든 참석자들은 가사 없이 5음절만 반복하는 이 노래를 부르고, 동시에 절도 있게 손뼉을 치며 군무를 춘다. 보기만 해도 장대한 광경이다.

 ## 와인 등급

부조 AOC는 1936년 9월에 제정되었으며, 이는 프랑스 최초의 AOC 가운데 하나다. 프르미에 크뤼와 그랑 크뤼는 이보다 뒤늦게 선정되었다. 먼저 1937년에 그랑 크뤼가 선정되었고, 그로부터 6년 뒤 1943년에 프르미에 크뤼가 선정되었다. 부조는 현재 66헥타르의 포도밭에서 세 가지 등급의 와인을 만든다. 먼저 빌라주 등급은 3헥타르의 면적에 부조(Vougeot) AOC라는 명칭을 사용한다. 부조 AOC는 레드와인과 화이트와인 생산이 모두 가능하다. 그다음 12헥타르에 달하는 프르미에 크뤼(Vougeot Premier Cru) AOC에는 4개의 클리마가 있다. 레 크라(Les Cras), 라 비뉴 블랑쉬(La vigne Blanche, Le Clos Blanc), 클로 드 라 페리에르(Clos de la Perrière), 레 프티 부조(Les Petits Vougeots)로, 이들 포도밭은 고유한 클리마 이름을 라벨에 기재한다. 프르미에 크뤼 역시 레드와인과 화이트와인 생산이 가능하다. 가장 높은 등급인 부조 그랑 크뤼(Vougeot Grand Cru) AOC는 51헥타르의 클로 드 부조(Clos de Vougeot) 클리마가 유일하다. 클로 드 부조는 피노 누아로 레드와인만 생산하는 그랑 크뤼다. 클로 드 부조 클리마에는 16개의 리외디가 포함되어 있다.

🍷 와인 스타일

부조(Vougeot AOC)

부조 레드와인의 특징을 한마디로 말하자면 화려함이다. 무엇보다 피노 누아 아로마의 다채로움에서 오는 화려함을 만끽할 수 있다. 부조의 레드와인은 깊고 빛나는 보랏빛 컬러를 보이며 라즈베리, 모렐로 체리, 블랙커런트 등 붉은 과실과 검은 과실 향을 발산한다. 특히 이슬을 맞은 듯한 신선한 바이올렛 꽃 향과 감초 향은 부조의 트레이드 마크다. 와인이 나이가 들면 동물성 향과 숲의 덤불, 낙엽 및 트러플 향으로 변모한다. 화려한 아로마만큼 입안에서도 에너지가 넘치지만 그럼에도 불구하고 탄닌이 산도와 조화를 이루며 매끄럽다.

부조의 화이트와인은 어릴 때는 레몬 컬러였다가 황금색으로, 더 나이가 들면 호박색으로 변한다. 레드와인처럼 화이트와인 또한 화려한 아로마를 자랑한다. 와인의 향은 사과와 시트러스 계열의 상큼한 아로마로 시작해서 산사나무, 꽃 향이 나다가 마지막은 석회석 특유의 미네랄 풍미로 마무리된다. 입안에서는 코트 드 뉘 샤르도네 특유의 풀 보디 뉘앙스를 보여준다.

부조 프르미에 크뤼(Vougeot Premier Cru AOC)
르 클로 블랑(Le Clos Blanc)

르 클로 블랑에는 라 비뉴 블랑쉬(La Vigne Blanche)라는 리외디 명이 별도로 있다. 원래 시토파 수도사들은 '화이트와인용 작은 클로(Small White Clos)'라는 뜻의 '르 프티 클로 블랑(Le Petit Clos Blanc)'이라 불렀다고 한다. 1110년에 수도사들이 포도밭을 인수한 이래 쭉 화이트와인을 생산하고 있는데, 와인이 가진 자연스러운 맛의 균형감과 섬세함은 수도사들의 선택이 틀리지 않았음을 증명해주는 것 같다. 뮈지니 블랑과 함께 코트 드 뉘 최고의 화이트와인으로 꼽을 수 있다. 코트 드 본의 샤르도네와 확연히 다른 볼륨감을 가지므로 비교해 마셔보면 좋다.

레 프티 부조(Les Petits Vougeots)

시토파 수도사들은 '르 프티 클로 블랑'과 구별하기 위해 이곳을 '르 프티 클로 누아(Le Petit Clos Noir)'라고 불렀다. 그러니까 직역하면 '레드와인용 작은 클로'가 되는 셈이다. 이곳의 와인은 석회석의 특징이 두드러지는 스타일리시한 풍미를 지녔다. 그러다 보니 레 프티 부조는 이름과는 달리 샹볼 뮈지니 스타일에 가깝다.

부조 그랑 크뤼(Vougeot Grand Cru AOC)
클로 드 부조(Clos de Vougeot)

부조의 유일한 그랑 크뤼는 바로 클로 드 부조다. 전체 면적이 51헥타르로, 부조 마을의 면적 대부분을 차지한다. 이 넓은 테루아에는 약 84명의 소유자가 있으며 이 숫자는 해마다 늘어나는 추세다. 각각의 소유자가 보유한 밭의 면적은 겨우 몇 줄에서 몇 에이커까지 다양하다. 더 심각한 것은 테루아의 차이, 양조 능력 또는 스타일의 차이에서 비롯되는 와인 맛의 차이다. 클로 드 부조만의 고유한 정체성을 파악하는 일은 쉽지 않다. 이를테면 종가집 씨된장부터 인스턴트 된장에 이르기까지 다양한 재료와 요리법을 사용하는 80명의 셰프에게 모두 균일한 맛의 된장찌개를 기대하는 것과 같다. 그럼에도 불구하고 클로 드 부조는 자신만의 존재감으로 이 다양한 와인들을 하나로 묶어준다. 클로 드 부조는 라즈베리 레드에서 짙은 가넷까지 매우 강렬한 색상을 보여준다. 그리고 이윽고 아로마에서 절정으로 치닫는다. 부조의 아로마는 마치 달콤한 봄을 연상시킨다. 새벽에 핀 장미, 아침 이슬이 맺힌 바이올렛, 비에 젖은 물푸레나무 같은 아로마가 와인 잔에서 피어오르는 것을 상상해 보았는가. 클로 드 부조는 무엇보다 풍성한 꽃 향으로 유명하다. 와인잔에서 꽃 향이 만개한다는 게 적절한 표현일 것이다. 그 외에도 검붉은 과실 향, 와일드 민트 등 허브 향, 감초와 같은 향신료 그리고 트러플 향 등 부조 특유의 아로마가 엄습한다. 입안에서는 그야말로 지상 최고의 맛을 즐길 수 있다. 클로 드 부조는 우아한 부드러움과 입안 가득 차는 풍만함이 조화를 이루는 최고의 맛을 낸다. 최소 10년에서 때로는 30년 이상의 숙성도 가능하다.

7

본 로마네

Vosne Romanée

피노 누아의 성지, 본 로마네

꽃으로 만든 왕관,

이걸 맛보기 전까지는

죽고 싶지 않아요

아! 잔에 드리운 컬러, 그 루비 빛을 보기 전까지는

죽고 싶지 않을 거예요

나의 유일한 기도

우리 와인의 여왕

아! 무릎 꿇고 마셔야죠

로마네, 로마네, 로마네 콩티

로마네, 로마네, 로마네 콩티

찬란한 위대함

그녀는 전설

술 그 이상의 무엇이 있어요

위 노래 가사는 프랑스 샹송 가수 안 실베스트르(Anne Sylvestre)가 부른 〈로마네 콩티(Romanée Conti)〉의 일부다. 실제 그녀가 이 샹송을 부른 이후 로마네 콩티의 공동 오너인 오베르 드 빌렌이 로마네 콩티 와인을 가수에게 선물했다는 후문이 있다. 이 가수보다 한참 앞서 콩티(Conti) 왕자는 자신의 이름을 이 포도밭에 헌사하며 와인에 대한 애정을 드러냈다. 1760년 루이 프랑수아 드 부르봉 콩티(Louis François de Bourbon-Conti) 왕자는 이 포도밭을 구매한 후 자신의 이름을 딴 포도밭 이름을 작명했다. 사실 본 로마네(Vosne Romanée)를 향한 사람들의 찬양은 이 책 한 권으로도 모자랄 정도다. 작가인 가스통 루프넬(Gaston Roupnel)은 "이 작은 동네(본 로마네)의 매력과 비교해서 더 나은 곳은 부르고뉴 어디에도 없다."라고 말했고 마스터 오브 와인(MW) 클라이브 코트는 "본 로마네는 지구상에서 가장 위대한 피노 누아다.”라고 극찬했다. 단순히 그랑 크뤼의 개수만 보자면 알록스 코르통이나 주브레 샹베르탕이 본 로마네보다 더 뛰어난 산지일지도 모른다. 하지만 부르고뉴 와인을 찾아 떠난 애호가들의 심장과 영혼이 가장 먼저 향하는 곳은 바로 이곳이다. ‘본 로마네라는 마을이 없었다면 부르고뉴 피노 누아가 지금처럼 독보적인 선두에 설 수 있었을까?’라는 의심마저 들 정도다.

전설이 시작되는 곳

본 로마네는 작은 시골 마을이지만 229헥타르 정도의 조그만 포도밭에 전설적인 와인들을 숨겨 두고 있는 곳이다. 독점적인 피노 누아로 만든 지구상에서 가장 비싼 와인 세 가지가 바로 이곳에서 나온다. 세계적인 불가사의 중 하나이자 범접 불가한 와인인 로마네 콩티, 앙리 자이에의 리쉬부르(Richebourg), 그리고 역시 앙리 자이에의 크로 파랑투(Cros Parantoux). 앙리 자이에의 1980년 빈티지 크로 파랑투는 포도에 마법의 생명을 불어넣었다는 전설 속의 와인으로, 마치 유니콘과 같은 존재다. 그뿐인가. 기품 있는 라 타슈(La Tache), 호사스러운 리쉬부르, 실크처럼 부드러운 로마네 상 비방(Romanee Saint Vivant) 등 죽기 전에 반드시 마셔야 할(마셔보고 싶은) 그랑 크뤼 와인들이 본 로마네에는 줄지어 있다. 본 로마네 AOC는 상 비방 수도원의 수도사들이 이곳에 정착한 이래 천 년 이상 품질 좋은 와인을 생산한 곳으로 알려져 있다. 이곳에 포도밭을 소유한 클뤼니 소속 수도사와 시토회는 이미 천 년 전에 뛰어난 테루아들을 개발하기 시작했다. 그래서 본 로마네는 플라제 에세조 마을과 함께 만능의 영광을 가진 8개의 그랑 크뤼, 그리고 명성이나 품질에서 절대 뒤지지 않을 프르미에 크뤼 14개를 생산한다. 그럼에도 불구하고 클리마 당 면적은 3~4헥타르가 고작일 정도로 극히 작다. 그러다 보니 본 로마네의 유명 와인들의 가격은 천문학적인 숫자를 넘나든다. 이 대목에서 우리는 문득 생각해 보게 된다. 와인은 왜 비쌀까? 사실 와인은 다른 명품에 비하면 ‘찰나’의 소비다. 신기루처럼 사라져 버린다. 예를 들어 그림이나 자동차, 보석은 보관만 잘한다면 영속적으로 누릴 수 있다. 심지어 수많은 대중과 작품을 보는 즐거움을 공유할 수도 있다. 와인은 높은 가격에 비해 더 많은 이들과 나눌 수도, 모두와 함께 누릴 수도 없다는 아쉬움이 있다. 이토록 가성비가 떨어지는 상품이 또 있을까. 하지만 와인에는 이 모든 한계를 다 감수하더라도 기꺼이 소비를 감행하게 만드는 무언가가 있다. 와인 가격에 대한 질문의 답으로서 가장 근접할 만한 단어는 바로 '가심비'다. 가심비는 새롭게 떠오른 트렌드 용어로, '가성비+마음 심(心)'의 합성어다. 물건이 가진 고유한 가치뿐 아니라 구매자의 심리적인 만족감까지 채워주는 소비 형태를 의미한다. 그래서 최근 이같은 가치 소비 확산에 따라 많은 기업들이 감성적 가치를 지닌 제품을 소비자들에게 선보이고자 노력하고 있지 않은가.

우아함을 넘어선 숭고미

본 로마네 와인은 종종 '숭고한 피노 누아'로 묘사된다. 사전적 정의에 따르면 '숭고미(崇高美)'는 자아가 절대적 가치를 지닌 대상을 우러러보고, 그 속성을 본받아 따르고자 하는 데서 오는 감정이다. 다시 말해 내가 바라보는 대상이 '절대적 가치'를 지녀야 한다. 여기에서 문장의 핵심은 '절대적'이어야 한다는 것이다. 아무런 조건이나 제약이 붙지 않아도 비교하거나 상대될 만한 것이 없는, 뛰어난 것. 한마디로 신의 은총을 받은 천재, 날 때부터 타고나야 한다는 것이다. 와인에서는 이를 테루아라 부른다. 본 로마네 와인은 그렇게 타고난 천재적 테루아가 있다. 여기서 오는 심리적 만족감을 대체할 것을 찾지 못한다면 본 로마네는 절대적 가치가 되는 것이다. 그리고 천 년이 지난 지금까지도 여전히 왕좌를 지키고 있다. 그러니 '가심비'라는 용어가 생겨나기도 훨씬 전부터 와인 애호가들은 본 로마네의 심리적 만족감에 기꺼이 지출을 아끼지 않았던 것이다. 아마도 인류 최초의 가치소비는 본 로마네가 아니었을까?

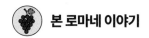 **본 로마네 이야기**

'라 루트 데 그랑 크뤼(La Route des Grands Cru, 그랑 크뤼 로드)'라 불리는 국도에서 본 로마네 마을로 방향을 틀면 주택가가 보인다. 본 로마네 마을에는 시선을 끄는 장엄한 건축물이나 세월을 느낄 정도로 유구한 문화재가 거의 없다. 전쟁을 겪으며 오스트리아군과 독일군이 들어와 막대한 피해를 입히는 바람에 원래의 중세 유적이 남아 있지 않기 때문이다. 작고 조용한 마을에 자리 잡은 가옥들은 겉보기에는 평범해 보이는 주택들이지만 사실 이름만 들어도 가슴이 뛰는 스타 양조장들이다. 그렇게 주택가 골목을 따라 몇 분가량 걷다 보면 포도밭이 보이고 어렵지 않게 십자가 비석을 발견하게 된다. 낮은 담벽의 입구를 막아선 돌 십자가 뒤편으로 작은 포도밭이 있다. 여러분은 이제 부르고뉴 애호가를 위한 신성한 순례지 앞에 서 있다. 사실 로마네 콩티 포도밭은 높은 십자가가 아니더라도 눈에 띌 수밖에 없는데 사시사철, 눈이 오나 비가 오나, 아침부터 저녁까지, '항상' 보이는 전 세계 관광객들 덕분이다. 그래서 주변의 분위기와는 어울리지 않는 모던한 안내판도 덤으로 봐야 한다. "Many people come to visit this site and we understand. we ask you nevertheless to remain on the road and request that under no condition you enter the vineyard." '포도밭 입장 불가'를 정중하게 돌려 써놓은 표지판을 읽으며 천천히 시선을 돌려 다른 밭들을 둘러본다. 로마네 콩티뿐만 아니라 천문학적 가격대의 와인들을 품고 있는 이곳은 코트 드 뉘 그랑 크뤼 행렬의 마지막, 본 로마네다.

본 로마네 마을의 원래 이름은 본(Vosne)이었다. 6세기경부터 Vaona, Vadona, Voone 등으로 불리던 이름이 '본'으로 정착하게 되었다. 이 단어들을 해석해 보면 '숲'이라는 뜻의 고어다. 1866년 이 마을의 가장 소중한 포도밭 가운데 하나인 라 로마네(La Romanée)를 접미사로 사용하도록 시의회에서 결정했고, 오늘날 불리는 이름인 본 로마네가 되었다. '로마네(Romanée)'는 라틴어 Romanus라는 남성 이름에서 파생되었다고 한다. 이 마을 최고의 포도밭 대부분은 코트 드 뉘의 다른 마을들처럼 수도회에 속해 있었다. 15세기 북부 부르고뉴의 중요한 수도회였던 시토

파 수도원 그리고 상 비방 베르지 수도원(Saint Vivant Vergy, 이후 클루니 수도원에 통합됨)의 수도사들이 이 마을에 피노 누아를 심고 와인을 만들었다. 18세기 후반부터 포도밭이 사유화되기 시작했는데 라 타슈, 로마네 상 비방은 민간인에게 소유가 넘어갔고 리쉬부르는 여전히 교회 소속이었다.

프랑스 혁명은 모든 걸 바꿔 놓았다. 교회에 속해 있던 포도밭이 모두 민간인에게 넘어갔다. 귀족의 영지에 속했던 포도밭들 또한 이후 비슷한 운명을 따라갔다. 귀족의 소유였던 로마네 콩티와 라 타슈는 1794년 4월 21일, 동시에 국유 재산으로 매각되었다. 이보다 앞서 3년 전 성당 소유였던 리쉬부르는 경매로 팔렸다(이웃 마을인 클로 드 부조는 1791년 1월 17일 경매로 팔렸다). 이런 과정을 거치며 이 지역의 클리마는 여러 사람들이 나누어 소유하게 되었다. 가장 위대한 몇 개의 밭만이 운 좋게 그들의 유산을 온전히 보존할 수 있었다. 이런 밭을 모노폴(Monopole)이라 한다. 다시 말해 모노폴이란 단일 포도밭 클리마가 여러 생산자들에 의해 갈라지지 않고 단 한 곳의 소유자에게 속해 있는 밭을 말한다. 본 로마네 그랑 크뤼 중에는 라 로마네 콩티, 라 타슈, 라 로마네, 라 그랑 드 뤼 이렇게 4개의 모노폴이 있다. 라 로마네 콩티, 라 타슈는 DRC(Domaine de la Romanée Conti)가 소유하고 있고, 라 로마네는 도멘 콩테 리게르 벨에르(Domaine Comte Liger Belair)가, 라 그랑 드 뤼는 도멘 라 마르슈(Domaine Lamarche)가 각각 소유하고 있다.

본 로마네 AOC는 본 로마네 마을 그리고 이웃한 플라제 에세조까지 두 곳의 마을에서 생산되는 와인을 말한다. 본 로마네와 플라제 에세조는 북쪽으로는 부조, 남쪽으로는 뉘 상 조르주 마을을 끼고 자리한다. 두 개의 마을이라고 하지만 아주 아담한 면적으로, 본 로마네와 플라제 에세조를 합해도 주브레 샹베르탱 면적의 절반 이하다. 오늘날에는 화이트 품종이 최대 15% 허용되는데 사실상 독점적으로 피노 누아 품종 레드와인을 생산한다. 많은 와인 전문가들은 본 로마네 와인을 소개할 때 '완벽에 가까운 와인'이자 무게감, 구조, 우아함 및 숙성 잠재력이 완벽하게 균형을 이룬 맛이라 평한다. 체리, 라즈베리 등 붉은 과실 향의 신선한 아로마과 덤불, 감초 및 스모키함 등의 무거운 아로마가 조화를 이룬다.

Chambolle Musigny

En Orveaux

Vougeot

Les Rouges

Grands Echézeaux

Les Beaux Monts

Les Beaux Monts

350

300

Combe Brûlée

Aux Brûlees

Les Suchots

Cros Parantoux

Richebourg

Les Petits Monts

Romanée Saint-Vivant

❸

Aux Raignots

La Romanée

Romanée Conti

La Grande Rue

❶

La Tâche

❶

❶

❷

Aux Malconsorts

Les Chaumes

Clos des Réas

Nuits Saint Georges

la Bornue

DIJON

BEAUNE

Echézeaux

Grand Cru

Premier Cru

Vosne Romanée

❶ Les Gaudichots

❷ Au Dessus des Malconsorts

❸ La Croix Rameau

본 로마네의 등급 체계는 부르고뉴 아펠라시옹의 전체 등급을 아우른다. 코트 드 뉘에는 24개의 그랑 크뤼가 있는데 이중 본 로마네에는 8개의 그랑 크뤼가 있다. 그랑 크뤼 개수만 보자면 꽤 많은 수이지만 전체 생산 면적은 적다. 그랑 크뤼 면적을 다 합해도 27헥타르 정도로, 클로 드 부조의 약 절반 크기에 불과하다. 그리고 그랑 크뤼처럼 클리마 이름을 사용하는 14개의 프르미에 크뤼가 있다.

기후와 토양

본 로마네와 플라제 에세조 두 곳의 마을에서 생산되는 본 로마네 AOC는 남쪽에 뉘 상 조르주가 있고, 북쪽으로는 부조와 샹볼 뮈지니를 끼고 있다. 본 로마네의 포도원은 부르고뉴의 여느 밭들과 비슷하다. 줄지어 늘어선 포도밭의 덩굴은 완만한 경사의 능선에서부터 코트 도르의 급경사 언덕까지 쭉 이어져 올라간다. 여름에는 아름다운 녹색의 패치워크를 보여주다가 겨울에는 뒤틀리고 옹이 진 포도나무의 어두운 선이 풍경을 장악한다.

본 로마네의 토양에 대해서 말하자면 코트 도르 최고의 토양에서 보이는 모든 조건을 갖췄다고 할 수 있다. 첫째, 이곳의 토양은 그리 두껍지 않아서 높이에 따라 토질이 다양하게 변화한다. 짧게는 10cm에서 길어도 1m 단위로 토질이 달라진다. 이렇게 토질이 다양하다는 것은 결국 와인 풍미의 복합성에 영향을 준다.

기본 토양은 쥐라기 중기의 갈색 석회질 토양이다. 하지만 이곳은 믿기지 않을 정도로 부르고뉴의 좋은 토양이 다 섞여 있다. 화이트 어란석, 대리석과 비슷한 재질의 프레모 석회질(Premeaux marly limestone), 해양 생물이 섞인 석회질, 굴 화석, 석회석 등이 층층이 쌓여 완벽한 토질을 이룬다. 플라제 에세조는 본 로마네에 비해 진흙질이 좀 더 많다. 그리고 급류에 의해 퇴적물이 쌓이는 자갈 충적팬 현상을 보인다. 일반적으로 이런 충적팬은 언덕 아래 평원 포도밭에서 주로 보이는 현상이지만, 에세조 마을에서는 그랑 크뤼 마을까지도 자갈 충적팬(Cailloutis de cone) 지층이다. 그랑 에세조(Grands Echézeaux)와 에세조(Echézeaux)는 부르고뉴 그랑 크뤼로서는 유일하게 표면 지층에 퇴적물이 쌓여 있다. 본 로마네와 플라제 에세조의 미세한 차이점은 바로 이 토양에서 비롯된다. 앞에서부터 이 책을 쭉 읽은 독자라면 이런 의문이 들 수 있다. 본 로마네의 토양이 좀 더 복합적인 건 알겠는데 과연 이게 전부일까? 다른 마을 AOC와 비교했을 때 특별히 다른 점을 모르겠다는 생각이 들 수도 있다.

그런데 본 로마네 와인의 개성이나 품질에 대해 더 자세하게 알고 싶다면 지형을 살펴봐야 한다. 본 로마네는 토양보다 지형이 더 중요하다. 먼저 콩퀘르 협곡(Combe de Conceur) 양쪽으로 뻗어 있는 본 로마네 언덕은 남동향이다. 햇볕을 잘 받도록 노출되어 있는 곳이다. 여기서 우리가 주의를 기울여야 하는 건 언덕의 높이다. 높이에 따라 지형 및 지질학적으로 뚜렷하게 다르기 때문이다. 언덕 하부는 해발 70~90m의 평평한 평지다. 그래서 이곳은 주로 마을 등급의 본 로마네 AOC가 생산된다. 반면 언덕 꼭대기, 상부는 해발 310m 이상에 13~14% 기울기의 경사진 언덕이다. 그러다 보니 배수도 잘되고 토양의 복합성도 뛰어나다. 대신 이곳은 서늘하고 태양의 노출이 비교적 덜하다. 포도가 늦게 익고 복합미를 얻을 가능성이 줄어든다. 그래서 주로 프르미에 크뤼나 빌라주 등급의 밭들이 위치한다. 그런데 같은 높이지만 협곡 근처 에세조 그랑 크뤼에 속하는 샴 트라벡장(Champs Traversin), 루즈 뒤 바(Rouge du Bas) 같은 리외디는 서향이다. 저녁 햇빛이 늦게까지 비추는 곳이다. 그래서 다른 프르미에 크뤼 밭들이 어스름해질 무렵에도 이곳은 오후 늦게까지 해가 비춘다. 조금 어려운 이야기지만 이는 와인의 신맛을 좌우하는 주석산과 사과산의 밸런스에 영향을 준다. 이렇게 해가 늦게 떨어지고, 일조량이 길어지면 주석산의 함량이 높아지면서 포도가 덜 시어지고 와인의 자극적인 신맛이 줄어들면서 균형감이 뛰어난 와인이 탄생한다.

본 로마네 최고의 포도밭은 주택가 바로 위, 해발 260m 중간 경사면에 있다. 그리고 이곳은 바로 본 로마네의 그랑 크뤼가 있는 곳이다. 남쪽 끝의 라 타슈를 시작으로 (그랑 크뤼 라인 중간에 끼어있는 프르미에 크뤼 레 수쇼Les Suchots를 제외하고) 북쪽 클로 드 부조에 인접한 에세조 클리마까지 한 줄로 길게 늘어선 그랑 크뤼 드림팀의 도열이다. 이곳 포도밭의 위치와 경사는 최대한 햇빛과 열을 받도록 노출되어 있으며, 정동향이어서 산도를 유지하면서도 포도 열매를 충분히 익게 한다. 결정적으로 따뜻한 북풍인 폰(Föhn)이 이곳을 가로질러 지나간다. 따라서 적절한 시기에 포도가 충분히 익기 때문에 완벽한 와인을 만들 수 있는 것이다. 도멘 드 라 로마네 콩티의 오너 오베르 드 빌렌은 어느 인터뷰에서 로마네 콩티 밭은 그간 서리 피해를 받은 적이 거의 없었다고 밝혔다. 단순히 운이 좋았던 것일까? 나는 본 로마네 포도밭의 지형학적 우수성을 증명하는 많은 사례 중 하나라고 본다.

레 수쇼 그리고 로마네 상 비방에 붙어 있는 라 크롸 라모(La Croix Rameau)를 제외하고 모든 프르미에 크뤼는 본 로마네 마을 남쪽 끝(Clos des Réas, Les Chaume, aux Malconsorts, Au Dessus des Malconsorts, Les Gaudichots)과 그랑 크뤼 언덕 상부(Reignots, Les Petits Monts, Cros Parantoux, Aux Brulées, Les Beaux Monts, Les Rouges and En Orveaux)에 자리하고 있다.

 **앙리 자이에**

지금 생각해 보면 정말 운이 좋았다. 부르고뉴 유학 당시 나는 공부만 열심히 했지 와인 전반에 대해서는 아직 잘 모르던 시절이었다. 부르고뉴대학의 와인 관련 학과는 학위 수여식이 끝나면 조촐한 파티가 열린다. 학교 라운지에서 와인과 다과를 차려놓고 여러 와인 생산자들과 학생들이 담소를 나누는 소박한 자리다. 하지만 이때 초대받은 이들이나 제공되는 와인은 결코 소박하지 않다. 부르고뉴의 탑 클래스 와인 생산자들이 직접 자신들의 와인을 들고 오는 자리이기 때문이다. 나로서는 그분들의 면면이나 명성을 미처 몰랐다. 그런 와중에도 평범한 프랑스 할아버지 한 분은 눈에 띌 수밖에 없었다. 일본 친구들이 매번 그 할아버지에게

와인을 가져가 레이블에 사인을 받는 것이다. 그때 생각으로는 저 할아버지 와인이 일본에서 인기가 많나 보다 정도로 생각할 뿐이었다. 바로 그분이 전설적인 와인 메이커, 앙리 자이에(Henri Jayer)였다. 앙리 자이에, 그는 1922년 부르고뉴 소작농의 아들로 태어났다. 여느 소작농의 삶이 그러하듯 변변한 밭 하나 소유하지 못하고 제대로 된 교육을 받을 수 없는 어려운 가정 환경에서 태어났다. 하지만 그는 훗날 '부르고뉴 와인의 교황'이라 불리는 전설이 되었다. 그렇게 된 연유로는 그의 대표 와인인 크로 파랑투(Cros Parantoux)를 빼놓고 이야기할 수 없을 것이다.

20세기를 통틀어 일개 포도밭과 한 남자가 이렇게까지 드라마틱한 명성을 떨친 일은 아마 어디에도 없을 것이다. 우선 그와 비슷한 운명을 겪은 크로 파랑투부터 이야기를 시작해 보자. 리쉬부르 그랑 크뤼에 인접해 있던 이 밭은 1950년대에 앙리 자이에가 발견하기 전까지는 큰 주목을 받지 못했다. 점토-석회판 베이스의 토양에 위치도 애매해서 비효율적인 육체 노동을 해야 하는 곳이었다. 또한 지표가 무척 얇은 토양이어서 와인을 만들면 너무 시큼한 맛의 와인이 나왔다. 그런 이유로 오랜 시간 가치를 인정받지 못하고 휴경지로 버려져 있다가 제2차 세계대전 중에는 아티초크밭으로 전락했을 정도로 볼품없는 밭이었다. 하지만 앙리 자이에는 이 밭의 가능성을 보았고, 1951년부터 조금씩 밭을 사들였다. 그리고 다이너마이트를 사용해 토양을 갈아엎고 포도를 심어 와인을 만들기 시작했다. 그러자 기적이 함께 일어났다. 지금도 전 세계 애호가들이 가장 마시기를 소망하는 전설의 와인, 크로 파랑투를 만드는 데 성공한 것이다. 앙리 자이에의 크로 파랑투 와인은 와인 서처(Wine Searcher) 순위에서 로마네 콩티를 능가하고 1위를 차지했고 병당 15,000유로에 팔렸다. 우리가 그를 만났을 때 앙리 자이에는 이미 은퇴한 후였다. 하지만 여전히 젊은 와인 생산자들에게 자신의 노하우를 전수하며 어느 때보다 활발하게 지도자로서 활동하고 있었다. 드니 모테(Denis Mortet), 메오 카메제(Meo Camuzet), 안 그로(Anne Gros), 브루노 클레르(Bruno Claire), 필립 샬로팽(Philippe Charlopin) 등이 앙리 자이에의 스타일에 영향을 받은 대표 도멘들이다. 그중에서도 상속인인 그의 조카 엠마누엘 후제(Emmanuel Rouget)와 장 니콜라 메오(Jean Nicolas Meo)는 앙리 자이에의 제자로서 전반적인 양조 기법을 전수받았다.

앙리 자이에의 오리지널 레이블

그의 추종자들은 그의 천재적인 양조 기술에 매료되기도 했지만, 그보다는 소박하고 겸손하며 너무나 인간적인 너그러움, 그리고 그가 가진 삶의 지혜에 더욱 감동한다고 한다. 나는 그런 분을 미처 몰라보았던 것이다. 다행히도 와인 업계에서 일하다가 유학을 온 남편은 설레어 하며 앙리 자이에와 따로 약속을 잡았다. 마침 내가 현지에서 국내 와인 잡지사의 프랑스 특파원으로 원고를 보내던 때여서, 앙리 자이에는 우리의 인터뷰에 선뜻 응해주셨다. 지금 생각해 보면 앙리 자이에의 와인 철학이나 그분이 이뤄낸 업적에 한참 모자라는 질문을 했던 것 같지만 그는 질문에 무척 친절하게 답하고 가르쳐주셨다. 인터뷰를 마치고 같이 기념사진도 찍고, 선물도 받았다. 워낙 좁은 동네인지라 간간히 그분의 소식도 듣고 학교 행사 때는 여전히 반갑게 인사를 나누곤 했다.

그리고 시간이 많이 흘렀다. 국내에도 부르고뉴 와인 붐이 서서히 일기 시작하더니 〈신의 물방울〉이라는 만화가 히트를 하면서, 만화에 등장한 앙리 자이에가 우리나라에서도 '와인의 신'으로 추앙받게 되었다. 그즈음 잠들려 누우면 꿈처럼 그 일본 친구들의 모습이 생각났다. 크로 파랑투와 리쉬부르 와인에 앙리 자이에의 사인을 받아 가던 일본인 친구들의 선견지명에 감탄을 넘어서, 나의 무지함에 통탄하고 잠을 못 이루던 때였다. 그러던 어느 날 문득 그분이 주신 선물이 생각났다. 앙리 자이에의 라스트 빈티지 오리지널 레이블! 나는 버려둔 잡동사니 상자에서 포획물(?)을 찾아냈다. 그리고 지금 그 레이블은 액자에 넣어 책장에 고이 모셔 두었다. 이걸로 나의 속쓰림은 어느 정도 보상을 받고 있다(지금 이 글을 쓰면서도 그 레이블에 왜 사인을 받지 않았을까? 또 후회가 된다).

본 로마네의 황금 언덕

앙리 자이에와의 만남

약속 시간보다 일찌감치 앞서 앙리 자이에의 도멘이 위치한 본 로마네 마을 입구에 도착했다. 그런데 그동안 여러 번 왕래했던 익숙한 지역임에도 불구하고 도대체 도멘을 찾을 수가 없었다. 그렇게 찾기를 한참, 아주 낡은 구형 벤츠 한 대가 우리가 헤매고 있던 한 가정집 앞에 멈춰 섰다. 주차를 한 앙리 자이에가 인사를 하며 우리를 반겨주었다. 도멘이라고는 생각조차 못한 평범하고 작은 가정집이 로마네 콩티와 페트뤼스에 버금가는 세계 최고의 와인을 만드는 곳이었던 것이다.

1995년에 은퇴한 후 세월이 한참 흘렀지만, 그는 여전히 가끔씩 포도밭에 나가 일을 한다고 했다. 그렇게 그와의 두 번째 만남이 시작되었다. 이미 이때도 우리의 기억에 앙리 자이에는 많이 연로하셨던 것 같다. 하지만 피곤해하거나 귀찮아하는 내색 없이 열정적으로 자신과 그의 와인에 대해 친절하게 설명해주셨다.

몇 해 전 한 일본인 남성이 그를 불쑥 찾아 왔다고 한다. 아무런 연락 없이 찾아온 손님을 그냥 돌려보내기도 뭐하고, 그 남성은 도쿄에서 일부러 앙리 자이에를 만나러 온 팬이라고 자신을 소개하면서 와인 한 병을 선물로 내놓았다. 바로 자신이 만들었던 1971년산 리쉬부르 그랑 크뤼 와인이었다. 라벨에는 분명히 H. J라는 사인이 들어가 있었지만, 그 와인은 일본에 수출된 적이 없던 와인이었다. 남성은 이 와인을 해외 옥션에서 아주 비싼 가격으로 구매했으며 자신이 죽기 전에 꼭 이 와인을 생산자인 자이에와 함께 마시는 게 소원이라고 말했다고 한다. 그날 처음 본 사람과 함께 앙리 자이에는 그 와인을 마시면서 팬과 즐거운 시간을 보냈다며 회상했다. 짧막한 그의 이런 에피소드를 들으면서 앙리 자이에는 와인도 잘 만들지만 너무나 인간적인 면모를 지닌 사람이라는 생각이 들었다. 그렇다면 그는 어떤 철학을 가지고 와인을 만들고 있을까?

"좋은 와인을 만들기 위해서는 그전에 우선 좋은 포도가 있어야 해요. 또한 훌륭한 양조가 이전에 우선 훌륭한 포도 재배자가 되어야 하지요(C'est d'abord a la vigne que se font les bons vins. Le bon vinificateur est d'abord un bon vigneron.)."

뭔가 특별한 노하우를 기대했건만 너무나 원론적인 말이었다. 하지만 누구나 다 아는 원칙이라도 그것을 잘 지키고 실행하는 것은 얼마나 어려운가! 이것이 세계 최고의 와인을 만드는 단순하면서도 변할 수 없는 그의 고집이었다. 복잡해서는 안 된다. 그렇다고 아깝다고 생각해서는 더더욱 안 된다. 최대한 사람의 개입을 줄여야 한다. 와인 스스로 그의 테루아를 표현하도록 해야 한다는 게 그의 지론이었다.

작은 면적의 포도원, 가혹할 만큼 적은 수확량, 그리고 또 한 번의 가혹한 포도 선별 작업, 저온 침용 과정, 100% 새 오크통 사용, 여과 및 필터링 작업을 전혀 하지 않고 아주 적은 양의 와인을 생산하는 것이 바로 앙리 자이에의 방식이다. 이렇게 만들어진 그의 와인들은 전 세계에서 없어서 못 팔 정도로 수요가 많다. 게다가 원한다고 살 수 있는 와인도 아니다. 그의 와인들은 하나같이 희귀하고, 비싸다. 그렇다면 그는 현재 자신의 와인을 어떻게 판매 및 유통하고 있을까? 그는 오랜 파트너와의 신용 관계를 통해서만 일을 한다고 한다. 새로운 회사가 아무리 돈을 많이 싸들고 찾아와도 소용없다는 얘기다. 그의 와인을 사고 싶다면 우선 웨이팅 리스트에 이름을 올리고 기다려야 한다. 그 순서가 1년이 될 수도 있고 아님 영영 차례가 오지 않을 수도 있다. 혹시 내 앞에 있는 대기자들이 대거 사망하거나 와인 구입을 포기하지 않는다면….

와인 양조의 역사에서 앙리 자이에는 흔히 무에서 유를 창조한 인간 승리자라 불린다. 하지만 그가 와인에 입문하게 된 것은 순전히 우연한 계기 때문이었다. 제2차 세계대전이 발발하자 자이에의 두 형이 전쟁에 나가면서 그가 가족을 부양해야 하는 처지가 되었다. 그때 그의 나이가 불과 16세였다고 한다. 그러다 1942년, 운명적인 연인이자 아내인 마르셀 후제(Marcel Rouget)를 만나게 되었고, 포도 재배자의 딸인 그녀는 포도밭 일을 완벽하게 해내는 것은 물론 높은 열정으로 앙리 자이에에게 큰 영향을 끼쳤다고 한다. 또 한 사람, 앙리 자이에에게 영향을 준 중요한 사람으로 같은 마을에 살던 르네 엔젤(Rene Engel) 교수를 들 수 있다. 그는 1941년 앙리에게 디종대학에서 양조학을 공부할 것을 권유했고, 이듬해인 1942년에 앙리 자이에는 양조학 학위를 취득했다. 정식 교육을 받아보지 못했던 그에게 이 시기는 경험과 이론을 통합할 수 있는 중요한 시간이었을 것이다. 앙리 자이에는 자신의 재능을 맘껏 펼칠 수 있는 날개를 달게 되었다.

그는 어떻게 매번 최고의 와인을 만드는 걸까? 앙리 자이에는 포도 재배자는 세심한 관찰자가 되어야 한다고 이야기한다. 포도를 둘러싼 환경이 똑같은 해는 한 번도 없다. 그는 포도를 수확할 때 포도가 과숙하거나 미숙하지 않도록 적절한 타이밍을 잘 맞춰야 피노 누아의 섬세함을 잘 표현할 수 있다고 말한다. 포도 열매의 퀄리티를 위해 농가에서는 보통 7월경에 그린 하비스트(Green Harvest, Vendange Vert)를 하는데, 그도 그렇게 하는지 물으니 단호히 "No."라고 답한다. 그의 포도밭에 있는 포도나무의 수령이 많아 이미 충분히 생산량이 떨어지므로, 그전 해에 수확하고 봄철까지 이어지는 전지 작업(Taille, Pruning)을 아주 짧게 하여 전체적인 포도 생산량을 조절한다고 한다. 그리고 포도 수확 후에는 타블드 트리(Table de Tri, 포도 선별 작업대)를 설치하여 반드시 양조에 들어가기 전 엄격하게 포도를 선별한다. 이 과정에서 매년 거의 15~20% 정도의 포도가 걸러진다고 한다.

그렇다면 양조 방법은 어떨까? 앙리 자이에는 포도의 잔가지가 충분히 익을 때까지 포도 열매와 잔가지를 완전히 분리하지 않고, 부분적으로 분리하여 함께 양조를 진행한다. 포도 수확은 아침 일찍 진행하며, 이때 수확한 포도 열매를 차갑게 유지한다. 포도가 차가우면 발효는 늦게 진행될 수 있으나, 그 대신 아로마가 풍부한 와인이 만들어진다고 한다. 또한 부르고뉴의 전통적인 양조 방식에 의하면 발효 전 포도의 온도를 높여서 피노 누아가 가지고 있는 탄닌과 안토시안(적색 색소 성분)을 최대한으로 뽑아내는데, 그는 이와 반대로 포도가 차가운 상태로 발효하는 냉온 침용 방식을 사용한다. 그러면서 그는 피노 누아는 피노 누아다워야지 시라(Syrah)다워서는 안된다는 말을 덧붙였다.

그는 빈티지와 상관없이 모든 와인을 100% 새 오크통을 사용해 숙성하는데, 항상 트롱세(Troncais) 오크를 사용하며, 이때의 오크통 선별 기준 또한 특별하다. 매번 앙리 자이에가 직접 자신의 코를 갖다 대어 오크 향을 체크한 후 오크통을 선택한다고 한다. 이때 탄내가 많이 나는 것은 배제하고, 미디엄 정도 굽기의 오크를 선호한다.

앙리 자이에는 최근 젊은 와인 생산자들과 함께 와인을 테이스팅하고 서로 논의하며, 의견을 나누는 일이 무척 즐겁다고 한다. 하지만 그는 와인이 너무 농축되면 될수록 테루아가 가진 본연의 캐릭터가 사라질 수 있다고 염려했다. 피노 누아의 캐릭터와 토양의 맛을 잘 간직한 와인, 단순한 술이 아닌 음용자로부터 즐거움을 찾을 수 있는 와인을 만들어야 한다고도 강조했다.

지칠 줄 모르는 그의 설명에 어느새 시간이 훌쩍 지나 있었다. 어느덧 그와 작별을 고할 시간이다. 그의 이야기를 듣고 있으니 마치 나도 얼른 돌아가 그가 말한 대로 포도나무를 심고, 밭을 경작하고, 와인을 만들어 봐야겠다는 조급한 마음이 앞선다. 아쉽게도 내가 와인 생산자는 아니지만 언젠가 오랜 시간을 기다려서라도 그의 와인을 꼭 수입을 해야겠다는 다짐을 했다.

그로부터 꽤 세월이 흐른 지금, 돌이켜 보면 나는 무척 운이 좋은 사람이다. 이미 고인이 되어 더 이상의 앙리 자이에의 와인은 수입할 수 없지만, 그의 정신과 철학을 담아 와인을 만드는 자이에의 수제자이자 조카, 엠마누엘 후제의 와인을 한국에 직접 수입, 판매하고 있으니 말이다. 언젠가 '자이에 뒤에 올 자이에는 없다'고 언급한 만화 〈신의 물방울〉 작가의 말이 떠오른다. 물론

앙리 자이에와 필자

이다. 자이에는 자이에, 엠마누엘 후제는 엠마누엘 후제다. 하지만 앙리 자이에가 전승한 뛰어난 양조 기법뿐 아니라 그의 소박하면서도 와인 앞에 겸손한 지혜로움이 엠마누엘 후제를 통해 더욱 빛날 것이라 믿는다. 이러한 기쁨은 와인을 좋아하는 모든 애호가에게 길이 남을 것이다.

참고로 앙리 자이에는 여러 인터뷰에서 기회가 될 때마다 자신의 버킷 리스트로 로마네 콩티를 한번 만들어보고 싶다고 노골적으로 피력한 바 있다. 천재 연주가가 최상의 악기를 가지고 최고의 연주를 펼치고 싶은 욕망처럼, 천재 와인메이커라면 한 번쯤 품어볼 만한 당연한 바람이다. 결국 그 꿈을 이루지 못한 채 그는 떠나고 말았다. 시장 변화에 유연한 우리나라였다면 아마 리미티드 셀렉션으로 콜라보를 진행하는 과감함을 보였을 텐데 여러모로 아쉽다. 앙리 자이에와 로마네 콩티가 만날 수 있는 가능성은 이제 완전히 사라졌지만 우리는 마음만 먹으면 이 환상의 콜라보를 가능하게 할 수 있다. 로마네 콩티와 자이에의 크로 파랑투를 한 병씩 사면 된다. 그리고 같이 드셔보시라. (농담입니다.)

*이 글은 당시 잡지에 연재했던 앙리 자이에 인터뷰 기사를 이 책에 맞춰 일부 수정한 것이다.

앙리 자이에의 조카, 엠마누엘 후제의 크로 파랑투

🍷 와인 등급

본 로마네 AOC는 1936년에 제정되었으며, 이는 프랑스 최초의 AOC 중 하나다. 본 로마네의 와인은 현재 229헥타르의 포도밭에서 총 세 가지 등급으로 분류된다. 먼저 빌라주 등급은 98.8헥타르 면적에 본 로마네(Vosne Romanée) AOC라는 명칭으로 판매된다. 면적은 샹볼 뮈지니와 비슷하지만 실제 생산량은 훨씬 적다. 98.8헥타르 가운데 85.3헥타르는 본 로마네 마을 소속이고 나머지 13.5헥타르는 플라제 에세조 마을에 속해 있다.

본 로마네 프르미에 크뤼(Vosne Romanée Premier Cru) AOC는 모두 14개다. 57헥타르 면적에서 생산된다. 다른 부르고뉴 마을과 마찬가지로 프르미에 크뤼는 고유 클리마 이름을 라벨에 기재한다. 본 로마네 마을에 속하는 클리마는 오 더쉬 드 말콩소(Au Dessus de Malconsorts), 오 브륄레(Aux Brûlées), 오 말콩소(Aux Malconsorts), 오 레뇨(Aux Reignots), 클로 데 레아(Clos des Réas) 일부, 크로 파랑투(Cros Parantoux), 라 콤브 브륄레(La Combe Brûlée) 일부, 레 보몽(Les Beaumonts), 레 오 보몽(Les Hauts Beaumonts) 일부, 레 쇼므(Les Chaumes) 일부, 레 고디쇼(Les Gaudichots) 일부, 레 오 보몽(Les Hauts Beaumonts), 레 프티 몽(Les Petits Monts) 그리고 레 슈쇼(Les Suchots)다. 그리고 플라제 에세조 마을에 속한 클리마로는 앙 오르보(En Orveaux) 일부, 레 보몽 오(Les Beaux Monts Hauts), 레 보몽 바(Les Beaux Monts Bas) 일부, 그리고 레 루즈 뒤 더쉬(Les Rouges du dessus)가 있다.

본 로마네에서 가장 높은 등급인 본 로마네 그랑 크뤼(Vosne Romanée Grand Cru) AOC는 73헥타르의 면적에 8개 클리마가 있다. 이때 플라제 에세조 마을에 속한 그랑 크뤼로 그랑 에세조(Grands Echézeaux)와 에세조(Echézeaux), 2개의 클리마가 있다. 본 로마네 마을에 속하는 그랑 크뤼는 6개로, 로마네(Romanée) 이름이 붙는 클리마로는 라 로마네(La Romanée), 로마네 상 비방(Romanée Saint Vivant), 로마네 콩티(Romanée Conti) 세 가지와, 그밖에 라 그랑 드 뤼(La Grand Rue), 라 타슈(La Tâche), 리쉬부르(Richebourg)가 있다. 라 그랑 드 뤼는 원래 AOC 제정 당시에는 프르미에 크뤼였으나 1992년에 그랑 크뤼로 승급되었다.

에세조(Les Echézeaux)의 클리마는 다시 11개의 리외디로 나눌 수 있다. 오른쪽 지도 빨간색으로 표시되어 있는 밭을 보면 에세조 클리마에 해당되는 각 리외디가 적혀 있다.

리쉬부르 그랑 크뤼에는 리쉬부르(Les Richebourg)와 베루왈(Les Verroilles), 두 개의 리외디가 포함되며, 라 타슈 역시 라 타슈(La Tâche), 고디쇼(Les Gaudichots) 두 개의 리외디로 나눌 수 있다. 1930년대에 AOC 제정에 앞서 리쉬부르와 라 타슈는 밭을 재정비해서 리쉬부르는 베루알을, 라 타슈는 고디쇼를 통합했다.

본 로마네 그랑 크뤼 중에는 모노폴 그랑 크뤼가 있다. 가장 유명한 라 로마네 콩티와 라 타슈는 DRC(도멘 드 라 로마네 콩티)가 소유하고 있고 라 로마네는 도멘 콩트 리게르 벨에르(Domaine Comte Liger Belair)가, 라 그랑 드 뤼는 도멘 라마르슈(Domaine Lamarche)가 각각 소유하고 있다.

 ## 와인 스타일

본 로마네(Vosne Romanée AOC)

본 로마네에 대한 찬사에는 여러 가지가 있지만 그중에서 '본 로마네에는 빌라주 등급이 없다'는 말이 있다. 그만큼 본 로마네 와인은 빌라주 등급조차 품질이 안정되고 뚜렷한 개성이 있다. 부르고뉴의 다른 어떤 아펠라시옹도 본 로마네만큼 명품 와인을 대표하는 세련미와 강한 풍미를 겸비한 곳은 없다. 그렇다면 그런 본 로마네 와인의 특징은 무엇일까? 바로 '피노 누아의 충만함'이 느껴진다는 것이다. 와인의 강렬한 퍼플 컬러는 시간이 지날수록 불같이 붉은 루비빛으로 변한다. 더 나이가 들면 주홍빛 가넷 컬러가 되는데, 바라보는 것만으로도 기분이 유쾌해질 정도로 아름답다.

하지만 진정한 본 로마네의 파워는 아로마에서 빛난다. 무엇보다 본 로마네

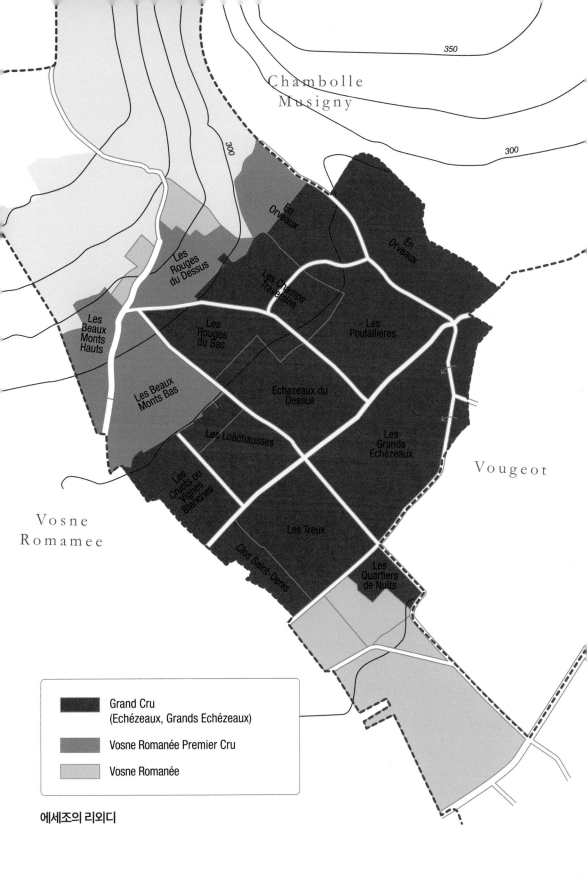

에세조의 리외디

로마네 콩티 포도밭의 포도나무

특유의 스파이시한 아로마를 느껴야 한다. 피노 누아에서 시라만큼 강렬한 스파이시 아로마가 가능할까? 이런 의구심이 든다면 품질 좋은 본 로마네를 마셔봐야 한다. 뛰어난 본 로마네 와인에서는 딸기, 라즈베리, 블랙베리, 블루베리, 블랙커런트 등 검붉은 과실 향이 이어지면서 장미를 비롯한 꽃 향이 생생하게 살아난다. 이 부드럽고 세련된 아로마는 시간이 지나면서 체리 브랜디, 잼, 가죽 및 모피로 진화한다. 배럴 에이징으로 인한 로스트 풍미도 나타날 수 있다. 입에 머금는 순간 휘영청하게 뜬 대보름달이 떠오르는 맛이다. 어린 와인일 때는 탄닌이 초승달처럼 뾰족한 느낌이 들 수 있다. 하지만 시간이 지나면서 탄닌은 코팅된 듯 부드러워지며 볼륨감이 살아난다. 마치 탐스럽고 둥그렇게 차오른 정월 대보름달처럼 잘 익은 본 로마네 와인에서 느껴지는 탄닌의 질감과 구조는 어느 쪽으로도 치우치지 않고 본연의 맛을 지키면서도 절묘하게 화합하는 듯하다. 그래서 본 로마네 와인은 빌라주 등급이라도 시간을 두고 기다려야 한다. Vosne Romanée가 와인의 라벨에 적혀 있는가? 제발 10년을 기다려라.

본 로마네 프르미에 크뤼(Vosne Romanée Premier Cru AOC)

크로 파랑투(Cros Parantoux)

리쉬부르에 인접한 이 프르미에 크뤼는 본 로마네의 전설이다. 부르고뉴의 프르미에 크뤼 중 그 어떤 것이 이토록 유명하고 상징적일 수 있을까? 블랙베리와 세련된 라즈베리 향 등의 과실 향은 신선한 감초, 육두구, 갓 딴 트러플 향 등 스파이시한 아로마로 이어진다. 나이가 들면서 가죽, 담배 잎, 블랙 트러플 향으로 진화한다. 무엇보다 크로 파랑투는 휴경지로 버려둘 만큼 가파른 경사 때문에 산도가 높다. 그래서 측정 불가능할 정도로 매우 긴 여운과 훌륭한 구조감을 보인다. 그래서 누군가의 표현처럼 '불멸의 와인'이라 할 만큼 오랜 숙성 잠재력을 지닌다. 여기에 앙리 자이에 스타일의 섬세한 테크닉까지 더해져 부르고뉴 피노 누아 특유의 우아함이 완성된다. 한마디로 크로 파랑투는 부르고뉴를 지탱해 주는 중력과 같은 와인이다. 기후가 변하고 양조 트렌드가 시시각각 바뀌고 있는 요즘에도 크로 파랑투를 마시다 보면 '아, 부르고뉴 와인은 이랬었지!' 하며 우리를 제자리로 회귀시킨다. 항상 그 자리에서, 요동치지 않고 부르고뉴 맛을 대변하고 있는 와인이다. 크로 파랑투는 파워와 산도로 다져진 피노 누아의 영원한 스테디셀러다.

레 보몽(Les Beaux Monts)

본 로마네에서 가장 뛰어난 프르미에 크뤼를 꼽을 때 레 보몽을 빼놓을 수 없다. 이 포도밭은 320m 고도의 리쉬부르에서 멀지 않은 에세조 가장자리에 위치하고 있다. 블랙커런트, 수풀과 덤불, 후추, 감초, 모카 등의 스파이시 향이 풍부하다. 입안에서는 신선함과 파워풀함의 탁월한 균형감이 느껴진다. 와인이 가진 각 캐릭터가 조화를 이루면서도 각자의 매력을 발산하는 미묘한 경험을 할 수 있다.

본 로마네 그랑 크뤼(Vosne Romanée Grand Cru AOC)
로마네 콩티(Romanée Conti)

로마네 콩티는 의심할 여지 없이 부르고뉴 최고의 와인이다. 역사성, 희소성, 그리고 가격 등 모든 요소를 헤아려 보아도 로마네 콩티를 앞지를 만한 와인은 전 세계에서 찾아볼 수 없다. 그렇다면 세계 최고의 명성을 가진 이 전설적인 와인은 도대체 어떤 맛일까? 여러분에게 위안이 될지 모르겠지만 아마 부르고뉴의 와인 생산자들조차 평생 로마네 콩티 한 방울도 마셔보지 못할 확률이 높을 것이다. 그러니 이 와인을 마셔본 몇 안 되는 행운아들의 경험에 의존할 수밖에 없다. 로마네 콩티의 가장 뛰어난 점은 개성과 일관성이다. 마시는 순간 인지할 수밖에 없는 장미, 야생화, 포도꽃, 바이올렛, 블랙베리, 젖은 흙, 체리 씨, 표고버섯, 트러플, 호두, 사향, 가죽 등 복잡하고 미묘한 부케로 그만 아찔해진다. 입안에서는 벨벳처럼 부드러운 텍스처와 함께 섬세한 탄닌 안에 숨겨진 파워, 그리고 한계가 없어 보이는 복합미가 여러분을 유혹할 것이다. 결정적으로 로마네 콩티는 빈티지에 따른 변덕이 없는 와인이다. 그래서 부르고뉴에서 거의 유일하게 일관성 있는 품질의 와인으로서, 다른 부르고뉴 피노 누아의 퀄리티를 판단하고 측정할 수 있는 기준점이자 그 자체로 벤치마킹 스타일이 되는 와인이다.

리쉬부르(Richebourg)

리쉬부르는 로마네 콩티와 비슷한 테루아지만 와인의 스타일은 뚜렷하게 다르다. 리쉬부르는 본 로마네 와인 중에서 가장 화려하고 화사한 와인이다. 짙은 루비색의 광채는 나이가 들어가면서 주홍색으로 변한다. 체리, 블랙커런트, 사향, 샤넬 향수(퀴르 드 뤼시Cuir de Russie, 러시안 가죽), 샌달우드의 아로마는 세월과 함께 익힌 과일 또는 설탕에 절인 과일의 향, 산사나무, 복숭아꽃, 이끼, 덤불, 버섯의 뉘앙스를 드러낸다. 병입한 지 얼마 안 된 리쉬부르 와인의 맛은 '부르고뉴 그랑 크뤼를 통틀어 가장 폭력적'일 정도로 거칠고 강렬하다. 하지만 와인이 익어가면서 리쉬부르 특유의 화려함을 찾아간다.

라 타슈 (La Tâche)

라 타슈는 로마네 콩티에 인접해 있지만 지형이나 테루아에서 크게 구별된다. 그래서 와인 스타일도 달라질 수밖에 없다. 라 타슈는 파워풀한 피노 누아다. 마치 견고한 성처럼 웅장하다. 블랙 체리와 블랙커런트 같은 검은 과실 향, 감초와 함께 미네랄 풍미가 뛰어나며 농밀하고 묵직한 탄닌의 구조를 지닌다. 뛰어난 장기 숙성력 덕에 50년 정도는 문제없이 신선하고 활력 넘치는 맛을 지킬 수 있다.

그랑 에세조(Grands Echézeaux)

그랑 에세조는 자주~보라색 색조를 띠는 진한 루비 컬러를 보인다. 블랙 체리, 블랙커런트 등 검은 과실 향과 계피, 사향, 가죽, 모피 및 버섯 같은 아로마는 라 타슈 와인과 매우 비슷하다. 하지만 입안에서 부드러운 탄닌과 라운드한 맛이 느껴지기 때문에 라 타슈와 차별화된다. 오히려 기교와 섬세함이라는 면에서 뮈지니 그랑 크뤼를 떠올리게 하는 와인이다.

프랑스의 국보, 로마네 콩티를 방문하던 날

금지된 왕국

어렵게 도멘 드 라 로마네 콩티(Domaine de la Romanée Conti)의 방문 기회를 잡을 수 있었다. 이곳 프랑스에는 일반 사람들에게 방문이 허용되지 않는 도멘이 여럿 있다. 로마네 콩티 외에도 보르도의 페트뤼스(Petrus), 상파뉴의 크뤼그(krug), 남프랑스의 도멘 드 트레발롱(Domaine de Trévallon) 등이다. 모두가 세계 최고의 와이너리를 자부하는 도멘으로, 매우 특별한 경우에만 저널리스트나 전문가들에게 방문을 허락한다.

그래서 방문에 앞서 필자 역시 많은 기대를 했다. 이곳은 부르고뉴에서 와인 유학을 하면서 귀국 전에 꼭 한 번 방문하고 싶었던 도멘이기도 했다. 그리고 마침내 기회가 왔다. 무엇을 물어볼 것인가, 나름대로 질문을 하나하나 준비하여 약속 시간 훨씬 전에 도멘에 도착했다. 도멘을 직접 방문하는 일은 이번이 처음이지만, 이곳 본 로마네 마을은 필자가 사는 디종에서 자동차로 20분 거리로 그리 멀지 않아 자주 왔던 곳이라 그리 낯설지 않았다. 아담하고 조용한 동네지만 전설적인 와인들이 생산되는 곳, 부르고뉴 코트 드 뉘 지역의 본 로마네 마을.

세계 최고의 와인을 만드는 도멘은 과연 어떤 모습일까? 보르도의 샤토처럼 웅장하고 우아한 외관을 상상했다면 오산이다. 만약 와인을 잘 모르는 사람이 이곳을 방문해 도멘을 찾고자 한다면, 아마 프랑스인조차도 찾기 힘들지도 모른다. 도멘의 건물은 그저 평범하고 아담한 가정집으로, 세계 최고의 와이너리임을 자랑하는 흔적은 그 어디에서도 찾아볼 수가 없다. 도멘의 소유주인 오베르 드 빌렌이 우리를 반갑게 맞이한다. 마른 체구에 키가 크며, 인상 좋고 자상한 이웃

집 할아버지의 모습이었다. 간소하고 검소한 옷차림, 절제된 말투와 행동, 그리고 로마네 콩티의 명성에 누를 끼치지 않으려는 신중함이 그의 첫인상이었다.

그는 로마네 콩티 와인을 이해하기 위해서는 테루아의 개념부터 이해해야 한다며 로마네 콩티 포도밭으로 우리를 안내했다. 그동안 수없이 다녔던 이 포도밭에 소유주인 오베르 드 빌렌과 함께 서 있다니 영광이었다. 축구장보다 조금 더 큰, 그리 넓지 않은 아담한 포도밭. 바로 이곳에서 세계에서 가장 귀하고 유명하며 값비싼 와인이 생산된다.

유일한 테크닉이 있다면, 바로 자연 그대로 놔두는 것

오베르 드 빌렌의 와인 철학에 대해 물었다. 그의 철학은 테루아에 있었다. 그는 무엇보다 "테루아가 훌륭한 와인의 비밀"이라고 했다. 로마네 콩티 포도밭은 1.80헥타르 면적으로, 14세기 이후 전혀 늘지도 줄지도 않았다. 로마네 콩티는 "최상의 테루아를 바탕으로 피노 누아가 빚어낸 걸작품"이라고 그는 설명했다.

약 4천만 년 전 알프스산맥이 융기하면서 이곳 부르고뉴 평야가 침몰하게 된다. 이런 지각적 침몰과 융기의 반복으로 인해 부르고뉴의 지하 지층은 뒤죽박죽이 되고 모암에도 많은 균열이 생겼다. 그 결과 이곳의 땅속은 단 몇 미터 간격으로도 서로 다른 지질이 형성되어, 토양의 구조나 성질이 포도밭마다 확연히 달라진다. 그중 로마네 콩티 포도밭의 특징은 밭의 방향이 동쪽을 향하고 있어 햇볕을 충분히 받고, 완만한 경사지를 이루어 배수가 완벽하며, 토양의 깊이가 깊지 않아 지층에 위치한 모암의 균열로 생긴 틈새로 포도나무 뿌리가 깊숙이 뻗어나갈 수 있다는 것이다.

자리를 옮겨 그는 우리를 양조장으로 안내했다. 안내하기 전 빌렌은 너무 큰 기대는 하지 말라는 말을 덧붙였다. 큰 규모의 회사가 아니기 때문에 양조장의 규모 또한 그리 크지 않았다. 양조장 안에 들어선 첫 느낌은 다른 도멘과 별다를 게 없었다. 오베르 드 빌렌은 계속해서 말을 이어갔다. "테루아가 훌륭한 와인의 비밀이긴 하지만 인간의 역할 또한 중요하다. 우리의 역할은 자연을 존중하는 데 있으며, 유일하게 인간만이 자연이 우리에게 준 선물을 가장 높은 경지로 이끌 수 있다." 그의 말은 무척 철학적이고 시적이었다.

자연을 존중하는 실천의 일환으로서 포도밭에 살충제와 화학 비료는 당연히 사용하지 않는다. 그러나 이러한 방법은 부르고뉴에서 그리 놀랄 만한 일이 아니다. 이미 많은 도멘들이 살충제와 화학 비료를 사용하지 않고 포도를 재배한다. 그는 최고의 포도를 생산하기 위해 포도나무의 수확량을 최대한으로 낮춘다고 한다. 보통 한 그루에 포도를 두세 송이만 남기고 모두 잘라버린다. 그리고 트랙터 같은 기계를 쓰면 토양이 망가질 것을 우려해 말로 밭을 경작해 살아 있는 토양의 상태를 유지한다. 그리고 포도나무의 식재 밀도를 최대한 높이는데, 헥타르당 최대 14,000그루의 포도나무를 심는다고 한다. 포도나무가 빽빽하게 심어져 있으니 기계로 재배가 어렵고, 일일이 모든 과정에서 사람 손을 거쳐야 한다. 그래서 로마네 콩티를 포함해 이 도멘의 전체 포도밭에서 개인이 담당하는 면적은 인당 2.5헥타르가량이다. 이는 타 도멘의 평균인 3.5헥타르보다 훨씬 적은 면적이다. 그래서 이곳에서 일하는 농부들은 포도나무 하나하나의 특성을 매우 잘 알고 있고, 아주 정성스레 키울 수 있다고 한다.

로마네 콩티 포도밭에서 자라는 포도나무의 연령은 보통 40~50년 정도다. 젊은 포도나무(보통 15~20년 수령)에서 수확한 포도로는 로마네 콩티 와인을 만들지 않는다. 일단 포도를 수확하면 포도밭에서 1차로 잘 익지 않은 포도, 썩은 포도, 잎사귀 등을 골라내고 양조장으로 옮겨 또한 번 포도를 골라내는 작업을 한다. 그는 이 과정이 가장 중요한 작업이라 한다. 좋지 않은 포도는 과감하게 버려야 한다. 버려지는 포도가 아깝다고 생각하면 훌륭한 와인을 만들지 못한다. 다른 작업 과정 역시 부르고뉴의 여타 도멘과 크게 다르지 않았다. 가급적 사람의 간섭을 줄이고 테루아의 개성이 잘 나타나도록 하는 것이 그의 일이다. 포도주를 맑게 만들기 위해 시행하는 포도주 여과 작업조차 하지 않는다. 혹시나 와인의 개성이 사라질까 우려해서다.

한 해에 생산되는 양은 고작 6000병

드디어 그는 우리를 카브(숙성고)로 안내했다. 평소 부르고뉴의 도멘을 방문하면 아무리 좋은 와인을 테이스팅하더라도 삼키는 일 없이 뱉어낸다. 하지만 이번만은 뱉지 말고 마셔야겠다고 생각하며 지하로 내려갔다. 이곳의 카브 역시 다른 도멘들과 비슷하다고 생각하다가, 문득 한 가지 다른 점을 발견했다. 바로 오크통 안에서 한참 숙성 중인 와인을 제외하고 병입되어 있는 것, 즉 병째로 보관 중인 와인이 거의 없다는 것이다. 다른 도멘이나 샤토를 방문하게 되면 아주 오래된 와인이 자물통안에 먼지와 함께 보관되고 있는 경우가 많은데 이곳에서는 그런 풍경을 찾아볼 수 없었다. 오너의 이야기로는 와인이 이미 다 팔렸기 때문이라고 한다. 만들자마자, 아니 이미 와인이 완성되기 전부터 이미 다 팔려 나가는 와인이라니… 자연스레 와인의 판매에 대한 이야기로 넘어갔다.

매년 도멘 드 라 로마네 콩티에서는 8만 5천여 병의 와인을 전 세계에 판매 및 수출한다. 이곳 도멘은 로마네 콩티 외에도 다른 포도밭, 이를테면 라 타슈, 에세조, 로마네 상 비방 등 여섯 개의 그랑 크뤼급 포도밭을 소유하고 있다. 그중에서도 로마네 콩티 와인은 연간 생산량이 5000~6000병이다. 도멘에서 생산되는 와인의 80%는 외국으로 수출되고, 나머지 20%는 프랑스 내 레스토랑과 와인숍에서 판매되고 있다. 현재 로마네 콩티의 가장 큰 시장은 미국이다. 와인을 수출하는 나라에는 하나 아니면 둘 정도의 업체를 제한해서 독점권을 준다고 한다. 이렇게 생산량이 적으니 로마네 콩티의 가격은 상상을 초월할 만큼 비싸다. 희소성 때문일까? 모든 사치품이나 명품과 마찬가지로 로마네 콩티 역시 자주 위조와 투기 대상이 된다.

한번은 미국에서 아주 우스운 일이 있었다. 오베르 드 빌렌이 사업차 미국에 갔을 때의 일이다. 오베르 드 빌렌은 미국의 한 TV 인터뷰에 초대받았다. 그의 앞에는 1947년산 로마네 콩티 한 병이 놓였다. 진행자는 이것이 가짜인지 진짜인지 알 수 있겠냐는 질문을 그에게 던졌다. 그러자 오베르 드 빌렌은 "생각할 것도 없이 가짜"라고 답했다. 왜냐하면 1947년산 로마네 콩티 와인은 세상에 존재하지 않기 때문이다. 1945년에 도멘은 로마네 콩티 포도밭의 포도나무를 모두 뽑아내고 미국종과 접목시켜 다시 심었기 때문에 1946, 47, 48, 49, 50, 51년도 산 로마네 콩티 와인은 애초에 존재하지 않는다.

웃지 못할 또 다른 황당한 에피소드도 있다. 한 와인 위조자가 화이트와인에 몽라셰라 붙여 판매를 했는데, AOC 표기란에 다음과 같이 표기를 했다. 'Montrachet Appellation Romanée-Conti Contrôlée(몽라셰 아펠라시옹 로마네 콩티 콩트롤레)'. 무엇이 틀렸는지는 이 글을 읽는 여러분의 몫으로 남겨둔다. 사기도 알아야 치는 법.

이윽고 오베르 드 빌렌이 시음할 와인을 가지고 들어왔다. 먼저 화이트와인, 1999년산 몽라셰다. 도멘 드 라 로마네 콩티는 0.5헥타르도 되지 않는 몽라셰 포도밭을 가지고 있으나, 이 와인은 상품화되지 않는다. 오직 도멘을 방문한 손님들에게 접대용으로만 서빙된다. 다음으로는 아무 라벨이 붙어 있지 않은 레드와인을 가져왔다. 그는 와인을 서빙하면서 몇 년도의 무슨 와인인지 알아맞추어 보라고 한다. 다들 로마네 콩티 1999년산 아니면 1997년, 또는 2000년이라 제각각 추측을 했다. 하지만 모두 틀렸다. 답은 1999년산 라 타슈였다.

라 타슈 시음이 끝나고 한동안 말없이 다음(?)을 기다렸다. 야속하게도 오베르 드 빌렌은 시음은 모두 끝났다고 말했다. 아니 그럼 로마네 콩티 와인은… 결국 맛도 못 봤다. 하지만 어느 분야든 최고를 정복하기란 원래 어려운 법. 와인을 공부하면서 위시리스트 하나쯤은 미래를 위해 남겨두는 것도 나쁘지 않을 듯하다.

오베르 드 빌렌에게 와인을 만들면서 로마네 콩티 회사의 이미지를 위해서 신경을 쓰고 있는지 물었다. "네. 하지만 우리는 외형적인 발전이나 모습에는 신경 쓰지 않습니다. 그렇게 하면 위대한 와인을 만들지 못합니다. 우리의 와인을 얻는 최종 고객에 대해서는… 솔직히 모르겠습니다. 와인을 정말로 좋아하는 애호가들에게 우리의 와인이 돌아가지 않고 많은 투기의 대상이 된다는 점도 잘 알고 있습니다. 하지만 우리는 언제나 와인을 진짜로 좋아하는 애호가들을 위해 일하고 있습니다." 방문이 거의 끝나갈 무렵 그와 나눈 대화였다.

위대한 역사이자 국보와도 같은 와인

방문을 끝내고 디종으로 돌아오는 길, 전에 조셉이란 친구가 들려준 이야기가 생각났다. 그는 필자가 유학을 와서 포도밭에서 일하면서 사귄 친구인데, 지금은 다른 도멘에서 일하고 있지만 전에는 로마네 콩티에서 일했다. 그리고 그의 아내는 여전히 로마네 콩티에서 일을 하고 있다. 매년 연말에 도멘 드 라 로마네 콩티에서는 오크통에서 숙성을 마친 와인들(로마네 콩티, 라 타슈, 로마네 상 비방, 리쉬부르 등)을 병에 담는 병입 과정을 거친다. 이 과정에서 남는 와인들은 다시 모아서 병입해 직원들에게 크리스마스 선물로 준다고 한다. 물론 여러 개의 그랑 크뤼 와인이 섞였으니 이미 그 와인은 더 이상 개별 그랑 크뤼 와인이 아닐 것이다. 하지만 이 얼마나 즐거운 일인가? 한 병에 로마네 콩티, 라 타슈, 로마네 상 비방 등 별처럼 빛나는 모든 그랑 크뤼가 다 들어 있으니 말이다.

　　1990년 5월, 거대한 일본 유통회사인 다카시마야가 로마네 콩티의 공동 소유주인 메종 르후아(Leroy)의 지분 3분의 1을 차지하면서, 로마네 콩티의 소유권까지 넘본 적이 있었다. 그러나 프랑스 정부에서는 로마네 콩티는 프랑스의 국보라 하여, 일본 자본의 유입을 막은 적이 있다. 이에 관해 누군가가 했던 말이 떠오른다. "로마네 콩티를 마시기 위해 마개를 여는 것은 어느 위대한 역사책을 펼치는 것과 같다." 와인의 전설 로마네 콩티, 포도의 역사이자 테루아의 결정체. 그리고 이를 굳건하게 지키고 있는 성실한 파수꾼 오베르 드 빌렌. 와인의 역사가 쓰여지는 한 페이지에 존재하는 이들과의 만남이었다.

　　　　*이 글은 부르고뉴 유학 당시 국내 와인 잡지에 기고했던 글을 이 책에 맞추어 수정 및 수록한 것이다.

8

뉘 상 조르주

Nuits Saint Georges

코트 드 뉘의 수호자

코트 드 뉘가 도열한 언덕(Côtes)의 마지막은 뉘 상 조르주(Nuits Saint Georges) 마을이다. 여기서 뉘(Nuits)는 프랑스 말로 '밤(Night)'을 뜻하기도 한다. 뉘 상 조르주의 뉘는 사실 동음이의어다. 하지만 실제로 이곳은 부르고뉴 여름밤의 향기를 담은 것처럼 매력적인 와인을 생산하는 곳이다. 아쉬운 점은 이 마을에는 그랑 크뤼가 없다는 것이다. 와인의 품질이나 유명세를 감안했을 때 뉘 상 조르주가 그랑 크뤼를 보유하지 않았다는 사실이 의아해진다. 왜 이 마을에는 그랑 크뤼가 없을까? 뉘 상 조르주를 대표하는 와인을 꼽으라면 레 상 조르주(Les Saint Georges)를 들 수 있다. 레 상 조르주가 그랑 크뤼가 될 수 없었던 이유는 무엇일까? 이는 AOC가 태동하던 1936년의 이야기다. 레 상 조르주는 원래 유력한 그랑 크뤼 후보였다. 하지만 당시 포도밭의 소유주였던 앙리 구제(Henri Gouges)는 이 와인이 그랑 크뤼로 선정되길 원하지 않았다. 원인을 유추해 보자면 두 가지 이유가 있다. 재정상의 이유와 윤리적인 이유. 장 프랑수아 바쟁(Jean-François Bazin)의 저서 《로마네 콩티(Romanée Conti)》를 보면 이와 관련된 이야기가 자세하게 실려 있다.

1930년대는 부르주아 계급의 양조업자들이 중심이 되어 타스트방 기사단을 조직하고 활발하게 활동을 시작하던 시기였다(169쪽 '슈발리에 타스트방 기사단' 참조). 평범한 와인 농가에서 태어난 앙리 구제는 이들과는 조금 다른 행보를 보였다. 그는 농민들을 중심으로 한 독자적인 양조자 조합을 세웠다. 새로운 규정(AO 및 AOC)이 시행되었을 때 그는 와인 농가들의 대표이자 대변인이 되어 활발하게 수장 역할을 했다. 그래서 부르주아 출신들의 밭과 자신의 밭이 나란히 그랑 크뤼로 선정되는 이해 충돌을 원하지 않았을 수 있다. 두 번째 이유는 재정 때문이다. 당시 그랑 크뤼 포도나무를 소유하려면 추가 세금을 납부해야 했다. 큰 비용 부담을 떠안으면서까지 그는 무리하게 그랑 크뤼 자격을 받고 싶지 않았을 수 있다. 결국 뉘 상 조르주의 그 어떤 포도밭도 그랑 크뤼의 지위를 승인받지 못했다. 그래서 오늘날까지도 뉘 상 조르주 마을의 그랑 크뤼 등급에 대해서는 논란의 여지가 많다.

지금이라도 그랑 크뤼 승급을 강력하게 주장하는 사람들이 있는가 하면, 다른 한편에서는 그랑 크뤼와 비교해서 뉘 상 조르주 와인이 깊이와 기교, 풍부함과 구조가 좀 더 소박하다는 자격 미달론을 조심스럽게 내기도 한다. 이는 명확한 결론을 내리기 어려운 민감한 주제다. 하지만 결론적으로 뉘 상 조르주가 역사적 변칙성에 시달렸던 것만은 분명하다.

직설적인 와인

프랑스에서는 테루아를 정직하게 보여주는 와인을 '스트레이트 와인(Un vin droit)'이라고 표현한다. 이는 프랑스의 작가 앙투완 퓌르티에르가 처음 사용한 단어로, '직접적인(Direct)' 또는 '솔직한(Frank)'이라는 표현으로도 대체할 수 있다. 와인이 직설적인 맛을 낸다는 건 모호함이 없는 깨끗한 맛을 표현하고 있다는 것을 뜻한다. 다시 말해 정직한 와인은 테루아의 특징이 명확하고 단순하게 읽혀야 한다. 뉘 상 조르주 와인은 누가 만들어도 '스트레이트 와인'이 되어 나온다. 이곳의 와인은 부르고뉴 피노 누아의 특징을 에두르지 않고 정직하게 드러낸다. 과실 향과 테루아의 캐릭터가 날것 그대로 담겨 있어 '부르고뉴 피노 누아를 마셨다'는 확실한 만족감이 든다. 이것이 뉘 상 조르주 와인의 미덕이다. 뉘 상 조르주 와인의 와인에 대해서는 등급에 대한 논란보다 사실 이러한 점을 먼저 설명해야 한다. 그랑 크뤼의 웅장함이나 화려함보다는 부르고뉴의 순수한 맛을 즐기고 싶은가? 뉘 상 조르주를 추천한다.

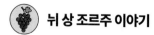 **뉘 상 조르주 이야기**

 뉘 상 조르주는 코트 드 뉘를 대표하는 마을이다. 지명에서 드러나듯이 코트 드 뉘의 '뉘(Nuits)'는 뉘 상 조르주의 '뉘'에서 따온 이름이다. 이와 비슷하게 코트 드 본의 '본(Beaune)'은 본 마을 이름에서 가져왔다. 뉘 상 조르주 마을 중심가는 얼핏 와인 산지보다는 산업 도시 같은 느낌을 준다. 대부분의 부르고뉴 마을은 포도밭이 마을 면적 대부분을 차지하며, 시가지는 마치 살얼음이 끼듯 눈에 거의 띄지 않게 포도밭 근처에 살포시 얹어져 있는 모양새다. 하지만 뉘 상 조르주 시가지는 마을의 중앙을 가르는 뫼쟁(Meuzin)강 하부에 부채를 거꾸로 펼쳐 보인 모양새로 넓게 퍼져 있다. 오히려 포도밭이 마치 마을 끝으로 피한 것처럼 양쪽으로 뻗어 있는 모습이다. 중심가에는 네고시앙 회사, 오크통 회사, 유통 회사, 학교, 은행, 시장 등이 모여 있는 매우 활기찬 마을로, 그렇다고 우리나라 대도시의 번잡한 분위기보다는 정감 가는 농촌 읍내에 가깝다.

 뉘 상 조르주 마을의 원래 이름은 '뉘(Nuit)'다. 이를 직역하면 '밤(Night)'이라는 뜻으로, 그래서 사람들은 뉘 상 조르주 와인을 빗대어 저녁 또는 밤으로 표현하기를 좋아하지만 사실 이는 동음이의어일 뿐 아무 관련이 없다. '뉘'와 관련된 어원에는 크게 두 가지 주장이 있다. 먼저 고대 프랑스어 Noe 또는 Noue에서 파생된 '늪지대 초원'이라는 뜻의 Nui에서 비롯되었다는 설이다. 또 다른 주장으로는 '깊은 연못의 계곡'을 가리키는 Noa, '젖은 땅'이라는 뜻의 Naud 또는 '비옥한 진흙땅'을 의미하는 Nué 등의 켈트어에서 변형되었다고 보는 것이다. 1892년에 뉘 마을의 코뮌은 마을 이름에 가장 권위 있는 클리마인 상 조르주(Les Saint Georges)를 추가하였다. 그래서 오늘날 공식 명칭인 뉘 상 조르주가 되었다.

 뉘 상 조르주 거주민을 뜻하는 뉘통(Nuitons)들은 마을에 대한 자긍심이 넘쳐난다. 먼저 부르고뉴 와인 기사단 타스트뱅(Confrérie des Chevaliers du Tastevin)이 1934년 이곳에서 처음 설립되었다. 뿐만 아니라 프랑스의 대표 작가인 쥘 베른과의 인

연도 있다. 쥘 베른은 1869년에 《달나라 탐험(Autour de la Lune)》이라는 소설을 썼다. 소설 속에서 주인공들은 달에서의 착륙을 축하하기 위해 고급 '뉘 와인' 한 병을 마시는 장면이 등장한다. 당시는 실제로 인류가 달에 착륙하기 전의 시대인지라 정말 말 그대로 상상 속의 소설일 뿐이었다. 이후 1971년 아폴로 15호를 탄 미국의 우주비행사들은 소설이 아닌 실제로 달에 착륙했고, 그곳에서 정체불명의 폭 1km의 분화구를 발견했다. 그리고 쥘 베른에게 경의를 표하며 이를 '상 조르주 분화구(Saint Georges Crater)'라고 이름 붙였다. 사실 뉘 상 조르주의 영광을 살펴 보자면 더 오래전으로 거슬러 올라가야 한다. 통풍으로 고통받던 태양왕 루이 14세에게 그의 주치의인 기 크레상 파공은 오래 묵힌 뉘 상 조르주 와인을 처방했다고 한다. 이처럼 뉘 상 조르주는 예로부터 건강과 품질 모두를 만족시키는 와인의 명산지로 알려졌다.

뉘 상 조르주 AOC는 뉘 상 조르주 마을, 그리고 이웃한 프레모 프리세(Premeaux Prissey) 두 곳의 마을에서 생산되는 와인을 포함한다. 그래서 뉘 상 조르주는 면적이 총 310헥타르에 이르며, 꽤 넓은 AOC 산지다. 코트 드 뉘에서는 주브레 샹베르탕에 이어 두 번째로 넓다. 이곳에서는 거의 전적으로 피노 누아에 전념해서 레드와인을 생산한다. 하지만 샤르도네로 만든 일부 화이트와인도 발견할 수 있다. 끌로 아를로(Clos Arlot), 레 페리에르(Les Perrières) 그리고 레 포레 상 조르주(Les Porrets Saint Georges)는 샤르도네로 만든 프르미에 크뤼 화이트와인 산지다. 뉘 상 조르주의 레드와인은 종종 주브레 샹베르탕과 비교된다. 파워가 넘치는 피노 누아 와인으로, 견고하며 숙성 잠재력을 지닌 와인이다. 주브레 샹베르탕과 비슷한 스타일이지만 굳이 차이점을 찾자면 뉘 상 조르주 쪽이 좀 더 통통 튀는 스타일을 보인다. 뉘 상 조르주 와인에 딱 맞는 표현을 찾자면 바로 '와일드'다. 강렬한 자주색 빛깔에 체리, 딸기, 블랙커런트 향이 나다가 가죽, 트러플, 모피, 사냥고기 향으로 발전한다. 몇 년 동안의 숙성 잠재력이 있기 때문에 시간이 지나면서 와인의 풍미가 감각적으로 둥글어진다. 뉘 상 조르주의 등급 체계는 178헥타르의 빌라주 등

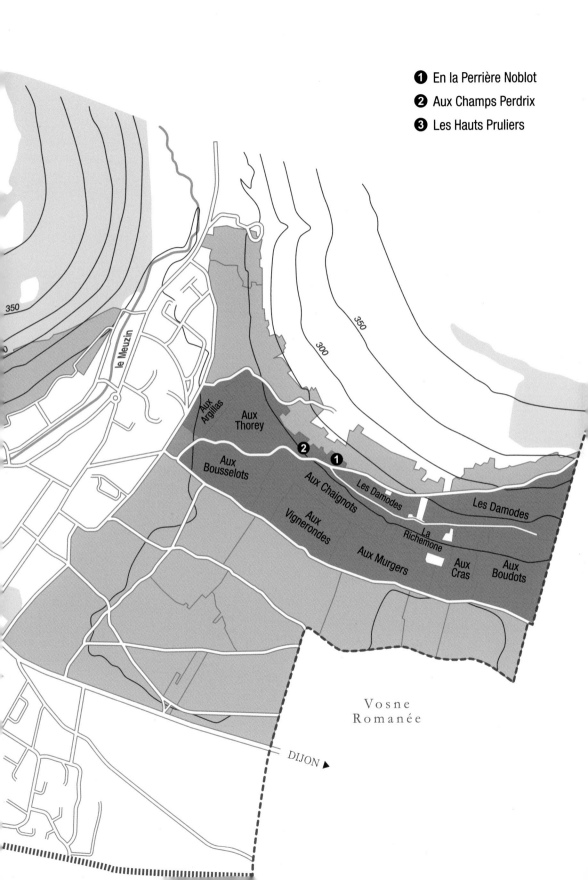

❶ En la Perrière Noblot
❷ Aux Champs Perdrix
❸ Les Hauts Pruliers

350

le Meuzin

300

350

Aux Argillas
Aux Thorey
Aux Bousselots
Aux Chaignots
Les Damodes
Les Damodes
Aux Vignerondes
La Richemone
Aux Murgers
Aux Cras
Aux Boudots

Vosne Romanée

DIJON ▶

급과 147헥타르의 프르미에 크뤼를 보유하고 있다. 오랜 시간 품질 좋은 와인의 대명사였던 과거의 유명세를 생각하면 선뜻 이해하기 어렵지만 이곳은 여전히 그랑 크뤼를 보유하지 못했다. 반면 프르미에 크뤼는 총 41개 클리마를 보유하고 있어서, 다른 마을에 비해 압도적으로 많은 개수를 자랑한다.

 기후와 토양

뉘 상 조르주는 대륙성 경향이 있는 온대 기후를 보인다. 연평균 강수량은 745mm, 연평균 기온은 11.5도다. 먼저 아펠라시옹 위치를 살펴보면 뉘 상 조르주는 본 로마네와 경계를 이루면서 프레모 프리세를 거쳐 본까지 닿아 있다. 본 로마네 경계의 오 부도(Aux Boudots)에서 클로 드 라 마레샬(Clos de la Maréchale)이 자리한 남쪽 끝까지 일직선으로 6km에 달한다. 따라서 포도밭의 위치, 방향 등의 지리적 환경은 물론 토양 구성도 다채로운 매우 복잡한 산지다. 그래서 뉘 상 조르주는 크게 세 지역으로 나뉜다. 먼저 뉘 상 조르주 북부는 본 로마네 경계에서부터 뉘 상 조르주 시가지 전까지의 산지다. 뉘 상 조르주 시가지를 벗어나면 다시 포도밭이 시작되는데 이곳에서부터 프레모 프리세 경계까지를 중부로 구분한다. 뉘 상 조르주 남부는 프레모 프리시 마을의 밭들로, 본(Beaune) 경계까지 이어진다. 뉘 상 조르주의 북부, 중부 그리고 남부가 가지는 지리와 토양의 차이는 뉘 상 조르주 와인이 가지는 다양성의 뿌리가 된다.

우선 북부 산지부터 살펴보면 이곳의 포도밭은 언덕 아래까지 넓게 뻗어 있어 꼭대기를 제외하고는 전반적으로 완만한 경사다. 이곳에는 오 부도(Aux Boudots), 라 리슈몬(La Richemone), 오 뮈르제(Aux Murgers), 레 다모드(Les Damodes), 오 쉐노(Aux Chaignots) 등 유명한 프르미에 크뤼 등급의 밭이 있는 자리한다. 토양은 자갈, 미사, 석회암 파편 및 점토의 혼합물로 덮여 있는 바토니안 오리지널 석회석 토양이다. 언덕 아래로 내려가면 빌라주 등급의 밭들이 모여 있고 이곳의 토양은 뫼장강 계곡에서 쓸려온 충적 퇴적물과 발르로(Vallerots) 계곡에서 내려온 다양한 유형의 미사토가 섞여 있다. 언덕 상부에 비하면 진흙이 많아지다 보니 좀 더 각이 진 탄닌이 만들어진다. 아무래도 뉘 상 조르주 북부는 본 로마네와 접해 있는 곳이다 보니 본 로마네 특유의 절묘한 기교가 섞여 있는 느낌이 있다. 확실히 오 부도 프르미에 크뤼 와인은 뉘 상 조르주를 '대표'하는 훌륭한 와인이지만, 뉘 상 조르주를 '대변'하는 스타일이라고 보기는 어렵다.

뉘 상 조르주 중부는 시가지로 인해 끊겼던 포도밭이 다시 이어지면서 시작된다. 경사는 더 좁고 주요 도로는 프레모 프리세 마을을 향해 남쪽으로 계속 달려간다. 뤼 드 쇼(Rue de Chaux)를 시작으로 해발 245~260m에서 계속되는 라인에서 레 카이으(Les Cailles), 레 푸와레(Les Poirets), 론시에르(Roncière), 그리고 마지막으로 레 상 조르주(Les Saint Georges)까지 이어진다. 이곳이 바로 뉘 상 조르주에서 가장 좋은 테루아다. 바토니안 석회암과 약간 단단한 콩블랑시안 석회암이 섞여 있다. 북부와 마찬가지로 프르미에 크뤼 밭들은 모래 또는 자갈을 포함하고 있어서 점토의 영향이 덜하다. 프르미에 등급의 포도밭이 속한 토양은 마을의 북부나 남부보다 충적성이 낮고 바토니안 석회 잔해와 점토가 섞인 미사토다. 뉘 상 조르주 중부는 진정한 뉘 상 조르주만의 고유 캐릭터를 지닌 곳이다. 이곳의 테루아는 리치하고 파워풀한 피노 누아의 모습을 드러낸다. 그래서 뉘 상 조르주 AOC를 통틀어 테루아의 개성을 가장 잘 담아내고 품질 또한 뛰어난 와인을 생산한다.

뉘 상 조르주 남부는 프레모 프리세에 속해있지만 뉘 상 조르주 AOC로 생산되는 곳이다. 프레모 프리세를 가로지르는 포도밭의 경사는 더 가파르고 포도밭 면적도 더 좁다. 이곳은 북부나 중부에서 보였던 석회암보다는 점토와 이회토가 더 많고 깊은 토양이다. 그래서 뉘 상 조르주에서 가장 가벼운 스타일의 와인을 생산한다. 특이하게도 클로 아를로(Clos Arlot)는 단단한 바위 위에 자리 잡고 있어서 남부에서는 가장 품질 좋은 테루아를 지닌다. 그래서 주변 밭들에 비해서 와인의 집중도나 캐릭터가 뚜렷한 와인이 나온다. 뉘 상 조르주 최남단 프리미엄 크뤼인 클로 드 라 마레샬(Clos de la Maréchale) 너머의 포도밭은 뉘 상 조르주 AOC 밭들과 나란히 붙어 있지만 코트 드 뉘 빌라주 등급을 받는다. 이제 여기서부터는 코트 드 본으로 넘어가는 경계와 마주하기 때문이다.

슈퍼 프르미에 크뤼

부르고뉴의 크뤼 체계는 그랑 크뤼와 프르미에 크뤼 이렇게 두 개의 등급으로 나뉜다. 샤블리와 코트(Nuits, Beaune, Chalonaise) 그리고 마콩 세 지역에는 총 562개의 프르미에 크뤼 클리마가 있으며, 이는 부르고뉴 전체 포도밭의 11%를 차지한다. 이렇게 양도 많고 개수도 많다 보니 품질도 가격도 다양해질 수밖에 없다. 물론 500여 개의 클리마 이름을 다 기억하기도 어렵다. 그래서 그랑 크뤼는 몽라셰(Montrachet), 샹베르탕(Chambertin), 리쉬부르(Richebourg)처럼 독자적으로 클리마 이름만 쓰기도 한다. 어떤 와인이 어느 마을의 그랑 크뤼인지 대부분의 와인 애호가나 소비자들이 알고 있기 때문에 큰 문제가 되지 않는다. 이유도 모른 채 수백만 원을 지출하고 싶어 안달 난 정신 나간 사람이 아니라면 말이다.

하지만 프르미에 크뤼 라벨에서는 소속 마을을 생략해서는 안 된다. 그래서 부르고뉴 대부분의 프르미에 크뤼는 클리마와 함께 마을 이름이 꼭 따라붙는다. 이렇게 등급 서열뿐만 아니라 라벨 표기법에서부터 프르미에 크뤼는 그랑 크뤼와 마을(빌라주) 등급 사이에 끼어 있는 애매한 위치다. 프르미에 크뤼가 빌라주 등급에 비해 우월한 점은 독자적인 포도밭에서 생산되는 일종의 한정판 와인이라는 것이다. 프르미에 크뤼가 차지한 장소는 우연에 의한 것이 아니다. 포도의 숙성을 촉진하고 와인의 복합성을 유발하는 이상적인 조건에 맞는 포도밭이라는 것을 의미한다.

그렇다면 그랑 크뤼와 프르미에 크뤼를 가르는 기준은 무엇일까? 여기에 명확하고 공식적인 제한 조건이나 법규가 정해져 있지는 않다. 하지만 그랑 크뤼만의 일정한 공통점을 발견할 수는 있다. 예를 들어 코트 드 뉘의 레드와인 그랑 크뤼는 아래와 같은 네 가지 특징을 공통적으로 만족시킨다.

첫째, 포도밭이 최적의 일조량을 확보하고 있으며 배수가 잘되는 남동향 언덕이다. 둘째, 고도는 해발 ±250m와 ±310m 사이에 있다. 셋째, 언덕의 경사는 ±3~±15% 사이의 기울기이다. 넷째, 계곡의 출구에서 포도밭이 뒤로 물러선 듯 언덕에서 협곡이 앞으로 보이는 형세다.

프르미에 크뤼 포도밭은 주로 그랑 크뤼 외곽에 자리한다. 그래서 비슷한 조건을 갖췄음에도 테루아나 일조량, 방향의 미세한 차이가 와인의 집중력을 떨어뜨린다. 이러한 차이점을 고려하더라도 그랑 크뤼와 프르미에 크뤼의 생리학적 프로필을 점수 매기듯 가르기는 쉽지 않다. 다시 말해 프르미에 크뤼에 속해 있지만 그랑 크뤼만큼 좋은 프로필을 보이고 결과물도 좋은 곳이 있을 것이다. 이런 곳을 일명 '슈퍼 프르미에 크뤼'라 부른다. 쥘 라발(Jules Lavalle)은 디종 의과대학 교수이면서 프랑스 지질학회 회원이었다. 그는 부르고뉴 포도밭을 분류하고 품질에 따라 테트 드 퀴베(Tête de Cuvée), 프르미에(Première), 스공(Seconde), 트라지엠므(Troisième) 그리고 카트리엠므(Quatrième Cuvée)의 5등급을 매겼다. 현재의 그랑 크뤼에 해당하는 테트 드 퀴베에 속한 목록을 살펴보면 로마네 콩티, 클로 드 부조, 샹베르탕, 클로 드 타, 본 마르, 람브레이, 코르통, 뮈지니, 리쉬부르, 라 타슈, 로마네 상 비방, 레 상 조르주 등이 포함되었다. 현재의 AOC 등급과 비교했을 때 대체로 순위는 변하지 않았다. 다만 뉘 상 조르주의 레 상 조르주와 뫼르소(Meursault)의 페리에르(Perrières) 같은 경우를 보자. 당시에는 테트 드 퀴베, 즉 그랑 크뤼 목록에 나란히 올라가 있었지만 현재는 프르미에 크뤼에 속한다. 이들 밭이 슈퍼 프르미에 크뤼 와인의 대표적 사례가 된다.

최근에도 이와 유사한 평가가 있어 품질 좋은 프르미에 크뤼의 가치를 심사하고 꼽아보았다. 2006년에 와인 저널 〈부르고뉴 오주르디〉에서는 전문가 패널의 평가를 바탕으로 '톱 25 프르미에 크뤼'를 선정했다. 이중 상위권을 꼽아보면 샹볼 뮈지니의 레 자무르즈(Les Amoureuses), 주브레 샹베르탕의 클로 상 자크(Clos Saint Jacques)와 라보 상 자크(Lavaux Saint Jacques), 본 로마네의 크로 파랑투(Cros Parantoux), 뉘 상 조르주의 레 상 조르주(Les Saint Georges)와 보크랑(Vaucrains), 본의 그레브(Grèves), 포마르의 뤼지앙(Rugiens)과 클로 데 제페노(Clos des Epeneaux), 뫼르소의 페리에르(Perrières)와 레 샤름므(Les Charmes), 그리고 볼네의 르 카이레(Le Cailleret) 등이다. 뿐만 아니라 프랑스 와인 전문지 〈라 르뷔 뒤 방 드 프랑스(la Revue du Vin de France)〉에서도 '코트 도르의 슈퍼 프르미에'라는 제목으로 품질이 뛰어난 프르미에 크뤼 와인을 소개한 바 있다. 당시 선정된 와인을 살펴보면 샹볼 뮈지니의 레 자무르즈, 주브레 샹베르탕의 클로 상 자크, 본 로마네의 크로 파랑투, 뉘 상 조르주의 레 상 조르주, 본의 그레브, 포마르의 뤼지앙, 뫼르소의 페리에르 그리고 퓔리니 몽라셰의 클로 뒤 카이레(Clos du Cailleret)가 영광의 주인공들이다.

 ## 와인 등급

뉘 상 조르주는 1936년에 AOC를 획득했다. 뉘 상 조르주 AOC는 빌라주 등급과 프르미에 크뤼, 이렇게 두 가지 등급으로 분류된다. 먼저 빌라주 등급은 178헥타르의 면적에 뉘 상 조르주(Nuits Saint Georges) AOC 명칭을 사용하여 판매한다. 뉘 상 조르주 프르미에 크뤼(Nuits Saint Georges Premier Cru) AOC는 마을에서 가장 뛰어난 산지로, 다른 마을과 마찬가지로 고유 클리마 이름을 라벨에 기재한다. 뉘 상 조르주 프르미에 크뤼는 147헥타르의 면적에 41개 클리마를 보유하고 있다.

뉘 상 조르주에는 그랑 크뤼가 없다. 하지만 프르미에 크뤼 클리마 가운데 앞에서 언급한 코트 드 뉘 그랑 크뤼 포도밭과 지리학적·지질학적 조건이 같으며 그랑 크뤼의 전제 조건을 모두 충족하는 밭들이 있다. 그래서 그랑 크뤼 승급을 꿈꾸는 이곳 와인 생산자들의 포부를 종종 듣게 된다. 그중에서도 가장 유력한 레 상 조르주 포도밭을 소유한 핵심 멤버들은 그랑 크뤼 승급을 위한 행동을 준비하기로 결정했다. 그래서 레 상 조르주를 그랑 크뤼로 승급하기 위한 협회를 만들었다.

 ## 와인 스타일

뉘 상 조르주(Nuits Saint Georges AOC)

뉘 상 조르주 와인은 동음이의어인 '야상곡(Nuits)'이라는 이름에 화답하듯 황혼에 가까운 진보라빛을 띠고 있다. 으깬 자두, 장미 그리고 감초 향은 뉘 상 조르주 와인의 가장 특징적인 아로마다. 와인이 어릴 때는 체리, 딸기, 블랙커런트 등 뚜렷한 과실 향을 보여주다가 나이가 들면서 가죽, 트러플, 모피, 사냥한 짐승 등의 부케로 진화한다. 산도가 높아 활기찬 분위기를 지녔으면서도 탄닌의 씹히는 듯한 텍스처와 보디감의 조화가 뛰어나다. 병입한 뒤 나이가 들면 점점 라운드해지고 언제 그랬냐는 듯 거칠던 탄닌의 텍스처가 탁월한 부드러움을 준다. 뉘 상 조르주에서 보기 드문 화이트와인은 이웃 마을인 뫼르소나 코르통과는 확연하게 다른 스타일을 보여준다. 아로마가 강렬하면서 단단한 와인이다. 짙은 골드 컬러, 브리오슈, 때로는 흰 꽃을 배경으로 꿀을 첨가한 아로마를 드러낸다.

뉘 상 조르주 프르미에 크뤼(Nuits Saint Georges Premier Cru AOC)
레 상 조르주(Les Saint Georges)

뉘 상 조르주를 대표하는 와인이자 뉘 상 조르주에서 가장 풍부한 스타일을 보여준다. 레 상 조르주는 이미 천 년 전부터 포도가 재배되었던 밭이다. 부르고뉴에서 가장 오래된 클리마 중 하나인 만큼 전통적인 품위를 보여준다. 아름답고 강렬한 루비 컬러, 그리고 잘 익은 과실 향과 달콤한 향신료 아로마를 표현한다. 입안에서는 부드럽게 시작하지만 곧이어 뚫을 수 없을 만큼 강력한 탄닌의 장벽을 느끼게 된다. 장기 숙성용 와인으로 먼 훗날 특별한 날을 위해 아껴 두어야 하는 와인이다.

레 보크랑(Les Vaucrains)

뉘 상 조르주 마을 언덕 꼭대기에 자리한 레 보크랑은 이 마을에서 레 상 조르주와 함께 탑 프르미에 크뤼로 꼽히는 곳이다. 유력한 그랑 크뤼 후보 중 하나로, 강렬하고 진한 레드 컬러에 검붉은 과실 향과 매우 복잡한 아로마를 보여준다. 나이가 들면서 신선한 가죽 향, 사냥된 짐승, 발사믹 및 감초 향으로 풍성하게 진화한다. 좋은 구조의 탄닌과 풀 보디의 균형감이 잘 잡혀 있으며, 긴 여운과 함께 우아함으로 마무리되는 와인이다.

레 디디에(Les Didiers)

프레모 프리세 마을 북쪽이면서 뉘 상 조르주 남쪽에 자리하여 두 마을의 경계에 위치한 밭이다. 코트 드 뉘에서 '가장 잘 보관된 비밀 병기' 중 하나로 알려져 있으며, 도멘 데 오스피스 드 뉘(Domaine des Hospices de Nuits)의 2.4 헥타르 모노폴 포도밭이다. 짙은 색조의 루비 컬러, 작고 붉은 열매, 블랙베리 등의 과실 향이 바닐라, 캐러멜, 커피 등 우디 뉘앙스와 연결되어 촘촘한 아로마를 형성한다. 나이가 들면 감초, 신선한 가죽, 구두의 향이 난다. 상당히 부드러운 특성을 가지고 있으므로 숙성형 프르미에 크뤼지만 어린 나이에도 마실 수 있다.

레 부도(Les Boudots)

뉘 상 조르주 북부 산지에서 가장 유명한 클리마다. 위치에서 짐작할 수 있듯이 뉘 상 조르주보다는 본 로마네에 가까운 스타일이다. 하지만 뉘 상 조르주와 본 로마네 중간 경계에서 모호한 레 부도만의 특징이 있다. 본 로마네처럼 우아한 실키 텍스처의 탄닌을 보여주면서도 뉘 상 조르주 중부 산지의 돌풍같이 신랄한 산미를 띠고 있다. 모란 등의 플로럴 풍미에 검붉은 과실 향, 커피, 코코아, 가죽 및 약간의 머스크 향이 뒤섞인 아로마를 제공한다. 어린 시절에는 매끄러운 질감이 두드러진다면 나이가 들면서 부드러움과 단단한 구조를 균형 있게 드러내는 와인이다.

코트 드 본(Côte de Beaune)

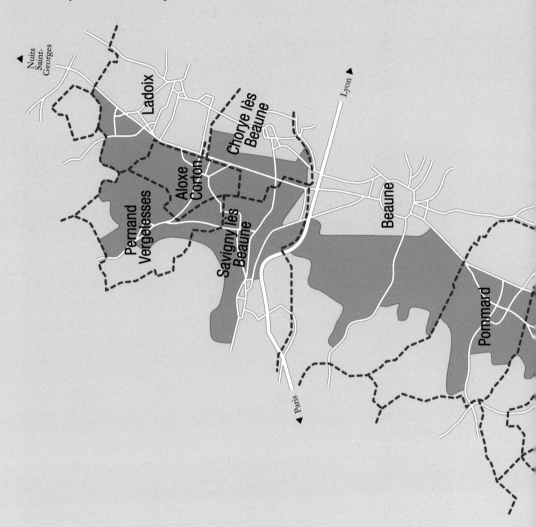

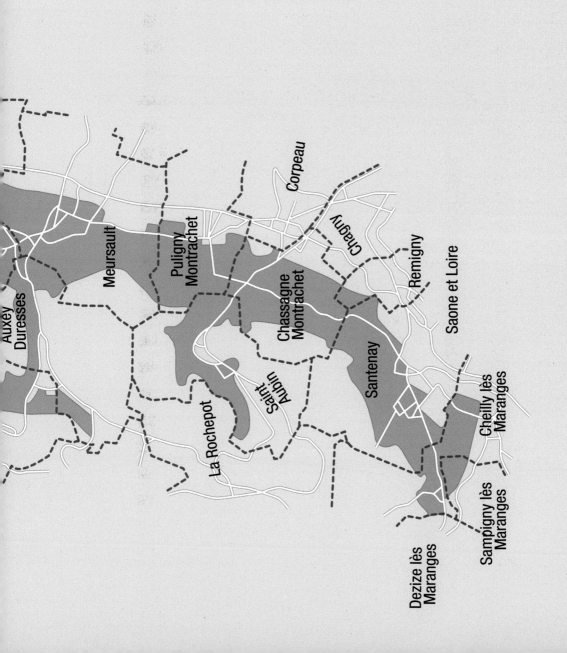

9

알록스 코르통

Aloxe Corton

코트 드 본을 알리는 팡파르

숲과 들이 만나는 지점을 임연부(林緣部)라고 한다. 임연부는 숲과 들의 삶을 공유하는 것들이 모여 살다 보니 생물 다양성이 높다. 알록스 코르통은 마치 코트의 임연부와 같다. 코트 드 뉘와 코트 드 본의 분수령이자 코트 도르에서 뉘와 본을 가르는 경계가 된다. 코트 드 뉘와 코트 드 본은 코트 도르에 속해 있다는 것 말고는 의외로 연결고리가 적다. 포도밭의 모양새나 테루아, 그리고 와인 스타일까지. 그래서 코트 드 뉘와 코트 드 본이 각자 뚜렷한 힘으로 서로를 팽팽하게 마주하고 있다면, 알록스 코르통은 그 사이를 찰방찰방 헤엄치며 가르는 계곡 같다. 모든 경계는 신비롭다. 하늘과 땅이 맞닿은 경계, 하늘과 바다가 맞닿은 경계, 바다와 땅이 맞닿은 경계, 산과 들이 맞닿은 경계, 이 경계에서 만남이 이루어지고 창조가 시작된다. 경계를 이루면서도 동시에 양쪽을 이어주는 제3의 공간을 창출한다. 양쪽 코트 지역의 주력 와인을 설명할 때 코트 드 뉘는 레드와인을, 코트 드 본은 화이트와인을 꼽는다. 알록스 코르통은 특이하게도 레드와 화이트를 모두 선택한다. 레드와 화이트 그랑 크뤼를 모두 보유한 산지이기 때문이다. 이렇게 된 연유로는 알록스 코르통이 가진 지리적 이점을 무시할 수 없다. 물론 코트 드 뉘에도 레드와 화이트를 모두 생산하는 그랑 크뤼 뮈지니가 있다. 하지만 뮈지니는 2헥타르가 채 안 되는 극히 작은 밭이다. 하지만 알록스 코르통은 150헥타르가 넘는 부르고뉴 최대 그랑 크뤼 와인 산지다. 그만큼 부르고뉴 레드와 화이트가 공존하는 '독보적인' 마을이라고 할 수 있겠다. 그러니까 알록스 코르통은 부르고뉴 레드와인 그랑 크뤼가 등장하는 마지막 무대다. 그리고 이곳에서부터 새롭게 화이트와인의 축제가 시작되는 데뷔 무대이기도 하다.

코르통

알록스 코르통의 레드와인은 '이렇게 다를 일인가' 싶을 정도로 다른 코트 드 뉘 레드와인과 같지 않다. 코트 드 뉘의 석회암(라임스톤) 토양은 코트 드 본으로 넘어가면서 이회토 성향이 강해진다. 그래서 코트 드 뉘가 '미네랄리티'를 전면에 강하게 내세우는 것에 반해 코트 드 본의 레드는 '질감'을 살려낸다. 와인의 탄닌이 도톰해진다. 좀 더 쉽게 설명하자면 석회암은 마치 다시마를 우려낸 담백하고 감칠맛 나는 국물과 같다. 진흙이 더해지면 거기에 장을 풀어놓은 것 같달까. 와인이 묵직해지면서 진해진다. 개인적으로 코트 드 본의 레드와인은 허브와 스파이시한 향신료 향이 좀 더 두드러지는 거 같다. 그래서 알록스 코르통 레드와인을 두고 '봄의 정원' 같은 와인이라고 묘사하기도 한다. 봄은 일 년 중 가장 '향기로운' 시간이다. 엄청난 양의 피톤치드, 해동된 흙, 꽃봉오리 냄새가 사방으로 퍼진다. 그래서 알록스 코르통을 마시고 있노라면 따스한 햇살과 신선한 봄 공기가 느껴진다. 무엇보다 그랑 크뤼 코르통 레드는 요즘 들어 가장 주목받는 부르고뉴 레드와인일 것이다. 코트 드 뉘 그랑 크뤼 레드와인의 가격이 하늘 높은 줄 모르고 치솟을 때 코르통은 살짝 뒤로 물러나 있었다. 그 결과 다른 코트 드 뉘 그랑 크뤼 레드보다 비교적 가성비 좋은 와인이 되었다. 예를 들어 코르통 클로 뒤 루아(Corton Clos du Roi)는 모레이 상 드니 클로 드 라 로슈(Clos de la Roche)만큼 완성도 높은 즐거움을 안겨준다. 하지만 가격은 그에 비해 낮다. 그렇다고 마냥 좋아할 일은 아니다. 아마도 여러분이 오늘 마신 코르통이 가장 저렴할 테니.

코르통 샤를마뉴

코르통 샤를마뉴는 알록스 코르통에서 가장 유명한 클리마다. 비싼 가격만큼 맛도 범상치 않다. 화이트와인의 힘을 보여주는 와인이다. 지질학적으로는 강한 미네랄리티가 와인의 무게감을 밀고 나간다. 단단한 근육질이 느껴진다. 그래서 이 와인을 마시고 있으면 '이게 화이트라고? 강렬한 탄닌 같은 이 질감은 뭐람?'이라는 생각이 들 정도다. 그 위로 견과류, 채소, 향신료, 오크 등 강한 과실 향이 더해지며 오감의 멱살을 잡고 흔든다. 마치 장대한 클라이막스를 향해 나아가는 교향곡 같다. 그래서 부르고뉴의 많은 사람들이 만약 코르통 샤를마뉴가 모노폴 밭이었다면 전 세계에서 가장 비싼 와인은 화이트와인이 되었을 거라 단언한다. 물론 숙성력도 아주 길다. 그야말로 부르고뉴 화이트와인의 상징과도 같은 존재다.

제3의 공간

"우리는 커피를 팔지 않고 공간을 팝니다." 스타벅스는 레이 올덴버그의 제3의 공간 이론을 이렇게 재해석해 성공했다. 제1의 공간인 집과 제2의 공간인 직장 사이에 놓인 제3의 공간은 우리의 삶의 질을 높이는 역할을 한다. 특히 유럽의 경우 더욱 그렇다. 이탈리아의 시골이라면 노을이 지는 저녁, 소광장(Piazza)에 사람들이 모여 담소를 나눈다. 하루에 있었던 일들을 안주 삼아 술잔을 기울이며 피로와 긴장을 푼다. 영국이라면 동네 골목 어귀의 펍(Pub)이 될 것이고 프랑스라면 비스트로(Bistro) 같은 단골 카페 겸 바가 될 것이다. 알록스 코르통 와인도 마찬가지다. '부르고뉴 와인은 이래야 한다'라는 개념 또는 판단에 얽매이지 않고 자유롭게 마실 수 있다. 부르고뉴를 대표하는 산지인 코트 드 뉘, 코트 드 본이라는 엄격한 이름 사이에서 제3의 공간처럼 존재하는 알록스 코르통은 비밀을 품고 있는 곳이다.

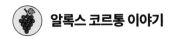

알록스 코르통 이야기

　알록스 코르통(Alox Corton)은 코트 드 본이 시작되는 첫 마을이다. 코트 드 뉘를 벗어나면 다채로운 기와지붕으로 장식된 성과 첨탑이 있는 교회가 보이는 조용한 마을이 나타난다. 이곳에서 가장 먼저 눈길을 끄는 건 봉긋하게 솟은 동산, 라 몽타뉴 드 코르통(La Montagne de Corton)이다. 라 몽타뉴 드 코르통을 해석하면 '코르통 산'이라고 할 수 있다. 하지만 실제로는 높은 언덕에 가깝다. 라두아 세리니(Ladoix Serrigny), 알록스 코르통, 페르낭 베르젤레스(Pernand Vergelesses)로 이어지는 코르통 산은 경관이 아름답다. 코트 드 뉘와는 또 다른 풍경을 보여준다. 코트 드 뉘 지역보다 경사가 완만하며 말발굽 모양처럼 둥글게 구부러진 모양이다. 코트 드 뉘가 연극 무대처럼 평평한 언덕이었다면, 코르통은 숲을 무대 배경으로 둔 원형 극장 같다. 관객석 자리가 바로 포도밭이다. 이곳이 코트 드 본의 유일한 레드 그랑 크뤼 산지이자 부르고뉴 그랑 크뤼에서 가장 넓은 밭을 가진, 코르통 언덕이다.

　알록스 코르통 마을의 원래 이름은 알록스(Aloxe)다. 알록스란 단어는 켈트어로 '높은 곳'을 의미하는 접두사 Al에서 유래했다. 1938년에 알록스 코뮌은 마을 이름에 이 지역의 상징과도 같은 이름인 코르통(Corton)을 추가하였다. 그래서 오늘날의 공식 명칭인 '알록스 코르통'이 되었다. 알록스 코르통 AOC는 피노 누아와 샤르도네 품종으로 각각 레드와인과 화이트와인을 생산한다. 그랑 크뤼 역시 화이트와 레드 와인을 모두 생산한다. 레드와인 산지는 프르미에 크뤼 산지 35.91헥타르를 포함하여 총 118.53헥타르이며, 반면 화이트와인 산지는 프르미에 크뤼 0.27헥타르를 포함하여 1.36헥타르에 불과하다. 이곳에서 레드와인이 많이 생산되는 이유는 아무래도 레드와인 그랑 크뤼인 코르통의 영향을 많이 받기 때문이다. 그래서 알록스 코르통 레드와인은 인근 지역의 레드와인보다 가격대가 높다. 코르통 언덕 정상을 차지하는 그랑 크뤼 포도밭은 알록스 코르통 마을뿐만 아니라 인근 마을인 라두아 세리니, 페르낭 베르젤레스까지 걸쳐 있다. 흥미로운 점은 페르낭 베르젤레스와 라두아 세리니는 각자 마을 산하의 빌라주 와인과 프르미

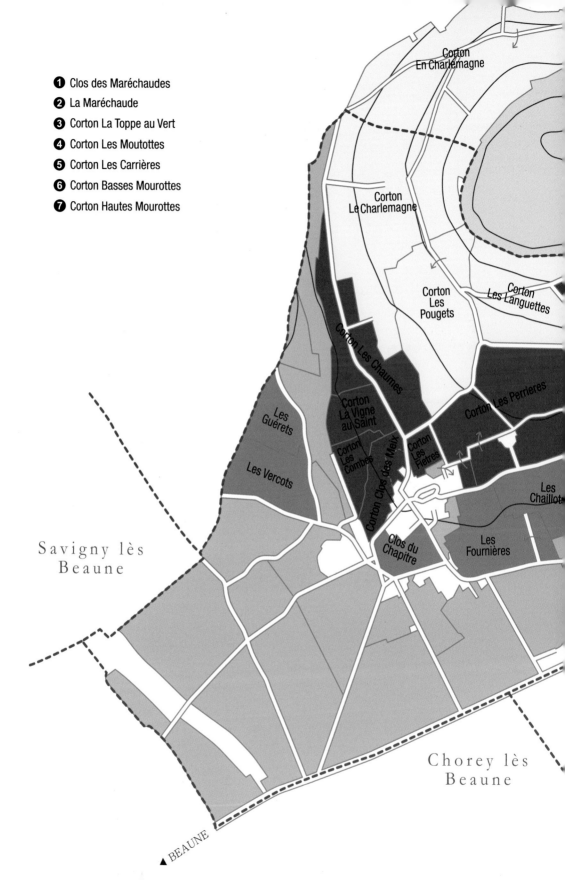

❶ Clos des Maréchaudes
❷ La Maréchaude
❸ Corton La Toppe au Vert
❹ Corton Les Moutottes
❺ Corton Les Carrières
❻ Corton Basses Mourottes
❼ Corton Hautes Mourottes

Corton
En Charlemagne

Corton
Le Charlemagne

Corton
Les
Pougets

Corton
Les Languettes

Corton Les Chaumes

Corton
La Vigne
au Saint

Corton Les Perrieres

Les
Guérets

Corton
Les
Combes

Corton Clos des Meix

Corton
Les
Fietres

Les
Chaillot

Les Vercots

Clos du
Chapitre

Les
Fournières

Savigny lès
Beaune

Chorey lès
Beaune

▲ BEAUNE

Pernand
Vergelesses

Corton Le Corton

Corton Le Corton

Corton Le
Clos du Roi

Corton Les Renardes

Corton Clos
des Cortons
Faiveley

Corton
Les
Rognet

Corton Les Vergennes

Les
Moutottes

Corton
Les Grandes
Lolières

Les Petites
Lolières

Corton Les Bressandes

Corton
Les
Paulands

Corton Les
Maréchaudes

La Toppe
au Vert

La
Coutière

Les Valozières

Les
Paulands

Les Maréchaudes

Les Maréchaudes

DIJON ▶

Ladoix
Serrigny

■	Grand Cru : Corton(Red) / Corton Blanc(White)
□	Grand Cru : Corton Charlemagne(White)
▥	Grand Cru : Corton(Red) / Corton Charlemagne(White)
■	Premier Cru
■	Aloxe Corton

에 크뤼 와인을 생산하고 있다는 것이다. 하지만 그랑 크뤼만은 알록스 코르통 마을에 소유권을 넘겨준 셈이다.

코트 드 본에는 석회암보다 이회토가 많다. 그리고 코트 드 뉘에 비해 토양이 꽤 두텁다. 와인에서도 이러한 특성이 드러난다. 그래서 코르통 레드와인은 코트 드 뉘 레드에 비해서 보디가 무겁고 풍미가 풍부하다. 한편 화이트와인은 이회토의 지질학적 이점을 최대한 활용해 멋들어진 에너지를 만들어 낸다. 그래서 그랑 크뤼인 코르통 샤를마뉴는 말 그대로 화이트와인의 왕도를 보여준다. 장기 숙성형 화이트와인의 지표로 삼을 수 있는 집중도, 개성, 균형감이 강렬하게 표현된다. 흔히 맛볼 수 없는 치명적인 와인이다. 이 와인은 화이트와인의 파워가 과연 어디까지 가능한지를 스스로 증명하는 듯하다.

알록스 코르통의 등급 체계는 부르고뉴 아펠라시옹의 전체 등급을 아우른다. 먼저 약 89헥타르 면적에서 빌라주 등급인 알록스 코르통 AOC를 생산한다. 다음으로 36헥타르의 프르미에 크뤼는 총 14개 클리마를 보유하고 있다. 마지막으로 그랑 크뤼는 총면적이 약 293헥타르로 부르고뉴 그랑 크뤼에서 가장 넓은 면적이다. 공식적으로 알록스 코르통 그랑 크뤼는 코르통(Corton)과 코르통 샤를마뉴(Corton Charlemagne) 이렇게 2개의 클리마를 가지고 있다.

 **기후와 토양**

알록스 코르통은 코트 드 뉘와 코트 드 본을 이어주는 연결 고리와 같다. 그러다 보니 코트 드 뉘와 비슷한 점이 많다. 이를테면 언덕 높이에 따라 포도밭 등급이 달라지고, 토질도 달라진다. 하지만 코트 드 뉘와 구별되는 점도 있다. 바로 테루아. 알록스 코르통부터는 본격적으로 코트 드 본의 테루아가 시작된다.

먼저, 산 높이에 따른 포도밭의 차이를 알아보자. 첫째, 코르통 산에서 가장 높은 곳 정상은 그랑 크뤼 밭이다. 화이트와인 그랑 크뤼인 코르통 샤를마뉴 그리고 레드와인 그랑 크뤼인 코르통 밭이 자리한다. 이곳은 장기 숙성형 와인에 적합한 지형과 토질을 갖췄다. 해발 200~330m 사이의 높이로 경사가 가파르고 일출부터 일몰까지 햇볕이 잘 드는 언덕이다. 토양은 규토와 부싯돌, 석회암 파편 그리고 '샤이요(Chaillots)'라 불리는 자갈로 구성된 적갈색 이회토 토양이다. 여기서 중요한 건 바로 이회토로, 특히 칼륨이 풍부한 이회토가 유명하다. 이회토는 석회석을 함유한 진흙질 토양을 뜻한다. 코트 드 뉘는 주로 석회질 토양으로 이루어져 있다. 알록스 코르통부터는 코트 드 본으로 넘어가므로 이회토 토양이 시작됐다는 것을 뜻한다. 그래서 같은 피노 누아로 만든 레드와인이라 하더라도 코트 드 뉘의 와인과 맛의 차이가 난다. 특히 탄닌의 기질이 달라진다. 불과 몇 킬로미터 정도 떨어진 본 로마네 그랑 크뤼와 비교해 보면 소름이 돋을 정도로 뚜렷한 차이가 느껴진다. 본 로마네 레드와인은 풍부(Opulent)하다. 다시 말해 부드럽지만 입안을 꽉 채워주는 넉넉함이 느껴진다. 그에 비해 코르통 레드와인은 견고(Robust)하다. 좀 더 무겁고 빡빡하다. 이렇게 두 곳의 와인을 비교해 보면 마치 뮤지컬의 더블 캐스팅을 감상하는 듯하다. 같은 노래를 부르더라도 가수에 따라 묘한 뉘앙스의 차이가 있는 것처럼 말이다.

두 번째로 코르통 산 중턱의 밭을 살펴보자. 이곳은 코르통 그랑 크뤼 포도밭과 경계를 이루는 곳이자, 산의 정상에서 내려가다가 그랑 크뤼 밭이 끝나는 지점이기도 하다. 여기서부터 프르미에 크뤼 포도밭이 시작된다. 알록스 코르통에는 14개 프르미에 크뤼 클리마가 있다. 이중에서 가장 유명한 것은 클로 데 마레쇼드(Clos des Maréchaudes), 푸르니에(Fournières) 그리고 발로지에르(Valozières)다. 왜 이곳들이 유명할까? 지도를 보면 알 수 있다. 코르통과 맞닿아 있는 밭이다. 그런가 하면 레 베르코(Les Vercot)와 레 게레(Les Guérets), 이 두 개의 밭은 그랑 크뤼 밭과 붙어 있지 않고 멀리 떨어져 있다. 아무래도 맛의 차이가 날 수밖에 없다. 언덕 중부는 칼륨이 풍부한 어란상 석회암 이회토, 자갈, 석회 토양이다. 언덕 아래로 내려갈수록 자갈과 철 성분의 비중이 늘어난다. 토양의 컬러도 붉어진다.

　마지막으로 코르통 산 하부 지역이다. 부싯돌과 석회 부스러기가 섞인 적갈색 진흙 토양이다. 진흙의 비율이 많아지면 와인에서 검은 과실 향이 두드러지고 탄닌이 소박해진다. 어깨에 힘을 뺀 듯 담백한 와인이 된다.

　알록스 코르통에서 가장 흥미로운 지점은 와인 색깔의 선택이다. 언덕 상부, 그러니까 그랑 크뤼 포도밭은 피노 누아와 샤르도네를 동시에 심는다. 코르통 산은 앞에서 말한 것처럼 포도밭의 고도에 따라 토양이 달라진다. 그래서 그랑 크뤼밭은 같은 위도에 같은 토질을 가진 비슷한 조건이 된다. 하지만 와인의 색깔이 다르다. 코르통 산 서쪽의 페르낭 베르젤레스 방향은 화이트와인 산지다. 동쪽의 라두아 세리니와 알록스 코르통 방향은 레드와인 산지다. 이와 관련해 재미있는 에피소드가 많다. 옛날 샤를마뉴 대제가 코르통산을 소유하던 시절의 이야기다. 왕비는 대제가 레드와인을 마시는 걸 좋아하지 않았다고 한다. 하얀 수염에 레드와인이 묻는다는 이유에서다. 그래서 소작농은 왕비의 심기를 헤아려 코르통 산에서 청포도가 잘 자라는 곳을 찾았다. 그곳이 오늘날 코르통 샤를마뉴 화이트와인이 나오는 그랑 크뤼 밭이라고 한다. 하지만 전설은 전설일 뿐. 미첼 비즐리는 저서 《테루아》에서 코르통 샤를마뉴의 입지적 특징에 주목했다. 코르통 샤를마뉴는 서향이라서 코르통 산에서 가장 서늘한 자리다. 샤르도네는 피노 누아보다 추위를 잘 견디는 품종이다. 여기서 더 중요한 건 지질이다. 같은 이회토 토양이라 하더라도 서향 언덕의 서늘한 기운은 와인을 만들었을 때 진흙질의 특징이 더 두드러진다. 그래서 레드보다는 화이트와인에 더 맞다. 강렬함의 극치라 할 만큼 훌륭한 화이트와인이 탄생한다. 결론을 내려보자. 같은 자리에서 왜 코르통과 코르통 샤를마뉴로 나뉘는가? 이걸 어떻게 설명할 수 있는가? 토양의 차이? 일조량과 방향의 차이? 기후 차이? 이 모든 걸 아우르는 마법 같은 단어가 있다. '테루아'.

이상한 나라의 코르통 몽타뉴

앞에서 말했듯이 알록스 코르통에는 두 개의 그랑 크뤼 클리마가 있다. 바로 '코르통'과 '코르통 샤를마뉴'다. 코르통은 레드와인을 생산하고 코르통 샤를마뉴는 화이트와인을 생산한다. 하지만 좀 더 깊게 들어가 보면 그렇게 단순하지 않다. 그래서 어느 평론가는 알록스 코르통 그랑 크뤼를 두고 '이상한 나라의 앨리스'처럼 미궁에 빠진 것 같다고 했다.

먼저 코르통 샤를마뉴는 화이트와인만 독점적으로 생산하는 그랑 크뤼 AOC다. 여러분이 레스토랑의 와인 리스트에서 코르통 샤를마뉴를 발견했다면 그 와인은 100% 화이트와인이라는 뜻이다. 와인 라벨에는 코르통 샤를마뉴(Corton Charlemagne)라고 기재된다. 232쪽 지도에서 이곳의 위치를 보자. 코르통 산 남서쪽 방향의 경사면이다. 페르낭 베르젤레스와 알록스 코르통 마을에 걸쳐 있으며, 57.70헥타르 면적이다. 코르통 샤를마뉴에 속한 리외디는 모두 9개다. 이제부터 지도를 보면서 읽어 내려가 보자. 알록스 코르통 마을에 속한 리외디는 르 샤를마뉴(Le Charlemagne), 레 푸제(Les Pougets), 레 랑게트(Les Languettes)가 있다. 그리고 페르낭 베르젤레스 마을에 속한 앙 샤를마뉴(En Charlemagne)도 있다. 여기에 더해 코르통 클리마로 알려진 곳 일부도 포함된다. 알록스 코르통 마을의 르 코르통(Le Corton), 레 르나르드(Les Renardes), 르 로뉴(Le Rognet)와 라두와 세리니 마을의 오트 무로트(Hautes Mourottes), 바스 무로트(Basses Mourottes)다. 지금까지 언급한 모든 밭은 코르통 샤를마뉴(Corton Charlemagne)를 라벨에 기재할 수 있는 자격이 주어진다. 단 라벨에 리외디를 명시할 수는 없다.

그다음 코르통 그랑 크뤼 AOC는 레드와 화이트 두 가지 와인 모두 생산 가능하다. 와인 라벨에 레드는 코르통(Corton), 화이트는 코르통 블랑(Corton Blanc)이라고 표기한다. 이 아펠라시옹은 코트 드 본에서 가장 큰 규모를 자랑한다. 약 90헥타르의 피노 누아, 그리고 약 4헥타르의 샤르도네로 총 100헥타르에 육박한다. 코르통 그랑 크뤼 AOC에 포함된 리외디는 25개다. 여기서 25개란 알록스 코르통 그랑 크뤼 전체를 뜻한다. 다시 지도를 보자. 붉은색으로 표시된 그랑 크뤼 포도밭은 모두 코르통 그랑 크뤼(Corton Grand Cru)에 등재된 리외디다. 이 밭들 가운데서 코르통이 포트 드라포(Porte Drapeau, 밭 이름을 통폐합하는 과정에서 명칭이 살아남은 밭 이름을 '깃대를 든 기수'라는 뜻으로 '포드 드라포'라 한다. 자세한 내용은 샤블리 67쪽 참고)가 된다. 단 여기서 몇 가지 주의사항이 필요하다.

첫째, 르 코르통(Le Corton)밭은 포트 드라포다. 그래서 라벨에 정관사 르(Le)가 덧붙은 르 코르통이라고 표기한다. 다른 밭들은 르(Le)가 생략된 코르통이다.

둘째, 25개 리외디 중 오트 무로트(Hautes Mourottes), 바스 무로트(Basses Mourottes), 르 코르통(Le Corton), 레 푸제(Les Pougets), 레 랑게트(Les Languettes), 레 르나르드(Les Renardes), 르 샤를마뉴(Le Charlemagne), 앙 샤를마뉴(En Charlemagne), 르 로뉴 에 코르통(Le Rogne et Corton)의 9개 클리마는 코르통 블랑이 허용되지 않는다. 그럼 만약 이곳에서 샤르도네를 생산한다면? 그렇다. 앞에서 언급했듯이 코르통 샤를마뉴(Corton Charlemagne)라 명시한다.

셋째, 리외디명을 라벨에 기재할 수 있다. 코르통 샤를마뉴와 대조되는 법령이다. 예를 들면 '코르통 클로 뒤 루아(Corton Clos du Roi)' 같은 식이다. 코르통 뒤에 리외디 명을 붙여 표기하는 게 관행이다.

알록스 코르통 그랑 크뤼의 25개 리외디는 아래와 같다.

Basses Mourottes, Hautes Mourottes, Le Rognet et Corton, Les Carrières, La Taupe au Vert, Les Moutottes, Les Vergennes, Les Grandes Lolières(여기까지 라두아 세리니), Le Corton, Les Pougets, Les Languettes, Les Perrières, Les Renardes, Le Clos du Roi, Les Bressandes, Les Maréchaudes, Les Paulands, Le Charlemagne Les Grèves, Les Fiètres, Les Chaumes, La Vigne-au-Saint, Les Combes, Les Meix(여기까지 알록스 코르

통), En Charlemagne(페르낭 베르젤레스).

와인 등급

알록스 코르통 AOC는 1938년에 제정되었으며, 현재 세 가지 등급으로 분류된다. 먼저 빌라주 등급은 83.7헥타르의 면적에 알록스 코르통(Aloxe Corton) AOC라는 명칭을 사용한다. 이중 레드와인은 82헥타르, 화이트와인은 1헥타르를 차지한다.

알록스 코르통 프르미에 크뤼(Aloxe Corton Premier Cru) AOC는 모두 14개다. 36.18헥타르 면적에서 생산되며, 특이한 점은 프르미에 크뤼의 경우 알록스 코르통과 라두아 세리니(Laditx Serrigny) 마을에 걸쳐 분포되어 있다는 것이다. 라두아 세리니 마을은 빌라주 등급은 고유 명칭인 라두아 세리니 AOC로 판매하지만 프르미에 크뤼(와 그랑 크뤼)는 알록스 코르통으로 편입된다. 라두아 세리니가 소유한 프르미에 크뤼 클리마는 클로 데 마레쇼드(Clos des Maréchaudes), 라 마레쇼드(La Maréchaude), 레 프티 폴리에르(Les Petites Folières), 레 무토투(Les Moutottes), 라 쿠티에르(La Coutière), 라 토프 오 베르(La Toppe au Vert)가 있다. 그리고 알록스 코르통 소속 프르미에 크뤼 클리마로는 레 발로지에르(Les Valozières), 레 폴랑(Les Paulands), 레 마레쇼드(Les Maréchaudes), 레 샤이요(Les Chaillots), 레 푸르니에르(Les Fournières), 클로 뒤 샤피트르(Clos du Chapitre), 레 게레(Les Guérets), 레 베르코(Les Vercots)가 있다. 이때 다른 지역 프르미에 크뤼 AOC와 마찬가지로 고유 클리마 이름을 라벨에 기재한다.

알록스 코르통 그랑 크뤼(Aloxe Corton Grand Cru) AOC는 코르통 샤를마뉴(Corton Charlemagne)와 코르통(Corton)이다. 그랑 크뤼 역시 프르미에 크뤼처럼 인근 마을 일부 밭들을 끌어모은 모습이다. 그래서 이곳의 그랑 크뤼는 페르낭 베르젤레스, 알록스 코르통, 라두아 세리니 이렇게 3개 마을을 가로질러 자리하고 있다.

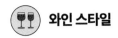 **와인 스타일**

알록스 코르통(Aloxe Corton AOC)

알록스 코르통 레드는 진한 루비 컬러를 띠며, 마치 붉은 벨벳 같다. 나이가 들면 색이 바래면서 실크 광채의 가넷 컬러로 변한다. 아로마는 붉은 과실(라즈베리, 딸기, 체리)과 검은 과실(블랙커런트, 블랙베리) 향이 동시에 난다. 어릴 때는 싱그러운 풀 향과 모란, 재스민 같은 꽃 향이 나서, 이를 두고 '봄의 정원' 같다는 표현을 쓰기도 한다. 시간이 지날수록 피스타치오, 가죽, 트러플, 버섯, 계피 향의 부케로 발전한다. 또한 와인에 제법 무게감이 있어, 탄닌도 단단하고 구조감 역시 탄탄하다. 그래서 알록스 코르통 와인은 10~20년 이상 숙성이 가능하다. 5월의 어느 쾌청한 오후, 갖가지 봄꽃과 초록이 어우러진 숲길을 걷는 듯 싱그러운 매력이 물씬 풍기는 와인이다. 화이트와인의 경우에는 유연하고 부드럽다. 5년 정도 숙성하면 은은한 헤이즐넛 향이 난다.

알록스 코르통 프르미에 크뤼(Aloxe Corton Premier Cru AOC)

레 베르코(Les Vercots)

가장 유명한 알록스 코르통 프르미에 크뤼로 정평이 나 있다. 이 와인은 관능적이다. 자두, 체리, 라즈베리 등 붉은 과실 향, 튤립과 작약 등의 꽃 향, 여기에 날고기, 가죽, 육두구, 발사믹 향까지 독특한 풍미가 난다. 입안에서는 달콤한 과실 향으로 각설탕을 머금은 듯 살짝 단맛까지 느껴진다. 마지막에는 미네랄 풍미가 정교한 구조감을 떠받든다.

레 마레쇼드(Les Maréchaudes)

알록스 코르통에는 '마레쇼드'라는 명칭을 가진 3개의 프르미에 크뤼가 있다. 라두아 세리니에 있는 라 마레쇼드(La Maréchaude), 알록스 코르통에 있는 레 마레쇼드(Les Maréchaudes), 그리고 두 마을에 걸쳐 있는 클로 데 마레쇼드(Clos des

Maréchaudes)다. 세 밭 모두 그랑 크뤼인 코르통 마레쇼드(Corton Marechaudes) 밭 아래에 자리한다. 색상은 보랏빛을 띠며 기본적으로 선이 굵은 와인이다. 무게감이나 탄닌이 강력하지만 또 그만큼 부드러우며 우아하다. 코코아 같은 달콤한 향신료, 섬세한 허브 풍미에 약간의 토스트 향이 더해진다. 복합미가 뛰어난 와인이라서 꽃을 피울 시간이 필요하다.

알록스 코르통 그랑 크뤼(Aloxe Corton Grand Cru AOC)

코르통 샤를마뉴(Corton Charlemagne)

코르통 샤를마뉴의 특징을 한마디로 표현하자면 강한 미네랄리티다. 마치 미네랄을 졸일 수 있는 데까지 졸여낸 듯한 조직감이 강렬하다. 산도마저 높다. 그래서 만약 눈을 감고 이 와인을 마신다면 레드와인이라 착각할 만큼 치명적인 파워가 느껴진다. 아주 잘 익은 레몬 컬러는 나이가 들면서 호박색을 보인다. 아로마는 다채롭고 꽉 찬 느낌이다. 구운 사과, 감귤류, 파인애플 등 풍성한 과실 향과 주니퍼, 계피, 헤이즐넛, 생강, 백후추 등의 향신료 풍미가 적절히 맞물려 있다. 뒤이어 꿀, 라임 꽃, 라임 버터, 양치류, 부싯돌 향이 서서히 스며든다. 나이가 들면서는 가죽, 트러플 부케가 더해진다. 포도 품종이 가지는 우아함이 테루아의 특성과 이렇게까지 밀접하게 엮이는 경우는 거의 없다. 구조와 기량의 극치다. 30년 이상 숙성이 가능하다. 과연 황제의 이름을 가진 와인답다.

코르통 (Corton)

코르통은 포도밭의 면적도 넓고 리외디 수도 많기 때문에 '코르통의 캐릭터는 이렇다'라고 규정하기는 어렵다. 그럼에도 부르고뉴 정통 그랑 크뤼 레드와인의 특징을 보여준다는 점은 확실하다. 우선 색상은 진한 벨벳 퍼플 컬러를 보인다. 이어서 풍부한 아로마가 펼쳐지는데 블루베리, 구스베리, 체리술와 같은 과실 향과 바이올렛 꽃 향이 강렬하다. 마무리는 알록스 코르통답게 아니스, 감초, 민트 덤불, 후추 같은 향신료 향으로 끝난다. 입안에서는 단단하면서 씹히는 듯한 탄닌이 느껴진다. 무엇보다 어깨가 넓은 와인이다. 무슨 말인가 하면 입안을 가득 채우는 무게감과 알코올이 느껴져 '이게 정말 부르고뉴 피노 누아라고?' 하는 경탄이 나온다. 코르통은 이러한 풍미의 이질감을 실로 삼아 멋들어진 옷을 막힘없이 짜내려 간다. 코르통의 진정한 잠재력을 보기 위해서는 시간이 필요하다. 적어도 10년 정도 세월이 흘러야 한다. 그때가 되면 균형이 잘 잡혀 있으면서도 격조 있는 코르통 와인의 매력을 충분히 즐길 수 있다.

코르통 블랑은 코르통 샤를마뉴와 비슷하다. 코르통 블랑 역시 부싯돌 같은 미네랄 풍미가 강한 화이트와인이다. 여기에 버터, 구운 사과, 양치류, 계피 및 꿀을 섞은 듯한 아로마가 풍긴다. 전체적으로 우아하고 부드러우며 그랑 크뤼의 기품이 곳곳에서 느껴진다.

10

사비니 레 본 & 쇼레이 레 본

Savigny lès Beaune
& Chorey lès Beaune

조연의 멋

인생은 드라마나 영화처럼 화려하게 흘러가지 않는다. 나이가 들면서 하게 된 생각이다. 그런 마음이 들자 드라마나 영화를 보는 취향도 자연스레 달라졌다. 예전에 비해 조연 배우의 캐릭터가 살아 있는 스토리에 열광하게 되었다. 우연에 우연을 거듭하거나 좌절과 환희의 사건으로 점철된 주인공의 이야기는 멋지지만 어딘가 공감하기 어렵다. 그보다는 탄탄한 연기력과 넘치는 매력으로 자신의 숨은 가치를 증명하는 조연들에게 더 감정 이입이 되곤 한다. 살다 보면 주연보다는 조연 같다고 느껴지는 날들이 더 많아서일까. 그래서인지 그런 조연 같은 '주변인'이 점점 더 멋있게 느껴진다. 오케스트라로 말하면 더블베이스, 축구로 비유하면 미드필더 같은 것이다. 그리고 부르고뉴 와인으로 이야기하자면, 사비니 레 본(Savigny lès Beaune)이나 쇼레이 레 본(Chorey lès Beaune)이 그러하다.

사비니 레 본과 쇼레이 레 본을 해석하면 '본 근처의 사비니', '본 근처의 쇼레이'라고 해석할 수 있다. 이름부터 본의 명성을 얻어가려는 아류임을 밝힌다-라고까지는 할 수는 없지만, 본과는 전혀 무관하다면 그것도 거짓말이 된다. 다른 마을의 이름을 빌려서 마을 이름을 짓다니, 이름에서부터 솔솔 조연의 냄새가 난다. '레(lès)' 단어가 '주변'이라는 뜻이니 이보다 더 조연에 맞아떨어질 수가 없다. 이 두 곳의 마을은 원래 본 근처의 변방 마을에 지나지 않았다. 과거에는 주변 마을들의 명성에 가려져 사람들에게 정당하게 존중받지 못하거나, 심지어 이곳에서 생산된 와인에 다른 마을의 이름을 붙여 판매하는 굴욕을 맛보기도 했다.

조연의 반란

하지만 최근 사비니 레 본과 쇼레이 레 본, 두 마을이 진가를 발휘하기 시작했다. 이제 이곳 두 마을은 부르고뉴에서 결코 빠트릴 수 없는 중요한 와인 산지로 꼽힌다. 지구온난화로 날씨가 따뜻해지면서 품종과 테루아의 매력이 살아나기 시작한 덕분이다. 아직은 숨겨진 미래의 부르고뉴 스타를 찾아 나선 와인 소비자들은 가격이 비교적 저렴하면서도 맛은 훌륭하여 가성비 높은 와인들을 이곳 지역에서 발굴해 내기 시작했다. 언젠가 부르고뉴를 방문했을 때의 일이다. 방문하는 도멘마다 같은 질문을 해봤다. "최고 빈티지의 소박한 지역과 소박한 빈티지의 최고 지역, 둘 중 하나를 선택해야 한다면 소비자에게 무엇을 추천할 것인가?" 와인 생산자들은 약속이나 한 듯 똑같은 답변을 내놨다. 마을의 인지도는 좀 떨어지더라도 좋은 빈티지의 와인. 그것이 정답이었다. 사비니 레 본이나 쇼레이 레 본에 우리가 관심을 기울여야 할 이유가 여기에 있다. 무엇보다 전반적인 와인의 스타일이 변했다. 더 이상 소박하다고 말할 수 없을 정도로 와인이 맛있어졌다. 사비니 레 본과 쇼레이 레 본의 와인 스타일을 한마디로 말하라면 '프리티(Pretty) 와인'이라고 할 수 있다. 프리티 와인은 장기 숙성형 블록버스터급 와인은 아니지만 섬세함과 기교로 찬사를 받는 와인을 뜻한다. 특히 아로마가 풍부하거나 꽃 향이 나는 와인을 강조하고 싶을 때 사용한다. 거창한 명분을 가진 와인을 마셔보는 것도 의미가 있을 것이다. 하지만 우리의 삶을 채워줄 소박하고 프리티한 와인이 있다는 것 또한 든든한 위로가 된다.

패트릭 비즈를 추억하며

와인메이커인 패트릭 비즈(Patrick Bize)는 도멘 시몬 비즈(Domaine Simon Bize)의 4대째 오너다. 그는 사비니 레 본을 대표할 만한 장인이다. 마스터 오브 와인(MW) 클라이브 코트는 "부르고뉴에서 가장 감성적인 완벽주의자"라고 그를 칭송했다. 부르고뉴 와인 업계의 동료들은 그가 퓔리니 몽라셰나 주브레 샹베르탕 같은 유명한 마을에서 태어났다면 르플레브나 아르망 루소만큼 존경받는 고산경행(高山景行)이 됐을 거라 자랑스러워했다. 분명한 건 그가 사비니 레 본 마을의 인지도를 높이는 데 큰 공헌을 했다는 것이다. 하지만 이는 어디까지나 패트릭 비즈를 소개하기 위한 객관적인 평이다. 나에게 패트릭 비즈는 또 다른 의미에서 기억에 남는 와인 생산자다. 당시에 그의 됨됨이를 알아볼 만한 식견이 내게 부족했던 탓도 있을 것이다. 패트릭에게는 일본인 아내와 두 명의 자녀가 있었는데, 그래서 일본뿐 아니라 아시아 국가들에 대해 애정 어린 시선을 가지고 있었다.

그가 우리나라를 방문했을 때의 일이었다. 와인 생산자의 해외 방문 일정은 큰 차이 없이 대개 비슷하다. 호텔이나 레스토랑을 돌며 테이스팅 행사를 하고 와인을 프로모션하는 일이다. 특히 한국은 아직 시장이 크지 않아 비교적 짧게 머물다 간다. 그래서 와인 생산자들은 방문 기간 동안 빈틈없이 스케줄을 짜둔다. 하루 종일 와인 냄새와 자동차 휘발유 냄새를 번갈아 맡을 정도로 서울 시내의 행사장을 쉬지 않고 돌아다닌다. 패트릭도 비슷한 일정을 소화했던 것 같다. 한국에서의 마지막 날 밤 와인바에서 디너를 진행할 때였다. 마지막 디너이기도 해서 적당히 편안한 분위기의 자리였다. 동석자들은 패트릭이 배우 제레미 아이언스를 닮았다는 농담을 하고 있었다. 와인 수입사를 운영하고 있는 남편은 이번 한국 출장이 어땠는지 패트릭에게 물었다. 그러자 패트릭은 전혀 예상치 못한 대답을 했다. 그는 다음에도 이런 비슷한 행사라면 오고 싶지 않다고 했다. 그의 말에 따르면 자신이 한국에 왔을 때 반드시 가보고 싶었던 곳이 있다고 했다. 바로 판문점이다. 그리고 한국의 산과 들, 자연을 느낄 수 있는 시골에 가보고 싶다고 했다. 그는 끝없이 펼쳐지는 산 고개라든가 벼가 익어가는 들녘, 시골길 어딘가에 보이는 작은 숲, 그리고 분단된 국가의 엄중함까지… 가본 적 없는 한국의 장소들을 눈에 그린 듯 자세하게 풀어나갔다. 충격이었다. 그리고 반성이 됐다. 그리 어려운 일도 아니었는데 왜 우리는 그런 생각을 하지 못했을까? 남편은 다음 한국 방문에는 꼭 판문점도 가고 시골 여행도 함께하자 약속했다. 우리는 그렇게 다음을 기약하며 아쉽게 헤어졌다. 그리고 거짓말처럼 영원히 그 약속을 지킬 수 없게 되었다. 2013년 10월 20일, 패트릭은 운전을 하다가 갑자기 심장마비가 왔고, 그대로 사고를 당했다. 딸을 등교시켜 주던 길이었다. 그는 혼수상태에 빠졌고 다시 돌아오지 못했다.

나중에 전해 들은 바로는 최근 몇 년간 포도밭의 날씨가 지독히도 좋지 않아 극심한 스트레스에 시달렸다고 했다.

시간이 흘렀지만 여전히 내가 모르는 것이 있다. 그가 왜 판문점에 가고 싶어 했는지, 그리고 무얼 보고 싶어했는지. 기회가 된다면 패트릭의 부인 치사와 아이들까지 다같이 꼭 판문점에 가보고 싶다. 그와의 약속을 못 지킨 걸 조금이라도 대신하는 마음으로 말이다. 그리고 그곳에서 시몬 비즈의 사비니 레 본을 함께 마시고 오면 좋겠다.

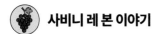 사비니 레 본 이야기

사비니 레 본에 가려면 부르고뉴의 코트(Côte)를 조금 벗어나야 한다. 여기서 '코트'는 '언덕'을 뜻하는 말로, 이름 그대로 부르고뉴의 포도밭이 자리하는 중심지다. 막사네 마을에서 출발해 코트 드 뉘 언덕을 쭉 따라가다 보면, 어느새 본으로 가는 74번 국도를 타게 된다. 거기서 제일 먼저 보이는 코르통산을 끼고 우회전을 한다. 그렇게 코트에서 멀어져 계속해서 들어가다 보면 사비니 레 본에 도착하게 된다. 코르통산은 마치 날개를 편 독수리 모양 같다. 그런 관점에서 사비니 레 본은 독수리의 오른쪽 날개 끝에 있는 셈이다. 너른 평원에서 포도가 꽃처럼 아름답게 자라는 사비니 레 본, 이곳을 한마디로 표현하면 축제(La convivialite)의 마을이다. 즐거운 축제를 보기 위해 이 외진 곳까지 일부러 발을 들여놓는 사람들이 많다. 먼저 5월에 열리는 마을 축제가 유명하다. 게다가 관광할 만한 장소도 많다. 예를 들어 샤토 드 사비니(Le Château de Savigny lès Beaune) 성이 있다. 마을 가장자리에 위치한 이 위풍당당한 성은 1340년경에 지어진 고성이다. 현재는 박물관으로 사용되고 있는데, 빈티지 자동차, 오토바이, 군용 항공기 등이 전시되어 있다. 특이한 소장품들이 많아서 많은 관광객들의 눈길을 끈다. 무엇보다 사비니 레 본은 인심이 좋다. 외부인들을 항상 환대로 맞이하다 보니 관광객들의 마음을 자연스레 열게 한다. 부르고뉴를 여행한다면 꼭 들러보길 바란다.

사비니 레 본은 원래 '사비니(Savigny)'로 불리다가 1863년에 사비니 레 본(Savigny lès beaune)으로 개칭하였다. 레(lès)는 영어로 'near to'의 의미다. 그래서 사비니 레 본을 직역하면 '본 근처의 사비니'가 된다. 그러니까 '종로 옆 성북구' 내지는 '종로 옆 서대문구'쯤 되는 것이다. 이 마을은 코트 드 본의 코뮌 가운데 면적이 넓기로 유명하다. 사비니 레 본 AOC는 피노 누아와 샤르도네 품종으로 각각 레드와인과 화이트와인을 생산한다. 그러나 대체로 레드와인을 생산하고 있다. 레드와인의 생산지는 프르미에 크뤼 산지 128.03헥타르를 포함하여 310.28헥타르다. 반면 화이트와인 산지는 프르미에 크뤼 산지 10.68헥타르를 포함하여 46.36헥타르에 불과하다. 즉 화이트와인의 생산량도 적거니와 해마다 그 양이 일정치 못하고 부침이 있다. 그래서 안정적인 생산량을 위해 샤르도네와 함께 피노 블랑, 피노 그리와 같은 품종을 블렌딩하기도 한다. 그럼에도 사비니 레 본을 대표하는 화이트와인을 잊어서는 안 된다. 특히 오 베르젤레스(Aux Vergelesses) 프르미에 크뤼와 빌라주 등급의 레 골라드(Les Gollardes) 리외디는 화이트와인으로 유명하다. 레드 와인은 대부분 소박하다는 평이다. 하지만 뛰어난 와인 생산자를 만나면 이야기는 달라진다. 시몬 비즈(Simon Bize), 파브로(Pavelot) 그리고 샹동 드 브리아이으(Chandon de Briailles) 같은 도멘들은 부르고뉴의 정석다운 와인을 생산한다. 이들 와인의 미네랄리티 풍미와 섬세한 탄닌을 맛보면 '역시' 하고 고개가 끄덕여진다. 사비니 레 본의 등급 체계는 233헥타르의 빌라주 등급과 142헥타르의 프르미에 크뤼를 보유하고 있다. 아쉽게도 그랑 크뤼를 보유하지 못했다.

 기후와 토양

사비니 레 본은 다른 마을에 비하면 상대적으로 추운 지역이다. 이는 두 개의 냉기류와 관련이 있다. 루앙(Rhoin)강과 페르낭 베르젤레스 계곡에서 불어오는 바람 때문이다. 차가운 바람은 포도가 충분히 익는 걸 방해한다. 사비니 레 본은 두 개의 냉기류 때문에 그동안 자연의 불이익을 받을 수밖에 없었다. 그런데 최근 지구 온난화로 인해 기후에 변화가 일어났다. 더운 기온과 차가운 기류가 만나니 새로운 현상이 나타났다. 포도는 충분히 잘 익지만 산도는 유지되며, 차가운 바람이 포도의 알코올 도수가 지나치게 올라가는 걸 막아준다. 이는 와인의 밸런스라는 점에서 큰 강점이 된다. 그래서 사비니 레 본에서는 오히려 온난화가 호재로 작용했다. 그러다 보니 최근 부르고뉴에서 주목받는 아펠라시옹 중 하나가 되었다.

사비니 레 본의 포도밭 면적은 총 375헥타르가량이다. 앞에서도 말했듯 이는 부르고뉴에서도 면적이 꽤 넓은 편으로, 본, 주브레 샹베르탕과 맞먹는 크기다. 그

러다 보니 포도밭도 여러 군데 분산되어 있다. 간단하게 사비니 레 본의 지형을 설명하면 크게 두 구역으로 나뉜다. 포도밭을 가로지르는 루앙강이 기준이 된다. 강을 중심으로 북쪽 산지와 남쪽 산지로 구분할 수 있는데, 이 두 곳의 산지는 지형, 일조 방향, 토양까지 뚜렷하게 구별된다.

1. 북부 산지

루앙 강 이북은 완만하게 솟아오른 언덕으로, 페르낭 베르젤레스와 알록스 코르통을 등지고 있는 형세다. 이곳은 사비니 레 본에서 가장 품질 좋은 피노 누아가 생산되는 곳이다. 해발 250~400m, 일조 방향은 정남향과 남동향이다. 예를 들면 오 게트(Aux Guettes), 그라방(Gravains) 그리고 라비에르(Lavieres) 같은 클리마는 정남향을 향하고 있으며, 오 베르젤레스(Aux Vergelesses)는 남동향에 가깝다. 지질은 코르통 언덕과 비슷하다. 그만큼 우수하다. 점토질이 적고 돌이 많은 토양이다. 특히 북쪽 노엘 숲(Bois de Noel) 아래 포도밭은 철분을 함유한 어란상 석회암(Ferruginous oolite) 토양이다. 주로 이곳에 프르미에 크뤼 산지가 몰려 있다. 포도가 충분히 익기 때문에 완벽하게 균형 잡힌 와인이 나오기 때문이다. 이곳에서 만든 레드와인은 붉은 과실 향에 스파이시한 아로마가 더해져 긴 여운을 남긴다.

물론 빌라주 등급 밭도 있다. 프르미에 크뤼 밭에서 바라볼 때 서쪽과 아래쪽, 이렇게 두 구획으로 구분된다. 첫 번째로 프르미에 크뤼 아래쪽 밭은 적갈색 석회암 토양이다. 루앙강의 충적토 위에 부서지기 쉬운 적갈색 석회석이 덮여 있다. 두 번째는 프르미에 크뤼 밭에서 서쪽으로 이동하여 바보론 협곡(Combe de Barboron)을 건너 보이는 밭이다. 이곳은 프르미에 크뤼 밭과 나란히 붙어 있으므로 같은 높이의 언덕이다. 서쪽과 아래쪽 모두 프르미에 크뤼보다는 수수한 맛이지만 '사비니 레 본다움'이 각인처럼 또렷이 남아 있다.

2. 남부 산지

루앙강 이남은 본 경계와 맞닿아 있다. 포도밭은 바투아 산자락에 자리하고 있으며, 북동향이라서 루앙강 북부와는 일조 방향이 다르다. 토양은 점토-석회암으로, 위치나 토양 모두 본과 유사하다. 그래서 사비니 레 본 남부에서 나오는 와인은 자연스레 본 와인이 연상된다. 부드럽고 무겁다. 특히 프르미에 크뤼 클리마인 레 오 자롱(Les Hauts Jarrons)과 라 도미노드(La Dominode)는 최고의 본 와인과 비교해 봐도 흠잡을 데 없는 품질을 갖췄다. 입안을 꽉 채우는 밀도감과 함께 깊은 맛을 전달한다.

 ## 부르고뉴에 닥친 지구 온난화, 축복일까? 독일까?

요즘 부르고뉴 샤르도네를 마셔보면 갸우뚱할 때가 종종 있다. '부르고뉴 와인이 맞나' 싶을 정도로 이국적인 향이 나는데, 리치 같은 열대 과일 향이 대표적이다. 이전에는 맡을 수 없던 아로마다. 기후 이변에 따른 지구 온난화를 이럴 때 실감한다. 라 메종 데 시앙스(MSH)의 연구에 따르면 부르고뉴에서는 1988년 이후로 점차 수확 시기가 앞당겨졌다고 한다. 6세기와 비교하면 현재 평균 13일 정도 빠르게 포도를 수확한다. 과거에는 부르고뉴에 매우 덥고 건조한 해가 드물었지만 지난 30년 동안 일상이 되었다. 부르고뉴에서, 특히 포도밭에서 벌어지는 지구 온난화 현상은 더 이상 강 건너 구경하듯 볼 수 없는 신세가 되었다.

그렇다면 지구 온난화는 부르고뉴 와인에 어떤 영향을 미치고 있을까? 가장 현실적인 체감은 앞에서 언급한 포도의 성숙도다. 포도가 과거에 비해 충분히 잘 익는다는 것이다. BIVB(Interprofessional Bureau of Burgundy Wines) 관계자는 어느 인터뷰에서 "현재까지 온난화의 영향은 긍정적이다."라고 피력한다. 오히려 부르고뉴에서는 최근의 "따뜻한 빈티지"가 와인을 "더 맛있고, 더 부드럽고, 더 풍부하게" 만든다고 평가했다. 과거 서늘했던 지역에서도 이제는 포도가 잘 익다 보니 그동안 부르고뉴의 약점이었던 맥없이 시큼한 와인들이 사라지고, 균형감 있는 와인들이 탄생했다. 또한 좋고 나쁜 빈티지의 차이도 거의 소실되었다. 그래서 부르고뉴는 현재 낙관적이다. 하지만 장기적으로 봤을 때 미래가 마냥 장밋빛인 것은 아니다.

　지구 온난화의 영향으로 인한 우려 중 첫 번째는 바로 기상 이변이다. 겨울이 더 온화해지고 짧아지면 식물의 생장 주기가 더 일찍 또는 더 빠르게 진행된다. 그렇게 되면 포도나무가 서리에 더 많이 노출되거나 이상 기후를 만날 확률이 높아질 수 있다. 최근 혹독한 봄 서리로 인해 수확량이 크게 줄어들었던 몇몇 빈티지가 그 예다. 두 번째로 온도가 높아지면서 와인의 산도에 영향을 줄 수 있다는 두려움이다. 이렇게 온난화가 와인에 부정적인 영향을 끼친다면, 현실적이면서 능동적으로 할 수 있는 대처 방법은 품종 바리에이션이다. 따뜻한 기후에도 서서히 익어가면서 산도도 높고, 텐션이 강한 탄닌을 만들어 낼 품종이 필요하다. 부르고뉴의 한 와인 생산자는 "다음 시대를 끌어갈 두 세대는 의심할 여지 없이 부르고뉴 포도 품종에 큰 변화를 주어야 한다."라고 말하며 언젠가 부르고뉴가 지구 온난화에 적응하는 데 도움이 될 오래된 품종의 필요성을 강조했다. 사실 부르고뉴는 이미 지구 온난화에 따른 변화의 지표가 되었다. 그리고 그 중심에 사비니 레 본이 있다.

　1995년에 설립된 협회인 GEST(테루아 연구 및 모니터링 그룹, Le Groupement d'étude et de suivi des terroirs)는 사비니 레 본의 몽바투아(Mont Battois)에 부르고뉴 고대 품종을 육성하기 위한 온실을 설치하였다. 그리고 2016년부터 이곳에서 품종당 8개, 약 50개의 포도 품종을 키우며, 각 품종 별로 기후 변화에 대한 적응도를 평가하고 있다. 이를테면 현재 부르고뉴 포도 품종의 유전적 부모라고 할 수 있는 구아 블랑(Gouais blanc)이 있다. 이 품종은 중세에 아주 많이 심었던 포도다. 생산성이 좋기 때문이다. 하지만 '신맛과 쓴맛이 나며 향이 없다'고 해서 서서히 사라졌던 품종이다. 하지만 이제 상황이 달라졌다. 부르고뉴의 와인 생산자들은 과거에 잊힌 품종들이 부활하여 부르고뉴에 활기를 넣어주리라는 희망을 품는다. 이를테면 21세기가 한참 더 지난 디지털 시대에 화려하게 부활한 LP 같다고 할까? 음원 스트리밍이 일반화되면서 추억 속으로 사라졌던 LP 음반이 다시 돌아온 것처럼 말이다.

조만간 부르고뉴의 정체성을 피노 누아나 샤르도네가 아닌 새로운 품종에서 찾아볼 수도 있을 것이다.

 ## 와인 등급

사비니 레 본은 1976년에 AOC를 획득했다. 사비니 레 본 AOC는 빌라주 등급과 프르미에 크뤼, 이렇게 두 가지 등급으로 분류된다. 먼저 빌라주 등급은 약 233헥타르의 면적에 사비니 레 본(Savigny lès Beaune) AOC 명칭을 사용한다. 하지만 이 마을에서 가장 뛰어난 포도밭은 사비니 레 본 프르미에 크뤼(Savigny lès Beaune Premier Cru) AOC 산지다. 142헥타르의 면적에 22개 클리마를 보유하고 있으며, 다른 마을과 마찬가지로 고유 클리마명을 라벨에 기재할 수 있다. 간혹 라벨에 클리마 명 없이 Savigny lès Beaune Premier Cru만 기재된 와인을 볼 수 있는데, 이러한 경우 여러 프르미에 크뤼 포도밭에서 나온 와인을 블렌딩한 것이다.

 ## 와인 스타일

사비니 레 본(Savigny lès Beaune AOC)

사비니 레 본 레드와인은 보랏빛 테두리의 짙은 체리 컬러에 과실 향이 강렬하다. 블랙커런트, 체리, 라즈베리 같은 검붉은 과실 아로마와 바이올렛 꽃향이 풍성하게 올라온다. 그중에서도 사워체리 향이 다른 아로마들을 제압하여, 와인의 향을 맡고 있노라면 달콤한 체리주스를 들이킨 거 같다. 나이가 들면 알코올에 담근 견과류, 감초, 부엽토, 동물성 풍미가 감돈다. 탄닌은 섬세하면서도 무게감을 탄탄히 떠받치고, 사비니 레 본 특유의 부드럽고 볼륨 있는 텍스처와 융화되어 '딱 알맞은' 피노 누아의 맛을 자아낸다. 인근의 알록스 코르통이나 본 레드와인과 비교하면 일찍부터 마실 수 있다. 화이트와인은 뫼르소나 알록스 코르통과는 다른 맛이다. 테루아의 차이에서 비롯된 이유도 있지만 샤르도네와 피노 블랑, 피노 뵈로, 피노 그리 등을 블렌딩했기 때문이다. 초록빛 테두리의 엷은 금색을 보이며, 레몬, 배, 블랙커런트 잎, 장미, 산사나무, 신선한 아몬드 향을 풍긴다. 화이트 피노 품종들은 잘 익고 당도가 좋다. 그래서 맛에 무리가 없으며 유연하고 부드럽다.

사비니 레 본 프르미에 크뤼(Savigny lès Beaune Premier Cru AOC)

오 베르젤레스(Aux Vergelesses)

사비니 레 본 마을에서 가장 정평이 난 포도밭이다. 남동향의 철이 풍부한 이회토에서 자란다. 이곳에서 만든 레드와인은 정말 매력적이고 향기로운 스타일이다. 기품 있고 깊이감이 느껴지는 와인의 맛은 사비니 레 본의 주인공 자리를 차지할 만하다. 언덕의 상부에는 샤르도네를 심고 화이트와인을 생산한다. 특히 수십 년의 노하우를 쌓아온 도멘 시몬 비즈의 화이트와인은 정통적이며, 섬세하고 우아하다.

라 도미노드/자롱(La Dominode/Jarrons)

라 도미노드(La Dominode)는 클리마 명이고, 자롱(Jarrons)은 리외디 명이다. 이 밭은 북동향이다. 하지만 온난화의 수혜를 받아 이제는 사비니 레 본을 대표하는 포도밭이 되었다. 풍미를 꼼꼼하게 채워 넣은 듯 진한 맛의 와인으로, 실키한 탄닌이 주는 마무리와 오랜 여운이 감돈다.

🍇 쇼레이 레 본 이야기

쇼레이 레 본(Chorey lès Beaune)은 꽤 작은 마을이다. 포도밭 면적도 크지 않다. 면적은 134헥타르가량으로, 이는 뫼르소의 약 3분의 1 크기다. 인근 마을로는 본, 알록스 코르통 그리고 사비니 레 본이 있다. 특히 본과 정말 가깝다. 본 마을 바로 북쪽에 쇼레이 레 본 포도밭이 있으며, 차로 약 5분 거리다. 알록스 코르통이나 본 마을의 도로 표지판 지척에 있지만, 그동안 인근 마을의 유명세에 가려져 있었다. 74번 국도(D974) 이남의 포도밭이 대부분이기 때문이다. 지도를 살펴보면 조금 이해가 가능하다.

쇼레이 레 본 포도밭은 코트 기슭과 국도 너머에 펼쳐져 있다. 이제부터 코트 도르 여행을 한다는 상상을 해보자. 가장 북쪽인 막사네에서 본까지 드라이브를 한다면 74번 국도를 타야 한다. 국도에 진입하면 도로 양쪽에 나란히 포도밭이 보인다. 이때 국도의 오른편은 언덕으로, 우리가 코트라 이야기하는 그 황금의 밭이다. 반면 국도 왼쪽의 포도밭은 '롱 사이드(Wrong side)'라고 불리는 곳이다. 이곳은 언덕이 아닌 평지라서 질척거리는 진흙이 많다. 수분이 많은 땅에서는 포도송이의 활력이 증가하게 되고, 이는 포도가 풍미가 희석되는 결과를 낳는다. 그래서 이곳은 부르고뉴(Bourgogne) AOC 등급을 받는다. 쇼레이 레 본의 포도밭 대부분은 이곳 국도 왼편에 자리한다. 문제는 부르고뉴 AOC가 아닌 쇼레이 레 본 AOC로 와인을 생산한다는 점이다. 예외적인 경우다. 이 부분은 앞으로 나올 '기후와 토양'에서 더 자세히 살펴보도록 하자.

쇼레이 레 본 AOC는 피노 누아와 샤르도네 품종으로 각각 레드와인과 화이트와인을 생산한다. 하지만 주로 레드와인을 생산한다. 레드와인 생산지는 257.30헥타르이며, 화이트와인 생산지는 11.47헥타르에 불과하다. 하지만 최근 들어서는 화이트와인 생산이 증가하는 추세다. 쇼레이 레 본에는 그랑 크뤼나 프르미에 크뤼가 없다. 하지만 부르고뉴 와인의 인기가 하늘로 치솟는 요즘 같은 때라면 이러한 조건은 오히려 매력적으로 다가온다. 코트 도르에서 쇼레이 레 본이

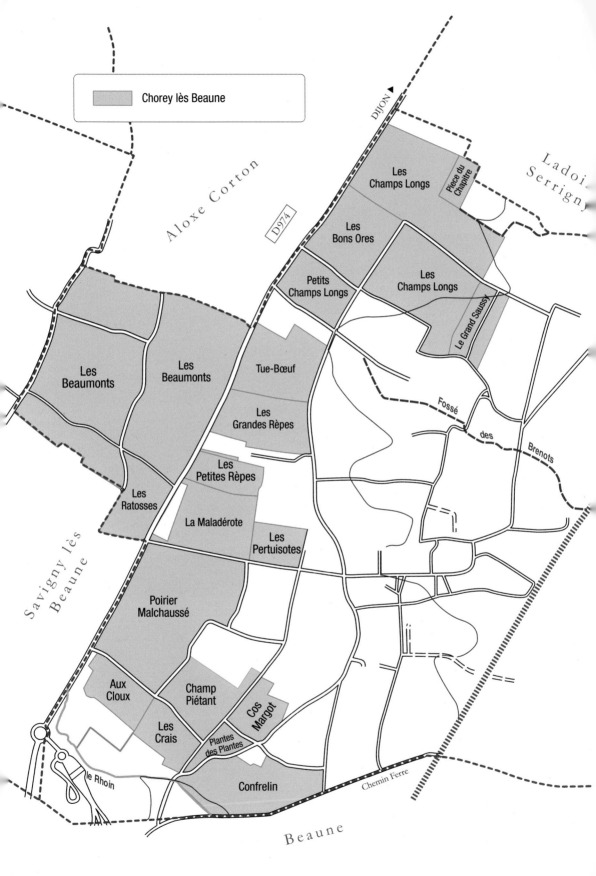

가격 대비 최고의 와인이라는 평판이 바로 그렇다. 편안한 맛과 가격으로 소비자들의 마음을 얻었으며, 부르고뉴 와인 입문용으로도 즐길 수 있다. 여기서 또 하나, 소비자들을 애타게 하는 조건이 더 있다. 바로 와인 생산자들이다. 쇼레이 레 본 마을에는 약 20개의 도멘이 있다. 다른 마을에 살며 쇼레이 레 본 와인을 만드는 생산자들까지 포함해 이들 와인 생산자들은 부르고뉴를 대표하는 탑 와인메이커들이다. 이들은 쇼레이 레 본이라는 테루아의 열세를 극복하고 품질 높은 '프리티 와인'을 성공시켰다. 그 결과 이곳은 현재 가장 주목받는 산지가 될 수 있었다. 유일한 단점은 와인 생산량이 적다는 것이다. 쇼레이 레 본 와인은 사비니 레 본 와인과 닮은 듯하면서도 다르다. 언어에 비유하자면 지방색이 강한 '악센트'나 '억양'처럼 말이다. 아무래도 국도 왼편에 있기 때문에 진흙의 영향이 강하다.

 기후와 토양

쇼레이 레 본 포도밭의 모양은 언뜻 보면 문어와 닮았다. 그렇다고 가정할 때 와인 산지는 문어 몸통과 다리 둘로 나뉜다. 몸통은 코르통 산비탈에 있다. 완만하지만 그래도 언덕에 자리한다. 다리에 해당하는 포도밭은 평지다. 앞에서 얘기한 '롱 사이드'라고 불리는 곳이다. 이 두 구획을 갈라놓는 경계가 바로 74번 국도다.

첫 번째로 문어 몸통, 즉 산비탈 포도밭은 딱 2개의 리외디밖에 없다. 레 보몽(Les Beaumonts) 그리고 레 라토스(Les Ratosses)다. 이곳은 점토와 돌이 많은 토양이다. 좀 더 자세하게 설명하면 자갈 그리고 석회암-이회암 퇴적토로 구성된다. 특히 석회나 자갈은 멀리 부이랑(Bouilland) 협곡에서부터 출발해 루앙강으로 흘러 내려온 충적토거나 또는 강이 범람하면서 쓸려 내려온 퇴적토다. 그것이 흘러 내려온 충적토든, 쓸려 내려온 퇴적토든 알록스 코르통(규질암chert이 풍부한 양토)이나 사비니 레 본(찰흙 및 돌이 많은 석회암 재료)을 걸쳐서 내려왔다. 무려 수천 년 동안 말이다. 그래서 쇼레이 레 본의 지질은 알록스 코르통과 사비니 레 본을 칵테일처럼 섞어

놓은 모습이다.

두 번째로 문어 다리 부분, 즉 평지의 밭은 쇼레이 레 본의 중심 산지다. 대부분의 와인이 이곳에서 생산된다. 그렇다면 이곳이 왜 '롱 사이드'인 것일까? 한마디로 품질이 떨어지는 곳이다. 그래서 마을 등급의 와인을 생산하기에는 부적격한 땅이다. 하지만 이런 입지에도 불구하고 레지오날 등급인 부르고뉴 AOC가 아닌 빌라주 등급인 마을 명 AOC를 받은 마을이 딱 두 곳 있다. 바로 주브레 샹베르탕과 쇼레이 레 본이다. 왜 이 두 개의 마을은 예외적으로 빌라주 등급을 받을 수 있었을까? 두 마을 모두 같은 이유에서다. 강이 범람하면서 하부 평지까지 퇴적물이 쓸려 내려왔기 때문이다. 이곳저곳의 밭으로 퇴적물이 쓸리고 퍼져서 토양위에 쌓인 것이다. 그래서 평지라도 언덕 토양과 토질이 비슷하다. 물론 평지의밭은 산비탈 포도밭보다는 진흙이 좀 더 많고, 산비탈과 멀어질수록 진흙은 점점더 많아진다. 그러다 보니 적지 않은 어려움이 발생한다. 부르고뉴에서 진흙은 품질과 직결된다. 즉 좋은 와인이 나오기 어렵다. 쇼레이 레 본의 명가 도멘 톨로 보(Domaine Tollot-Beaut)의 나탈리는 "쇼레이 레 본의 가장 큰 어려움은 언덕보다 비옥한 토양에 있다."라면서 "포도나무를 심는 일에 주의해야 한다. 통풍과 부패 방지를 위해 포도 열매는 작아야 하고, 품질을 위해 번식력이 떨어지는 클론을 심어야한다."고 주장했다.

🛢 흐르는 강물을 거슬러 오르는 법: 부르고뉴 와인을 마시는 순서

"부르고뉴 와인을 즐기려면 어떤 규칙이나 방법이 필요한가요? 예를 들어 저렴한 와인을 많이 마셔보는 게 좋을까요? 아니면 자주 못 마시더라도 비싼 와인을 마시는 게 좋을까요?" 와인 강의를 하다 보면 이런 질문을 가끔 받는다. 분명대답하기 쉬운 질문은 아니다. 와인을 마시는 개인마다 취향이 다 다르기 때문이다. 그리고 각자 가진 예산의 범위 또한 다르다. '이 정도면 기꺼이 지불할 수 있지' 라고 생각하는 비용이 사람마다 같을 수 없다. 그래도 사람들이 부르고뉴 와인에 조금 더 쉽게 다가가고, 시간과 비용을 절약할 수 있는 지름길이 있지 않을까 해서 한번 진지하게 생각해 봤다.

그래서 내가 내린 결론은, 부르고뉴 와인을 제대로 마시기로 마음먹은 사람이 있다면 우선 코뮌 등급, 즉 마을 명이 써진 와인을 마셔보는 것이 중요하다. 당연한 이야기지만, 부르고뉴 애호가에게 가장 중요하고 빠트릴 수 없는 훈련은 바로 테루아를 이해하는 것이다. 부르고뉴 와인을 즐기기 위해서는 어떤 테루아에서 와인 맛이 어떻게 달라지는지 그것을 체감으로 이해하지 않으면 안 된다. 특히 입문자 시절에는 부르고뉴의 모든 마을을 가능한 한 많이 마셔봐야 한다. 그래서 각 마을의 테루아가 정말 눈앞에서 그려질 정도로 설복당해야 한다. 여러분의 목표는 이러한 과정을 통해 자신의 취향을 담아낸 마을을 찾는 것이다.

그 다음에 할 일은-가능한 한 그리고 무리하지 않는 선에서-그랑 크뤼 와인을 테이스팅해보는 것이다. 첫 번째 단계가 '자신의 입맛에 맞는 와인'을 찾는 것이라면 두 번째 단계는 '진정으로 좋은 와인'을 아는 것이다. 홍수처럼 쏟아지는 와인들 속에서 진품을 가려내는 눈을 길러야 한다. 다이아몬드와 큐빅을 볼 때 다이아몬드를 특별하게 만드는 알 수 없는 그 무언가를 발견하듯 말이다. 기술적으로 잘 만든 와인이 아닌 진정으로 뛰어난 와인을 마셔보면서 계량화하기 어렵고 입증하기 어려운, 모호하지만 뚜렷한 진성을 음미해 보라. 공부하듯 테이스팅해 봐야 한다. 개인적인 경험을 보태자면 그랑 크뤼 와인을 열었을 때는 한 번에 다 마시지 말고 여러 번 나누어 테이스팅하길 권한다. 무슨 말인가 하면 첫 테이스팅을 시작으로 남은 와인을 열흘씩 간격을 두고 서서히 소진해 나가는 것이다. 이렇게 하면 와인의 에이징, 즉 나이 들었을 때의 맛과 향을 부족하게나마 경험해 볼 수 있다.

마지막 단계는 여러분의 자유다. 앞의 두 단계를 충실히 밟아왔는가? 그렇다면 이제 자유롭게 여러분이 원하는 와인을 찾아서 마셔보라. 위대한 와인과 괜찮은 와인, 품질 좋은 와인과 내 입맛에 맞는 와인, 가성비가 좋은 와인과 거품이 낀 와인, 이러한 차이들을 구분할 수 있는 현명함과 지혜가 어느새 생겼을 것이다. 이제 와인을 즐기기만 하면 된다.

와인 등급

쇼레이 레 본 지역은 AOC 변경을 거치며 성장했다. 20세기 초까지 쇼레이 레 본은 코트 드 본 빌라주(Côte de Beaune Villages) AOC로 와인을 생산했다. 당시 이웃 마을들이 마을 고유 이름으로 AOC를 인정받은 것과 비교해 보면 만족스러운 결과는 아니다. 마을 이름을 건 독자적 코뮌 AOC인 쇼레이 레 본(Chorey lès Beaune) AOC는 1970년에서야 획득했다. 오늘날에도 이 지역의 와인 생산자들은 (레드와인일 경우) 자신들의 와인 라벨 명으로 코트 드 본 AOC를 사용할 수 있다. 코트 드 본 빌라주 AOC 또는 쇼레이 레 본 AOC 중 하나를 택할 수 있는 것이다. 뿐만 아니라 쇼레이 레 본 AOC 안에는 지명을 소유한 밭인 리외디가 22개 있다. 모두 프르미에 크뤼나 그랑 크뤼 등급을 받지 못했으며, 라벨에 리외디가 기재된 와인은 보기 드물다.

와인 스타일

어느 와인 평론가가 말하길 쇼레이 레 본 와인은 "메조소프라노 같다."고 했다. 메조소프라노는 오페라를 이끄는 아주 높은 음역은 아니다. 하지만 "마치 공중에 떠 있는 듯한 라운지 음악에 가깝다."고 덧붙였다. 맞는 말이다. 쇼레이 레 본 와인의 색상은 보랏빛 테두리의 짙은 루비색을 띤다. 블랙베리, 블랙커런트 같은 검은 과실 아로마와 함께 라즈베리, 사우어 체리 등 붉은 과실 향이 가득하다. 나이가 들면서 진저브레드, 감초, 부엽토, 동물성 풍미가 감돈다. 과실 향과 소박한 맛 등을 볼 때 사비니 레 본과 쇼레이 레 본은 비슷한 결을 가졌다. 아무래도 지리적으로도 바로 옆이니 가능한 일이다. 하지만 탄닌을 맛보는 순간 완전히 다른 스타일로 느껴진다. 쇼레이 레 본은 훨씬 적극적으로 탄닌을 드러낸다. 아무래도 진흙에서 오는 영향일 것이다. 그래서 좀 더 단단한 느낌이 든다. 반면 알록스 코르통이나 본과 비교하면 부드럽다. 천문학적인 가격의 명품까지는 아니더라도 어디까지나 풍부한 중용을 보여주는 맛이다.

쇼레이 레 본(Chorey lès Beaune AOC)

레 보몽(Les Beaumonts)

쇼레이 레 본 마을에서 자연적인 입지 조건이 가장 뛰어난 곳이다. 고대 갈로-로만 시대 유적이 발견될 정도로 유서 깊은 곳이기도 하다. 이곳의 와인 맛은 유연하면서도 결코 과하지 않다. 피노 누아의 풍격이 쇼레이 레 본 테루아가 가진 개성으로 빛난다. 가성비의 매력을 찾는 애호가라면 헤어 나오기가 쉽지 않다. 쇼레이 레 본에서는 대부분 리외디를 블렌딩해서 만든다. 그래서 레 보몽을 제외한 단일 포도밭, 즉 단독 리외디 와인을 발견하기는 어렵다.

11

본

Beaune

부르고뉴 와인의 수도, 본

본(Beaune)을 여행하기 전에 먼저 알아야 할 것이 있다. 가장 기본적인 사실-본은 와인에 의해 만들어진 도시라는 것이다. 본에 박물관이 있다면 와인 박물관일 테고, 서점이 있다면 와인 서적들이 진열된 전문 서점일 것이다. 부르고뉴의 주요 네고시앙 본거지 역시 본이다. 심지어 개인 저택이 보인다면 그건 네고시앙 오너의 사저일 가능성이 높다. 당연히 부르고뉴 와인협회인 BIVB 또한 본에 있다. 트랙터나 와인 장비 판매 등 와인 산업 관련 서비스나 와인 기관 그리고 와인 교육 시설까지 모두 본에 밀집되어 있다. 그야말로 와인 자치 도시라고 해도 틀린 말이 아니다. 본은 부르고뉴 코트 도르에서 디종 다음으로 큰 도시다. 디종과 본. 두 도시 사이에는 결정적인 차이가 존재한다. 디종이 부르고뉴의 도청소재지 겸 행정 수도라면 본은 와인의 수도이다. 분위기도 다르거니와 찾아오는 관광객들의 목표도 다르다. 디종은 부르고뉴를 찾아오거나 스위스를 여행하기 위해 잠깐 거쳐 가는 관광객들을 위한 도시라면 본은 와인 여행을 떠난 순례자들을 맞는 곳이다. 한마디로 말하자면 디종이 부르고뉴를 대표하는 랜드마크라면 본은 부르고뉴의 영혼이 숨 쉬는 영적인 고향이다. 그것이 본이다.

와인 순례길, 본을 향한 여정

본으로 떠나는 순례의 여로는 우선 디종에서 출발하는 것이 좋다. 디종에서 그랑 크뤼 도로(Route des Grands Cru)를 끼고 남쪽으로 내려간다. 코트 드 뉘의 그림 같은 포도밭들을 구경하며 약 한 시간가량을 가다 보면 어느새 본에 도착한다. 본은 수백 년 된 성벽 안에 숨어 있다. 중세 시대의 모습 그대로 미로 같은 골목으로 이어진 폐쇄된 마을이다. 구시가지 거리를 끝에서 끝까지 걷다 보면 대부분의 볼일을 다 볼 수 있을 정도로 작다. 하지만 그 작은 마을 안에 고대부터 로마를 거쳐

중세 시대, 르네상스까지 시대별 유적과 건축 유산이 그득하다. 15세기에 지어진 오스피스 드 본(Hospices de Beaune)은 유럽에서 가장 잘 보존된 르네상스 건물 중 하나이자 전 세계 와인 관련 건축물 가운데 가장 장엄한 건물이다. 부르고뉴식 타일이라 불리는 알록달록한 지붕을 얹은 석조 건물, 건물 사이를 이어주는 구불구불한 마찻길이 그대로 남아 있다. 이러한 광경은 현대를 사는 우리에게는 너무나 신선하게 느껴진다. 12세기에 지어진 아름다운 노트르담 성당, 15세기 부르고뉴 공국 왕의 대저택을 개조한 와인 박물관, 그리고 중세 수도원이었던 오텔 드 빌(Hôtel de Ville)도 있다. 뿐만 아니라 부샤르 페르 에 피스(Bouchard Père et Fils), 메종 알베르 비쇼(Maison Albert Bichot), 파트리아슈 페르 에 피스(Patriarche Père et Fils), 조셉 드루앙(Joseph Drouhin), 메종 샹피(Maison Champy), 루이 라투르(Louis Latour)와 같은 부르고뉴를 대표하는 네고시앙 하우스들이 본 마을 사방에 있다. 어디를 가든 골목 어딘가에서 네고시앙 회사 하나쯤은 어렵지 않게 발견할 수 있을 정도다. 네고시앙 하우스의 지하에는 와인이 숙성되는 카브가 있는데, 이곳은 목마른 순례자들을 위한 곳이다. 친절한 가이드의 설명을 들으며 와인 시음이 가능하다. 그 밖에도 본은 먹거리와 마실 거리가 넘쳐나는 곳이다. 사라져가는 부르고뉴 전통 메뉴를 맛볼 수 있는 레스토랑과 트렌디한 와인바가 공존하는 곳이다. 이곳에서 부르고뉴 와인과 딱 맞아떨어지는 음식을 맛보고 나면 혀끝이 아니라 온몸으로 그 맛을 기억하게 될 것이다. 범상치 않아 보이는 와인숍에 들어가서 창고를 뒤져보는 일은 또 어떨까? 묵혀 둔 재고 중 행운의 와인을 찾을 수 있다면 무척 흥미로운 경험이 될 것이다. 본을 들를 때마다 나는 생각한다. 만약 디즈니랜드처럼 와인랜드가 있다면 바로 이곳 본이 아닐까.

본 와인

하지만 이것이 본의 역설이다. 본은 그 유명한 문화유산과 상징성 때문에 상대적으로 와인은 덜 알려지게 되었다. 안타깝게도 본이라는 도시의 명성을 따라잡을 만한 와인이 없는 것이다. 결과적으로 본 아펠라시옹에 대한 강한 이미지를 사람들에게 심어주지 못했다. 그런 영향에서일까? 본에는 그랑 크뤼가 없다. 뿐만 아니라 스포트라이트를 받는 프르미에 크뤼 클리마 역시 찾기가 쉽지 않다. 도시 자체는 부르고뉴를 이끄는 리더지만 정작 와인에서는 진정한 리더가 되지 못했다. 하지만 이런 모호함은 오히려 와인 애호가들에게는 장점이 될 수 있다. 본 와인이 평판을 얻지 못했을 뿐 품질을 얻지 못한 건 아니기 때문이다. 극단적으로 비교를 해봐도 본 프르미에 크뤼 와인은 샹볼 뮈지니나 본 로마네의 마을 등급 와인보다 저렴하다. 한 단계 낮은 등급인데도 말이다. 우리가 본 와인에 관심을 가져야 할 이유가 여기에 있다.

 **본 이야기**

본(Beaune)은 코트 드 본(Côte de Beaune)을 대표하는 마을이다. 지명에서 드러나듯 코트 드 본의 본은 바로 이 마을에서 따온 이름이다. 디종에서 남서쪽으로 45km가량 떨어져 있는 도시인 본은 1세기에 로마의 요새가 건설되었으며 13세기에는 이미 와인 생산지로 번성했던 유서 깊은 곳이다. 그러다 보니 오랜 전통을 가진 네고시앙 회사들이 대부분 이곳에 본거지를 두고 있다. 본 지역 와인 생산의 대부분이 이 네고시앙 하우스들의 손에 있다. 네고시앙 회사는 1980년대에 짧은 침체기를 겪는 등 부정적 이미지가 있기도 했지만 오늘날에는 본 와인, 특히 프르미에 크뤼의 품질을 향상시키는 중요한 역할을 담당했다.

'본'이라는 이름은 라틴어화 된 갈리아어 '벨레나(Belena)'에서 파생되었다. 벨레나는 당시 본에서 발견된 샘의 이름이며, 아마도 물의 신인 '벨렌' 또는 '벨레노스'에서 비롯된 단어일 거라 추측할 수 있다. 코트 드 본 중심부에 위치한 본 와인 산지는 마을 서쪽 언덕에 포도밭을 두고 있다. 먼저 포도밭은 부즈(Bouze)와 블리니 쉬르 우쉬(Bligny sur Ouche)를 관통하는 도로를 기준으로 북과 남으로 나뉜다. 그리고 다른 와인 산지와 경계를 짓고 있다. 남쪽 포도밭은 포마르와, 북쪽 포도밭은 사비니 레 본과 닿아 있다. 본 포도밭은 대체로 특성이 비슷한 반면 포도나무의 노출도는 상당히 다양하다. 그래서 본 와인은 종종 위치에 따라 매우 다르게 표현된다. 북부 와인은 강렬하고 남부는 더 부드럽고 둥글다.

본 마을은 470헥타르에서 매년 15,500헥토리터의 와인을 생산한다. 부르고뉴에서는 주브레 샹베르탕, 뫼르소에 이어서 세 번째로 넓은 와인 산지다. 본 AOC는 피노 누아와 샤르도네 품종으로 각각 레드와인과 화이트와인을 생산하는데, 실제로는 레드와인을 주로 생산한다. 본의 레드와인 산지는 프르미에 크뤼 와인 산지 270.16헥타르를 포함하여 355.16헥타르다. 반면 화이트와인 산지는 프르미에 크뤼 39.67헥타르를 포함하여 58.4헥타르에 불과하다. 본의 토양은 기본적으로 석회석으로 구성되어 있지만 복합적이다. 토양의 컬러는 주로 적갈색 석회이며, 여기에 부분적으로 흰빛이 도는 이회토가 섞여 있다. 이러한 토양에서는 피노 누아보다는 샤르도네가 어울린다. 앞에서 여러 번 강조했듯이 토양과 와인은 컬러를 맞추는 것이 가장 이상적인 조합이다. 본의 화이트와인은 뫼르소보다 좀 더 스파이시한 풍미가 강하고 와인이 좀 더 빨리 익는다. 대표적인 본의 화이트와인으로는 유명한 클로 데 무슈(Clos des Mouches), 클로 상 랑드리(Clos saint Landry), 레 제그로(Les Aigrots), 몽트르브노(Montrevenots)가 있다.

본의 레드와인은 볼네이, 포마르와 자주 비교된다. 코트 드 본의 레드와인 주산지인 세 곳의 마을은 비슷한 듯 미묘하게 다르다. 일반적으로 포마르는 리치하면서 탄닌의 근육질이 느껴지는 강건한 와인으로 표현되는 반면 볼네이는 향이 강하면서 섬세하고 예민한 와인이다. 본은 이 둘 사이에 있다. 다시 말해 포마르의 강건함과 볼네이의 섬세함, 그 사이 어딘가에 존재한다. 그래서 본 와인에 딱 맞는 표현을 찾자면 '강건함과 우아함의 시소 타기'다. 예를 들어 레 마코네(Les Marconnets) 포도밭은 스파이시한 향이 넘치는 강건함을 대표한다면 르 클로 데 무슈 포도밭은 과실 향이 넘치고 부드럽다. 그래서 본 와인을 마셔보면 마치 강력함과 우아함 사이를 오르락내리락하는 시소게임을 하는 듯하다. 일부 본 프르미에 크뤼는 장기 숙성형 와인이라서 20년을 기다려야 한다.

본의 등급 체계는 코트 드 본 레지오날 등급, 본 빌라주 등급 그리고 프르미에 크뤼 이렇게 세 가지 등급으로 이루어진다. 먼저 코트 드 본(Côte de Beaune) AOC는 66헥타르, 빌라주 등급인 본(Beaune) AOC는 138헥타르다. 반면 본 프르미에 크뤼 (Beaune Premier Cru) AOC는 42개 클리마에 337헥타르에 달한다. 프르미에 크뤼가 거의 포도밭 전체의 75%를 차지하는 셈이다. 게다가 몇몇 프르미에 크뤼 클리마는 개별 면적도 상당하다. 레 그레브(Les Grèves)가 31.3 헥타르에 육박하고 클로 데 무슈, 레 성 비뉴(Les Cents Vignes), 레 퇴롱(Les Teurons) 모두 20여 헥타르가 넘는다.

Sur les
Grèves
Clos Sainte-Anne

Les Bressandes

Clos de l'Écu

Les Grèves

Les Toussaints

Les Fèves

A l'Écu

Les Perrières

En l'Orme

Les Marconnets

Les Cents Vignes

En Genet

Clos du Roi

Blanches Fleurs

Savigny lès Beaune

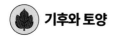 **기후와 토양**

본은 해양성 기후의 영향을 받는 반 대륙성 기후(Semi-continental)다. 그래서 강우량이 계절에 따라 변하는(가을에 가장 많고 여름에 가장 적음) 해양성 기후의 특징을 보인다. 반면 대륙성 기후의 영향으로 계절별 온도 차가 크다. 그래서 눈이 자주 내리는 추운 겨울과 거센 폭풍이 몰아치는 더운 여름이 특징이다. 코트 도르에서 포도 재배가 가능한 이유는 바로 이같은 반 대륙성 기후 덕분이다.

본 와인 산지는 코트 도르에서 가장 기다란 산지 중 하나다. 북쪽의 사비니 레 본과 남쪽의 포마르 사이에서 4km에 걸쳐 뻗어 있다. 기본 토양은 석회석으로, 예전에 이곳은 채석장이었다. 본 도시에 세워진 건물의 자재들은 모두 인근 포도밭에서 가져온 것들이다. 과거에 채석장이었다는 건 그만큼 좋은 석회석 토양이 있다는 것을 의미한다. 본의 와인 산지는 부즈와 블리니를 관통하는 도로에 의해 북과 남으로 나뉜다. 먼저 도로 북쪽은 사비니 레 본과 가까운 북쪽 포도밭이다. 이곳은 레 마코네(Les Marconnets), 클로 뒤 루아(Clos du Roi), 페브(Fèves), 브레상드(Bressandes) 등 프르미에 크뤼 밭들이 차지하고 있다. 이곳의 토양은 성질이 얇고(Thin) 경사가 더 가파르다. 그래서 영양분을 찾기 위해 포도나무가 뿌리를 더 깊숙이 뻗어야 한다. 포도 열매가 익기까지 시간도 꽤 걸린다. 그 결과 이곳의 와인은 단단하고 꽉 찬 무게감이 느껴진다. 그중에서도 가장 유명한 클리마는 페브(Fèves)다. 페브는 북부에서 가장 세련되고 화려한 아로마를 가진 와인으로 유명하다.

한편 북부에 자리하지만 부즈와 블리니를 관통하는 도로에 좀 더 가까운, 정확하게는 중부에 자리한 산지가 있다. 중부 산지는 또 나름의 고유한 특성이 있다. 여기는 투쌍(Toussaints), 그레브(Grèves), 퇴롱(Teurons) 등의 프르미에 크뤼 밭이 자리한다. 중부는 그레브(Grèves)라는 이름에서 알 수 있듯 약간의 자갈이 섞여 있다. 그래서 북부보다 와인의 무게감은 덜하다. 단단하기보다는 풍만함에 가깝고 좀 더 달콤한 스타일이다. 본에서 가장 뛰어난 와인이 이곳에서 나온다. 본에는 알다시

피 그랑 크뤼가 없다. 그럼에도 가장 우수한 테루아를 꼽으라면 와인 전문가들은 이곳 중부의 크라(Cras), 퇴롱 그리고 그레브를 공통적으로 꼽는다. 특히 그레브는 무게감도 있거니와 본 와인에서 가장 복합미 넘치는 와인이다. 그렇다고 섬세함이나 벨벳 텍스처를 놓치는 건 아니다.

마지막으로 도로 남쪽은 포마르와 가까운 포도밭이다. 남쪽 산지의 공통점을 꼽으라면 자갈보다는 진흙이 많다는 것이다. 그래서 이곳에서는 본 와인 중에서 가장 소프트하고 라운드하며 만들자마자 마시기에도 좋은 와인들이 나온다..

.

🛢 부르고뉴의 보석, 오스피스 드 본

부르고뉴의 조용한 도시, 본은 일 년에 딱 한 번 분위기가 달라진다. 거리는 활기를 띠고 본 주민들은 모두 얼굴에 미소를 머금는다. 바로 11월 셋째 주 일요일, 오스피스 드 본(Hospices de Beaune) 자선 경매가 열리는 주간이다. 이때 본은 세계 곳곳에서 온 사람들로 가득 찬다. 민속 퍼레이드가 펼쳐지고 길거리의 가판대에는 부르고뉴 특산품들이 미식가들의 입맛을 유혹한다. 포도밭을 끼고 달리는 하프 마라톤은 축제의 절정을 이룬다. 본의 여러 와인 하우스는 관광객들을 위해 시음회를 연다. 오스피스 와인, 희귀 빈티지, 부르고뉴 전역의 아펠라시옹, 주제별 등 다양한 와인 시음회가 펼쳐진다. 이때 본에 오는 것은 살아 있는 부르고뉴를 접하는 것이다.

오스피스 드 본은 중세 시대의 병원 재단이다. 1442년 부르고뉴 공작 니콜라스 롤랑(Nicolas Rolin)과 그의 아내는 자선 단체를 운영하기 위해 오스피스 드 본을 설립했다. 화려한 고딕 양식의 건물 정문으로 들어가면 눈부신 안뜰이 나타난다. 장엄한 유리 타일, 다채로운 컬러의 지붕 및 채광창으로 장식된 건물이 안뜰을 빙 둘러서 있다. 이곳은 중세 시대에 가난한 자와 병자들의 병원이자 보호소였다. 건물 안으로 들어가면 거대한 고딕 벽난로가 있는 주방과 절구, 토기 냄비가 있는 약국이 그대로 보존되어 있다. 흥미로운 사실은 1966년에 제작된 프랑스 영화 〈파리 대탈출(La Grande Vadrouille)〉의 배경으로 이곳이 등장한다는 것이다. 그래서 영화를 보면 당시 오스피스 드 본의 활약상을 간접적이나마 경험해 볼 수 있다. 현재 오스피스 드 본은 박물관 겸 전시회장으로 활용된다. 그래서 오스피스 본-오텔 듀 박물관(Hospices de Beaune-Hotel-Dieu Museum)이 공식 명칭이다. 오텔 듀 박물관은 프랑스에서 가장 유명한 기념물 중 하나가 되었다.

한편 1457년 기으메트 르베르니에(Guillemette Levernier)는 오스피스 드 본에 최초로 포도밭을 기증했다. 이 전통은 5세기 동안 계속되었다. 오늘날 오스피스 드 본이 소유한 포도밭은 약 60헥타르 정도다. 그중 50헥타르는 피노 누아를, 나머지는 샤르도네를 심었다. 뿐만 아니라 전체 면적의 85%가 프르미에 크뤼와 그랑 크뤼가 있는 뛰어난 밭이다. 이 포도밭은 당시 병원과 보호소 재정에 보탬이 되었다. 오늘날 이 특별한 오스피스 드 본 소유의 와인들은 11월 셋째 주 일요일에 경매로 팔린다. 소더비(Sotheby's)가 주최하는 이 행사는 세계에서 가장 유명한 와인 자선 판매 이벤트가 되었다. 전 세계의 주요 와인 네고시앙과 바이어를 한자리에 모은 이 와인 자선 판매는 프레스티지 와인 시장의 국제적 지표 역할을 한다. 와인의 판매 수익은 시설 및 병원 건물 보존에 사용된다. 하지만 자선 활동을 위한 경매다 보니 와인 가격은 평소 가격보다 훨씬 높다. 나도 유학 시절 경매 행사를 관람한 적이 있다. 일반들에게도 공개되는 경매인지라 많은 사람들이 지켜보는 자리였다. 드라마에서 본 것처럼 참가자들 사이에서 열정적인 경쟁이 붙는 그런 모습은 아니어서 약간 실망을 했다. 누가 와인을 구매할지 미리 다 안다는 듯한 평온한 분위기였달까? 판매가 끝나면 촛불 조명이 켜진 오텔 듀, 중세의 성에서 대규모 저녁 식사가 제공된다. 이때 부르고뉴 성에서 열리는 갈라 디너에 참석하는 일은 잊지 못할 경험이 될 것이다.

🍾 와인 등급

본은 1936년에 AOC를 획득했다. 본(Beaune) AOC는 빌라주 등급과 프르미에 크뤼, 이렇게 두 가지 등급으로 분류된다. 또한 레지오날 등급인 코트 드 본(Côtes de Beaune) AOC 또한 생산된다. 먼저 빌라주 등급은 138헥타르의 면적에 본 AOC 명칭을 사용한다. 마을에서 가장 뛰어난 산지는 본 프르미에 크뤼(Beaune Premier Cru) AOC 산지로, 다른 마을과 마찬가지로 고유 클리마 이름을 라벨에 기재한다. 본 프르미에 크뤼 AOC는 337헥타르의 면적에 42개 클리마를 보유하고 있다. 특이하게도 부샤르 페르 에 피스의 '앙팡 제쥐(L'Enfant Jésus)'는 클리마 명이 아니다. 이 와인은 프르미에 크뤼 포도밭인 그레브(Grèves) 클리마에 속해 있는 브랜드 명이라고 보는 게 맞다. 그밖에 코트 드 본 AOC는 본 마을에 속하지만 본 AOC보다는 낮은 등급이다. 코트 드 본 AOC 와인은 프르미에 크뤼 언덕 서편에서 생산된다.

와인 스타일

본(Beaune AOC)

본 레드와인은 밝은 루비 컬러를 보인다. 어릴 때는 밝고 생기 넘치는 빛깔을 보이는데 나이가 들어서도 그 광채가 어느 정도 지속된다. 아로마는 과실 향이 넘치며 블랙커런트, 블랙베리와 같은 검은 과실 향과 붉은 과실 향이 섞여 있다. 개인적으로 본은 검은 과실 향이 더 강하게 나는 듯하다. 만약 블라인드 테이스팅을 할 기회가 있다면 본 와인을 들고 가보라. 검은 과실 향 때문에 단박에 맞추기 쉽지 않을 것이다. 이어서 모란 같은 플로럴 아로마가 은은하게 배어난다. 나이가 들면 덤불, 부식질, 트러플, 가죽, 모피 등 세월에 따른 부케로 발전한다. 입안에서는 꽃이 핀 것처럼 달콤한 과실 풍미로 꽉 차면서 개성이 뚜렷한 느낌이다. 탄닌은 마치 잘 짜인 직물처럼 단단하면서도 설득력 있는 완벽한 구조감을 나타낸다. 제법 무게감이 있는 와인이다. 화이트와인의 경우 녹색 둘레의 금빛을 띤다. 핵과실 향, 아몬드, 흰색 꽃 향이 나타나며 나이가 들면서 헤이즐넛, 계피 등 스파이시한 부케로 발전한다. 샤르도네 특유의 유질감과 함께 라운드한 와인이다. 이웃 마을의 화이트보다는 빨리 숙성되는 편이다.

본 프르미에 크뤼(Beaune Premier Cru AOC)

그레브(Grèves)

그레브는 본 와인의 심장이다. 이 아름다운 테루아는 다른 그랑 크뤼 와인에 뒤지지 않는다. 최소한 '슈퍼 프르미에 크뤼'라는 타이틀을 부여할 만한 조건을 충분히 갖췄다. 강렬하고 밝은 자주색, 레드커런트 등 붉은 과실 향과 함께 스파이시한 향이 난다. 나이가 들어가면서 시가 향, 향신료 향 그리고 스모키한 부케가 두드러진다. 입안에서는 세련된 탄닌의 텍스처가 매혹적인 하모니를 만든다. 여운에서는 '크렘 드 카시스(Crème de Cassis, 블랙커런트 리큐어)'의 뚜렷한 풍미와 우드 풍미가 있다. 전체적으로 부드럽고 우아하며 과실 향이 살아 있는 와인으로, 풍부하면서도 뛰어난 숙성력을 보여준다.

클로 데 무슈(Clos des Mouches)

클로 데 무슈의 '무슈(Mouch)'는 프랑스어로 '날파리'라는 뜻이다. 부르고뉴 지역 방언으로는 파리보다는 꿀벌에 더 가깝다. 이 클리마는 조셉 드루앙(Joseph Drouhin)의 아이콘 같은 곳이다. 모노폴에 가까울 만큼 차지하는 지분이 크기 때문이다. 와인은 밝은 광택이 있는 짙은 레드 루비 컬러를 띤다. 어릴 때는 신선한 야생 체리, 라즈베리, 블랙베리 등 검붉은 과실 향취가 물씬 풍겨난다. 그리고 나이가 들면서 감초, 시가, 후추, 스모키, 부엽토 등 고유의 부케로 발전한다. 입안에 넣는 순간 뚜렷하고 두툼한 질감이 느껴지면서도 무게감은 그리 무겁지 않아 조화롭다. 이 와인은 나이가 들수록 더 부드러워진다. 사실 클로 데 무슈는 레드와인만큼 화이트와인 프르미에 크뤼로도 유명한 밭이다. 클로 데 무슈 화이트와인은 바타르 몽라셰의 복합미와 코르통 샤를마뉴의 파워가 적절히 맞물려 있다는 평을 듣는다.

12

포마르 & 볼네이

Pommard & Volnay

코트 드 본의 레드 트라이앵글

"코트 드 본은 화이트와인이 유명하죠?" 이에 대한 대답은 '예스'라고 할 수 있으나, 부분적으로는 '노'라고 할 수도 있다. 코트 드 본은 대체로 화이트와인을 마시기 위해 찾는 곳이다. 부르고뉴 화이트와인의 그랑 크뤼 클리마는 (뮈지니를 제외하고) 모두 코트 드 본 출신이다. 경우에 따라서는 '화이트는 코트 드 본, 레드는 코트 드 뉘'라고 못박을 수 있을 정도다. 그만큼 코트 드 본은 뛰어난 화이트와인의 전쟁터다. 이처럼 냉엄한 현실 속에서 레드로만 와인을 만드는 코트 드 본의 생산지가 있다. 뫼르소, 샤사뉴 몽라셰, 퓔리니 몽라셰가 화이트와인의 황금 트라이앵글을 이룬다면 본, 포마르 그리고 볼네이는 코트 드 본의 레드 트라이앵글을 형성한다. 그중에서도 포마르(Pommard)와 볼네이(Volnay) 이 두 마을은 레드와인만 생산하는 산지다.

분필과 치즈

우리가 누군가에게 깊은 감동을 받을 때 어떤 실력이나 수준보다는 그들이 들려주는 스토리에 먼저 마음이 닿기도 한다. 볼네이와 포마르는 마치 이란성 쌍둥이처럼 연결된 지역이다. 이 두 곳의 마을은 매우 가깝다. 불과 1km 정도 거리다. 하지만 와인의 스타일은 완전히 다르다. 파트리아슈 페르 에 피스(Patriarche Père et Fils)의 에릭 르 자이으(Eric Le Joille)는 볼네이와 포마르가 분필과 치즈만큼 다르다고 강조했다. 모양은 비슷하지만 입에 넣었을 때의 풍미나 텍스처가 전혀 다르다는 것이다. 포마르는 와인의 무게감이나 텍스처가 바닷가의 파도처럼 크고 강하다. 반면 볼네이는 촘촘한 그물망으로 길어 올린 물처럼 섬세하다. 〈파리 마치〉 잡지는 포마르와 볼네이를 이렇게 표현했다. "포마르는 성당처럼 '각이 진' 느낌이라면 볼네이는 마치 키스처럼 섬세하고 미묘하다." 딱 붙어 앉은 볼네이와 포마르가 이처럼 서로 독특한 존재감을 표현할 수 있는 것은 역시나 테루아 때문이다.

지금까지는 이 두 개의 마을이 얼마나 다른 스타일인지를 설명했으나 이것이 다가 아니다. 예를 들어 여우와 늑대는 생김새도 다르고 성질도 다르다. 하지만 상어나 고래와 비교해 보면 결국 둘 다 갯과에 속하는 같은 종이다. 볼네이와 포마르가 마치 대척점에 서 있는 것처럼 다르게 보이지만, 막상 코트 드 뉘의 레드와인과 비교하면 확연히 다르다. 넓은 의미에서 코트 드 본의 와인들은 이회토 특성의 교집합을 보여준다. 레드와인이 크게 주목받지 못하는 산지에서도 자신만의 개성을 풀어나간다. 이때 그 맛을 선호하느냐 아니냐는 어디까지나 개인의 기호 문제다. 아니면 익숙함의 문제일 수도 있다. 포마르나 볼네이 와인을 마셔보면, 다른 부르고뉴 레드와인이 가진 익숙한 인상과는 또 다른 느낌이 든다. 그리고 그 생경함을 또 하나의 기준으로 받아들일 수 있다면 여러분은 와인의 매력에 한 걸음 더 가깝게 다가갈 수 있을 것이다.

일례로 1994년에 개봉한 〈쿨 러닝〉이라는 오래된 영화가 있다. 이 영화는 1988년 캘거리 올림픽에 출전한 자메이카 봅슬레이 대표팀의 이야기를 다룬 실화 바탕의 작품이다. 하얀 눈을 실제로 본 적도 없는 자메이카에서 주인공들은 봅슬레이라는 낯선 종목으로 동계 올림픽에 출전하기 위해 고군분투한다. 빙판도 없는 척박한 환경에서 썰매를 만들고 언덕의 내리막길에서 수없이 많은 연습을 하면서 올림픽을 준비하는 인물들. 너무나 힘든 상황이지만 특유의 긍정적인 마인드를 바탕으로 전혀 해보지 않은 길을 묵묵히 걸어가는 스토리에 관객들은 감동한다. 이 영화에는 다음과 같은 대사가 나온다. "모두 우리를 싫어하는 것 같지?" "우리가 달라서야. 사람들은 다른 걸 두려워하거든."

어찌 됐든 우리가 가진 선입견을 벗어 던지자. 마음을 열어 둘 필요가 있다. 코트 드 본 레드와인만의 그 간결한 맛을 즐겨보자. 포마르와 볼네이가 우리를 기다린다.

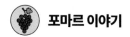

포마르 이야기

포마르(Pommard)는 본과 볼네(Volnay) 사이에 끼어 있는 지역이다. 본에서 남서쪽으로 약 2km를 가다 보면 세 개의 갈림길이 나온다. 삼거리에서 왼쪽으로 방향을 틀면 오탕(Autun)으로 가는 언덕이 보인다. 바로 여기가 본에서 포마르로 바뀌는 지점을 나타내는 분기점이다. 마을에 도착하면 우선 포마르 성당이 가장 먼저 눈에 띈다. 마을 어디에서나 보이는 이 성당은 마치 포마르의 등대 같다. 중세 시대에 지어진 모습 그대로인 교회의 탑 뒤로 모자이크 모양의 포도밭이 이 그림 같은 마을을 둘러싼다. 고대의 여신 포모네(Pomone)에서 파생된 지명을 가진 포마르는 유서 깊은 마을이다. 포마르에서 발견된 로마의 유적터나 로마 시대 주화만 봐도 이미 이 도시가 중세 이전에 건립된 것으로 추측할 수 있다. 그래서 다른 마을과 비슷하게 포마르의 와인 또한 카톨릭 교회, 부르고뉴 공작 또는 중세의 봉토(封土)를 받은 귀족들에게 속했다. 그리고 그때부터 포마르는 "코트 드 본 와인의 꽃(La Fleur des vins du Beaunois)"으로 불렸다. 포마르는 부르고뉴 코트 드 본 레드와인의 상징과도 같다. 본, 볼네이, 포마르로 이어지는 레드 트라이앵글의 리더 역할을 담당한다.

포마르 AOC는 341헥타르에서 오로지 피노 누아 품종으로 레드와인만을 생산한다. 훌륭한 화이트와인이 유명한 코트 드 본에서 특별한 AOC인 셈이다. 이곳의 토양은 석회암으로 덮인 이회토다. 이는 본이나 볼네이의 특성과 비슷하다. 하지만 본이나 볼네이에 비해 포마르에 훨씬 많은 점토가 있고 철이 더 많다. 무엇보다 점토가 활성 석회암과 반응을 일으키며 포마르 특유의 와인 스타일을 만들어낸다. 포마르는 앞에서도 언급했듯이 리치하면서 탄닌의 근육질이 느껴지는 강건한 와인이다. 아베 아르누(Abbe Arnoux)는 "포마르가 볼네이보다 지속력이 좋은 와인"이라고 칭송하였다. 포마르는 '바디감이 있고, 불같은 붉은 색조이며, 향수처럼 향이 풍부'하다. 포마르 와인의 특징을 한마디로 표현한다면 풍부함(Fullness)과 견고함(Sturdiness)이다.

좀 더 자세히 지형을 살펴보면 포마르는 국도와 강으로 사분된다. 다시 말해 본에서 볼네이로 이어지는 국도가 포마르의 와인 산지를 수직으로 나눈다. 라 그랑드 콤브(La Grande Combe), 라 프티트 콤브(La Petite Combe) 협곡이 포마르를 가로지르는데, 이 협곡 아래로 흐르는 라방 된(L'Vant Dheune)강은 포마르 마을을 마치 생선 배를 가르듯 수평으로 나눈다. 그래서 본-볼네이 간 국도는 포마르의 프르미에 크뤼 밭과 빌라주 등급 밭을 가르는 경계가 되었다. 그리고 라방 된강은 프르미에 크뤼를 상부와 하부 밭 둘로 나눈다. 이렇게 밭이 차지한 위치가 달라지면서 와인은 품질의 차이, 스타일의 차이를 보인다. 이것이 포마르 와인을 이해하는 핵심이다. 포마르의 등급 체계는 빌라주 등급, 프르미에 크뤼 두 가지를 보유하고 있다. 먼저 빌라주 등급, 즉 포마르 AOC는 212헥타르다. 반면 프르미에 크뤼 AOC는 28개 클리마에 125헥타르다. 포마르는 명성이 높은 지역이지만 그랑 크뤼가 없다. 하지만 포마르 프르미에 크뤼는 부르고뉴에서 가장 권위 있는 클리마들이다. 특히 레 루지앙 바(Les Rugiens Bas)와 레 제프노(Les Epenots)는 그랑 크뤼에 견주어도 손색이 없다. 현재까지는 그랑 크뤼로 승급하는 데 어려움이 있었지만 그 미래는 밝다.

 기후와 토양

포마르 아펠라시옹의 가장 큰 특징은 마을 등급의 포도밭이 자리한 위치다. 마을 시가지와 나란히 붙은 언덕 중부는 프르미에 크뤼 포도밭이다. 여기까지는 대부분의 다른 부르고뉴 마을과 비슷하다. 그런데 프르미에 크뤼 포도밭 언덕 위와 아래에서 마을 등급인 포마르 AOC 와인을 생산한다. 일반적으로 언덕 꼭대기는 고도가 높아 춥고 토양이 너무 열악하여 포도나무를 심기에 적합하지 않다. 그런데 포마르는 언덕 위쪽에 포도밭이 분포되어 있고, 오히려 언덕 아래보다 면적도 더 넓다. 이를 설명하기 위해서는 포마르의 테루아를 이해해야 한다. 포마르는 고도가 250m를 넘는 고지대이지만 완벽한 남동향이라서 포도나무에 영향을 줄 정도로 춥지는 않다. 그런데 여기서 더 중요한 건 토양이다. 포마르는 오래된 충적토이며, 특히 산화철이 풍부하다. 점토는 와인을 견고하게 만들어 준다. 특히 산화철이 풍부하면 이러한 특징이 도드라진다. 최근의 연구에 따르면 포마르의 점토가 가진 전자기 특성(Electro-magnetic properties)을 보면 코트 드 뉘의 마을들과 유사하다고 밝혀졌다.

이어서 포마르 프르미에 크뤼의 테루아를 설명하자면 조금 복잡하다. 포마르의 프르미에 크뤼는 두 가지 스타일의 토양을 보여준다. 그래서 이 차이를 누군가는 '정신분열증에 걸린 듯 대조적이다' 라고 표현하기도 하며 또 누군가는 스포츠카의 미묘한 차이에 빗대기도 한다. 포마르의 프르미에 크뤼 포도밭은 라방 된강이 둘로 가른 모양이다. 북부는 에페노(Epenots)를 비롯한 본(Beaune) 인근의 밭이다. 이곳은 하얀 이회토(Marl) 토양이다. 다른 마을에서는 보기 드문 독특한 이회토 땅이다. 원래 이곳은 선사시대에 수로가 지나가던 자리였다고 한다. 석회암 토양에 계속해서 지하수가 순환하다 보니 석회가 백운석으로 변하게 된 것이다. 이 백운석(Dolomite stone)은 좀 어려운 얘기지만 결정질의 칼슘 마그네슘 탄산($CaMg(CO_3)_2$)으로 이루어진 퇴적 탄산염암이다. 쉽게 말해 칼슘과 마그네슘이 풍부한 토양이라는 뜻이다. 그래서 이러한 토양의 특징이 포마르의 와인 스타일에도 영향을 주게 된다. 이곳은 포마르에서 가장 부드럽고 산뜻한 지역이다.

한편 남쪽의 프르미에 크뤼는 루지앙(Rugiens)이 대표적으로 볼네이와 가까운 산지이다. 이곳은 앞에서 언급한 산화철이 풍부한 점토 토양이다. 산화철 토양은 땅을 붉게 만들고 피노 누아에 구조감을 준다. '붉은(Rouge)'을 뜻하는 루지앙(Rugiens)이 클리마명이 된 것은 우연이 아니다. 그리고 와인의 무게와 탄닌은 일반적으로 습기를 유지하는 점토 기반의 토양에서 나온다. 그렇기 때문에 포마르 남부의 프르미에 크뤼 와인은 우아함보다는 무게감이 특징이다. 짙은 색의, 때로는 거칠게 느껴지는 탄닌이 강한 와인이 생산된다.

부르고뉴 레드와인 비교 테이스팅

와인 테이스팅의 꽃은 비교 시음이다. 와인 마시기의 즐거움을 최대한으로 끌어내고 와인의 맛과 향을 더 잘 파악하는 능력을 기르기 위해서는 상반된 와인 스타일을 비교해 보면 좀 더 쉽게 접근할 수 있다. 부르고뉴 레드와인의 비교 테이스팅을 한다면 가장 먼저 주브레 샹베르탕과 샹볼 뮈지니를 꼽을 수 있을 것이다. 부르고뉴에서 피노 누아로 표현할 수 있는 가장 극단의 스타일을 보여주는 와인이기 때문이다. 그런데 코트 드 본에서도 위의 두 마을을 연상할 만한 마을이 있다. 바로 포마르와 볼네이다. 그리고 포마르와 볼네이를 설명할 때 코트 드 뉘의 두 마을이 가지는 상반된 특징, 즉 주브레 샹베르탕의 파워와 샹볼 뮈지니의 섬세함을 비슷하게 이야기한다. 옆 동네에 이들의 도플갱어가 살고 있었던 셈이다.

먼저 포마르와 주브레 샹베르탕은 코트 드 뉘와 코트 드 본이라는 지역적 차이가 있지만 와인의 결이 거의 비슷하다. 둘 다 무겁고 여린 느낌이 없으며 강한 탄닌감이 느껴지면서 파워가 있는 와인이다. 마치 주브레 샹베르탕이 코트 드 뉘에서 피노 누아의 왕으로 불린다면 코트 드 본 레드와인의 왕은 포마르가 될 것이다. 이처럼 포마르와 주브레 샹베르탕, 이 두 곳의 마을은 파워라는 공통점을 갖고 있다. 그 이유를 분석해 보면 두 지역 모두 철이 풍부한 점토 토양이라는 비슷한 테루아를 가지고 있기 때문이다.

이제 우아함의 정점을 표현한 와인들로 이동해 보자. 샹볼 뮈지니 와인은 코트 드 뉘에서 가장 섬세하고 부드러운 와인으로 꼽는다. 피노 누아의 매력, 우아함의 정석다운 맛을 내는 데 집중한다. 마찬가지로 볼네이는 코트 드 본에서 가장 섬세하고 부드러운 와인으로 꼽는다. 실제로 볼네이는 '코트 드 본의 샹볼 뮈지니'로 불린다. 그렇다고 주브레 샹베르탕과 포마르, 그리고 샹볼 뮈지니와 볼네이 두 지역의 마을이 구분할 수 없을 정도로 똑같다는 말이냐고 묻는다면, 또 그건 아니다. 포마르와 볼네이는 어디까지나 코트 드 본에서 나온 와인이다. 코트 드 뉘에 감칠맛이 있다면 코트 드 본은 한결 화사한 풍미로 와인을 이끈다. 굳이 비교를 하자면 주브레 샹베르탕은 왕이라는 표현에 걸맞게 파워와 장기 숙성력을 자랑한다. 반면 포마르는 주브레 샹베르탕보다는 소탈하고 편안한 맛이다. 샹볼 뮈지니와 볼네이 또한 마찬가지다. 막상 테이스팅을 해보면 두 마을이 드러내는 우아함이 다를 수 있다. 샹볼 뮈지니는 신선한 산도와 함께 감겨오는 실크나 벨벳 같은 텍스처가 훌륭하다. 그에 반해 볼네이는 부드럽지만 좀 더 정직하다. 이회토에서 오는 탄닌감이 와인에 있다. 입안에 도는 질감이 곱게 갈아 놓은 듯 부드러워서 '역시 이래서 코트 드 본의 샹볼 뮈지니구나' 하고 고개가 끄덕여진다. 이러한 차이가 부르고뉴 와인에서는 중요한 요소로 작용한다.

사정이 이러하다 보니 부르고뉴 레드와인을 이해하려면, 또는 부르고뉴의 테루아와 탄닌을 비교하려면 이 네 곳 마을의 대결은 불가피하다. 부르고뉴 피노 누아의 강함과 부드러움 그리고 코트 드 뉘의 미네랄과 코트 드 본의 이회토를 감상하는 것만으로도 이 비교 테이스팅은 가치가 있다. 말하자면 음악에서 '기준음' 같은 것이다. 물론 결론은 정해져 있다. 네 곳의 와인은 저마다 맛있고 개성적이다. 4인 4색이다. 각자의 취향이 적절한 답을 내려줄 것이다.

🍾 와인 등급

포마르는 1936년에 AOC를 획득했다. 포마르 AOC는 빌라주 등급과 프르미에 크뤼, 총 두 가지 등급으로 분류된다. 먼저 빌라주 등급은 212헥타르의 면적에 포마르(Pommard) AOC 명칭을 사용한다. 마을에서 가장 뛰어난 산지는 포마르 프르미에 크뤼(Pommard Premier Cru) AOC 산지로, 125헥타르의 면적에 28개 클리마를 보유하고 있다. 포마르 프르미에 크뤼는 다른 마을과 마찬가지로 고유 클리마의 이름을 라벨에 기재한다. 포마르에는 아직 그랑 크뤼가 없다.

🍷 와인 스타일

포마르(Pommard AOC)

포마르 레드와인은 짙은 붉은 색을 띠고 밝은 루비에서 밝은 가넷 컬러로 변한다. 포마르는 풍부하고 강력한 탄닌으로 유명하다. 잘 익은 자두, 레드커런트, 체리, 라즈베리 등 과실 향과 함께 제비꽃 향이 뒤따른다. 나이가 들면 피망, 감초, 건포도, 블루베리, 초콜릿과 가죽 등 세월에 따른 부케로 발전된다. 입안에서는 단단하고 강력한 탄닌이 명쾌하며, 무엇보다 구조감이 돋보인다. 와인이 어릴 때는 날카로울 수 있으니 부드러운 텍스처로 변할 때까지 기다려야 한다. 4~5년이 지난 뒤에는 탄닌이 둥글어지면서 개성적인 맛을 낸다.

포마르 프르미에 크뤼(Pommard Premier Cru AOC)

포마르의 프르미에 크뤼는 앞에서 설명한 것처럼 북부와 남부의 특성이 다르다. 어떤 평론가는 이를 두고 스포츠카에 비유하며 다음과 같이 평가했다. "북쪽 에프노(Epenots) 클리마는 애스턴 마틴을 모는 젊은 골퍼의 우아함 같다면, 남부의 와인인 레 루지앙(Les Rugiens)은 파워 넘치는 페라리를 몰고 다니는 럭비 선수의 튼튼한 어깨를 떠올리게 한다."

에프노(Epenots)

섬세하고 풍부한 체리, 딸기, 자두 아로마에 이어서 우디와 계피 등 미묘하고 섬세한 향신료가 따스하게 감돈다. 입안에서 씹히는 듯한 탄닌의 텍스처 덕분에 좀 더 풍미가 잘 느껴진다.

레 루지앙(Les Rugiens)

레 루지앙은 레 루지앙 오(Les Rugiens Hauts)와 레 루지앙 바(Les Rugiens Bas), 두 개의 클리마로 나뉜다. 와인이 가진 진한 루비색은 시간이 지나며 가넷 컬러로 진화한다. 아주 잘 익은 붉은 과실 향과 감초 등 향신료 아로마가 선명하면서도 복합적이다. 입안에서는 시작부터 박력 넘치는 탄닌을 느낄 수 있다. 기품이 넘치는 풍미와 함께 코트 드 본 이회토의 지표로 삼을 만한 탄닌이 잘 어우러진다.

 **볼네이 이야기**

볼네이(Volnay)는 북쪽의 포마르와 남쪽의 뫼르소 사이에 위치한다. 쉐노(Chaignot)라는 작은 산에 둥지를 틀듯이 자리한 이 작은 마을은 포도밭의 고도가 275~300m를 넘을 정도로 높다. 마을에 서면 옆 마을인 포마르가 내려다보인다. 부르고뉴의 코트(언덕) 중에서도 꽤 높은 곳에 포도밭이 자리한 셈이다. 물의 여신 '볼렝(Volen)'에서 이름을 따온 볼네이는 소박하고 고전적인 멋이 흐르는 마을이다. 마치 코트 드 뉘의 와인 산지로 돌아간 듯 낮은 돌담으로 둘러싼 아름다운 포도밭을 감상할 수 있다. 그래서일까? 이곳은 역사적으로도 종교와 깊은 관련이 있다. 몰타 기사단(Knights of Malta)이나 오탕의 성 앙도슈 수도원(Abbeys of Saint Andoche d'Autun) 같은 종교 단체에서 볼네이의 포도밭을 소유하고 와인을 생산했다. 그래서 다른 마을과 비교했을 때 '클로'라는 이름의 클리마가 특히 많다. 볼네이의 클리마를 살펴보면 클로 데 뒥(Clos des Ducs), 클로 드 라 카브 데 뒥(Clos de la cave des Ducs), 클로 드 라 샤토 데 뒥(Clos de Chateau des Ducs)처럼 뒥(Ducs)이 반복되는 밭들이 있는데, 여기서 '뒥'은 공작이라는 뜻이다. 그래서 직역해 보면 공작의 밭, 공작의 창고 밭, 공작의 저택 밭 이런 식의 이름이다. 1250년경, 부르고뉴 공작 위그 4세(1213~1272)는 자신의 여름 별장을 볼네이에 지었다. 이를 시작으로 볼네이는 부르고뉴의 공작들이 가장 사랑하는 영지가 되었다. 1666년 왕실 대리인이자 부르고뉴 감독관이었던 부쉬(Bouchu)는 '볼네이가 부르고뉴에서 가장 뛰어난 와인을 만드는 포도밭을 가진 마을'이라고 칭송했다. 한편 볼네이 와인이 귀족들에게 인기가 있었던 이유는 와인이 가진 개성에 있었다. 코트 드 본에서 볼네이는 우아함과 섬세함의 대명사다. 와인 전문지 〈부르고뉴 오주르디〉는 다음과 같이 볼네이를 평가한 바 있다. "코트 드 본과 코트 드 뉘를 비교하는 전통적인 대결에서 코트 드 뉘와 대적할 수 있는 유일한 마을은 볼네이다. 우리가 보기에 볼네이 프르미에 크뤼는 코트 드 뉘 프르미에 크뤼와 어깨를 나란히 할 만한 품질이다."

볼네이 AOC는 221헥타르에서 오로지 피노 누아 품종으로 레드와인만을 생산한다. 다만 특이하게도 볼네이에 속한 29헥타르의 상트노(Santenots) 클리마에서는 샤르도네 품종으로 화이트를 생산한다. 하지만 이곳은 예외적으로 뫼르소(Meursault)로 지정되었다. 그래서 볼네이 역시 포마르와 마찬가지로 코트 드 본에서는 특별한 레드와인 AOC인 셈이다. 또한 포마르보다 면적이 작다 보니 애호가들을 더 애타게 만드는 와인이기도 하다.

볼네이 와인의 섬세함은 이미 부르고뉴에서도 독보적인 위치를 차지하고 있다. 그 비결은 무엇일까? 석회석, 백악질 및 조약돌이 많은 테루아를 가진 볼네이는 원래 코트에서 가장 가벼운 와인으로 유명했다. 1728년 아베(Abbe) 수도원 기록을 보면 "볼네이 포도는 너무 연약해서 와인의 색상이 'oeil de pedrix'(자고새 눈, 핑크 컬러)보다 더 연하다."고 언급되어 있다. 그러면서 "포도가 가볍고 껍질이 얇기 때문에 발효 탱크에서 18시간 이상 견딜 수 없을 정도이니 가볍게 터치하듯 만들어야 볼네이의 풍미와 컬러를 유지할 수 있다."고 조언했다. 오늘날 볼네이는 양조 기술의 발달 덕분에 특유의 연약함을 우아함으로 승화시킬 수 있다. 그래서 현재 코트 드 뉘의 샹볼 뮈지니와 함께 부르고뉴 피노 누아를 가장 매혹적으로 표현하는 와인으로 꼽힌다.

볼네이의 등급 체계를 보면 빌라주 등급 그리고 프르미에 크뤼를 보유하고 있다. 먼저 빌라주 등급 즉 볼네이(Volnay) AOC는 98헥타르 면적이다. 반면 볼네이 프르미에 크뤼(Volnay Premier Cru) AOC는 29개 클리마에 115헥타르 면적이다. 포마르와 마찬가지로 볼네이에도 그랑 크뤼가 없다. 하지만 볼네이 마을 대부분의 포도밭이 프르미에 크뤼로 분류된 것만 보더라도 최고의 와인 산지인 것은 분명하다. 그러다 보니 볼네이는 면적 대비 가장 많은 클리마를 보유한 마을이 되었다.

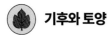

기후와 토양

볼네이는 경사가 험한 협곡 사이 벌어진 틈을 비집고 자리한 와인 산지다. 220헥타르의 포도밭은 동쪽으로 잘 노출된 경사면에 심어져 있다. 그래서 지대가 높아 찬 바람이 불어도 포도나무가 안전하게 보호된다. 볼네이 마을은 포도가 일찍 익는 것으로도 유명하다. 화이트와인을 생산하는 마을보다도 익는 시기가 빨라 보통 4월 초부터 포도가 익기 시작한다. 문제는 서리가 많이 내리는 시기에 이미 포도가 익기 시작하여 수확량이 적다는 것이다. 대신 포도의 농축미를 얻는다. 볼네이 와인이 유난히 과실미가 뛰어난 것은 바로 이 덕분이다. 포도는 배수가 잘되는 남동향 언덕의 석회암과 이회토 토양에서 자란다. 이웃 포마르보다 점토가 훨씬 적다. 그리고 석회암 비율이 압도적으로 높다. 이것이 볼네이 테루아의 비결이다. 석회암의 종류도 다양해서, 어란상 석회암(Oolitic limestone), 화이트 백악질 아르고비앙 석회암(Argovian limestone), 자갈과 철분이 섞인 바토니앙 석회암(Bathonian limestones)까지 부르고뉴의 여러 석회암이 골고루 분포되어 있다. 이렇게 높은 비율의 석회암은 배수도 잘되거니와 토양을 척박하게 만들어 포도나무가 뿌리를 깊이 내릴 수 있게 한다. 진흙질의 포마르보다 볼네이의 토양이 가볍기 때문에 와인의 스타일에도 비슷하게 영향을 끼쳐, 와인이 부드럽고 탄닌이 우아해진다. 무엇보다 볼네이 와인에서 빼놓을 수 없는 요소는 바로 미네랄이다. 석회암에서 오는 미네랄은 짭쪼름하고, 에너지가 넘치며 긴 여운을 남기는 와인을 만들어 낸다. 그 결과 볼네이에서는 부르고뉴 기교의 절정인 섬세하고 우아한 와인이 탄생되는 것이다.

영화 속 부르고뉴

언젠가부터 봇물 터지듯 부르고뉴를 다룬 영화가 등장하는 듯하다. 어쩌

1 Le Village
2 Clos de la Cave des Ducs
3 Clos du Château des Ducs
4 Clos de la Chapelle
5 Clos de la Rougeotte
6 Lassolle

NOLAY ►

Clos des Chênes

Les Caillerets
Clos des 60
ouvrées

Les Caillerets

Taille
Pieds

Taille
Pieds

Clos
de
l'Audignac

Clos
des
Ducs

Pitures
Dessus

antenots

Clos des
Santenots

Les
Caillerets

Clos du
Verseuil

Clos de la
Bousse d'Or

Le
Village

Frémiets Clos de
la Rougeotte

Les
Santenots
Dessous

En
Chevret

Champans

Clos de
la Barre

Frémiets

Robardelle

Les
Lurets

Le Ronceret

Carelle
sous la
Chapelle

Les Mitans

Les Angles

Les
Brouillards

eursault

La
Gigotte

Pommard

◄ CHAGNY

BEAUNE ►

Premier Cru

Volnay

면 부르고뉴 와인의 인기를 증명하는 것 같기도 하다. 그 시작은 〈몬도비노 (Mondovino)〉다. 몬도비노는 2004년 프랑스계 미국인 조나단 노시터(Jonathan Nossiter)가 감독한 다큐멘터리 영화다. 이 영화는 전 세계 와인 산지를 돌아다니며 테루아가 무엇인지, 그리고 우리는 왜 테루아를 지켜야 하는지를 간증처럼 담아낸 스토리다. 전 세계에서 '대량 생산된' 와인들을 공장처럼 찍어내는 시대에도 여전히 장인 정신이 필요하다는 것을 감독은 영화를 통해 심층적으로 파헤쳤다. 당시로서는 충격적이고 파격적인 내용이었다. 부르고뉴 볼네이의 와인 생산자 위베르 드 몽티으(Hubert de Montille)는 이 다큐의 주인공 가운데 한 사람이다. 변호사 출신인지라 그는 때로는 논리 정연하게, 때로는 동네 할아버지처럼 푸근하게 부르고뉴 테루아를 풀어냈다. 게다가 (원래 유명했지만) 영화가 나온 뒤 세계적 스타가 되었다. 2014년 11월 1일, 고인은 친구들과 함께 포마르 루지앙(Rugiens) 1999빈티지를 마시며 식사를 하다가 떠났다. 정말 영화 같은 죽음을 맞이한 것이다. 그의 나이 84세였다. 현재는 그의 아들 에티엔(Etienne)이 도멘을 물려받아 운영하고 있다.

최근에 본 가장 인상적이었던 영화로는 〈부르고뉴, 와인에서 찾은 인생〉을 들 수 있다 이 영화의 원제는 'Ce qui nous lie'다. 해석을 하자면 '우리를 연결시켜주는 것(우리의 연결고리)' 정도가 될 거 같다. 영문 제목은 '버건디로의 귀향(Back to Burgundy)'이다. 2017년에 개봉한 이 영화는 부르고뉴에서 아버지의 가업을 이어가는 삼 형제의 스토리를 다루고 있다. 아버지의 갑작스런 죽음 이후 벌어지는 형제 관계, 와이너리 상속 이야기 등 거의 다큐멘터리에 가까운 상황의 리얼리티는 다른 어떤 소설도 접근하지 못할 진정성을 담고 있다고 비평가들이 호평했다. 실제로 세드릭 클라피쉬 감독은 도멘 드 몽티유(Domaine de Montille), 샹동 드 브리아이(Chandon de Briailles), 도멘 피에르 모레이(Domaine Pierre Morey), 도멘 도미니크 라퐁(Domaine Dominique Lafon), 도멘 르플레브(Domaine Leflaive)를 방문하고 인터뷰하여 부르고뉴 와이너리의 실제 삶을 담아내려 노력했다고 한다. 재미있는 건 영화 속 셀러 마스터로 등장하는 장 마크 루로(Jean Marc Roulot)는 배우이자 실제로 뫼르소의 와인 생산자라고 한다. 언젠가 피에르 모레이의 딸 안느 모레이를 만났을 때 이 영화의 비하인드 스토리를 듣게 됐다. 당시 감독은 피에르 모레이의 손을 인상 깊게 보더니 이것이 진정한 농부의 손이라며 감동을 받았다고 한다. 결국 그의 '손'은 출연 요청을 받게 되었고 영화에 등장하게 된다. 바로 아버지의 임종 장면에서 주인공을 굳게 잡은 손은 배우의 손이 아니라 피에르 모레이의 손이었다.

그 밖에 추천하고 싶은 영화로는 2015년 개봉한 제롬 르 마리 감독의 〈프르미에 크뤼(Premier cru)〉가 있다. 무거운 비밀을 가진 두 도멘의 이야기를 담은 스토리로 이번에도 가족 이야기다. 영화의 배경은 알록스 코르통 그랑 크뤼를 소유한 와이너리다. 안타깝게도 촬영용 와이너리 세트는 코트 샬로네즈의 메르퀴레 마을에 위치한 도멘을 사용했다고 한다. 특정 장면을 위한 충분한 공간이 있는 도멘을 코트 드 본에서는 찾지 못했기 때문이라고 한다. 물론 영화 대부분의 장면은 코트 드 본에서 촬영되었다. 영화는 부르고뉴의 가장 아름다운 모습을 잘 담고 있다.

 와인 등급

볼네이는 1937년에 AOC를 획득했다. 볼네이(Volnay) AOC는 빌라주 등급과 프르미에 크뤼, 2가지 등급으로 분류된다. 먼저 빌라주 등급은 98헥타르 면적에 볼네이 AOC 명칭을 사용한다. 마을에서 가장 뛰어난 산지는 볼네이 프르미에 크뤼(Volnay Premier Cru) AOC 산지로, 115헥타르의 면적에 29개 클리마를 보유하고 있다. 다른 마을과 마찬가지로 프르미에 크뤼의 경우 고유 클리마 이름을 라벨에 기재할 수 있다. 예외적인 클리마는 29헥타르의 볼네이 상트노(Volnay Santenots) 프르미에 크뤼 AOC다. 이 클리마는 레드와인을 생산할 경우 볼네이 상트노 AOC 또는 볼네이 프르미에 크뤼 AOC 아펠라시옹을 적용한다. 하지만 화이트와인을 생산하면 뫼르소 프르미에 크뤼(Meursault Premier Cru) AOC를 부여받아야 한다. 볼네이에는 아직 그랑 크뤼가 없다.

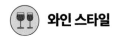 **와인 스타일**

볼네이(Volnay AOC)

볼네이 레드와인은 밝은 루비색을 띠다가 시간이 지날수록 밝은 가넷 컬러로 변한다. 볼네이는 감각적이고 향기로운 아로마로 유명하다. 제비꽃, 자두, 체리, 라즈베리 등 과실 향에 꽃 향이 뒤따른다. 부르고뉴의 전형적인 아로마인 바이올렛 또는 장미 향이 강하게 드러나는데 이러한 꽃 향이 볼네이의 섬세함과 정말 잘 어울린다. 나이가 들면 사냥한 짐승, 말린 자두 등 세월에 따른 부케로 발전한다. 풍미는 복합적이고 농도 짙은 아로마지만 화려하기보다는 우아한 뉘앙스를 보여 준다. 그것이 볼네이의 가장 큰 매력이다. 입안에서는 달콤한 과실을 깨문 것처럼 신선하면서도 상큼한 맛이 나지만 여운이 아주 향긋하다. 탄닌은 파워보다는 스타일리시한 섬세함이 돋보인다. 볼네이 와인은 다른 부르고뉴 와인에 비해 일찍 숙성되는 스타일이다.

볼네이 프르미에 크뤼(Volnay Premier Cru AOC)

클로 데 뒥(Clos des Ducs)

클로 데 뒥 프르미에 크뤼는 마르키 당제르빌(Marquis d'Angerville)의 모노폴 포도밭이다. 볼네이에서 가장 뛰어난 클리마 중 하나로, 굵직한 바리톤 음성처럼 볼네이 와인 중에서도 깊이감이 있다. 어릴 때는 붉은 과일 향과 톡 쏘는 꽃 향, 그리고 다크한 스파이시 풍미가 감돈다. 그러다 나이가 들어갈수록 놀랍도록 플로럴 풍미가 진해진다. 부드럽고 매끄러우면서도 촘촘하게 짜인 구조감이 돋보이는 와인이다.

클로 데 쉔(Clos des Chenes)

클로 데 뒥과 함께 볼네이를 대표하는 프르미에 크뤼 와인이다. 와인의 아로마는 붉은 체리 향, 작약 같은 꽃 향이 나다가 강력한 스파이스 향으로 미묘하게 변화한다. 완벽한 산도, 기품 있는 탄닌이 입안을 제압하는 듯하다. 여운 또한 길다. 훌륭한 빈티지는 10년 이상 숙성 잠재력을 보인다.

13

뫼르소

Meursault

"언니네 와인이 〈신의 물방울〉에 나오면 대박인데, 그럼 좋겠다!" 부르고뉴에서 와이너리를 운영하고 있는 메종 루 뒤몽(Maison Lou Dumont)의 박재화 사장님과 통화를 하던 중 나도 모르게 불쑥 튀어나온 말이었다. 〈신의 물방울〉이라는 와인 만화가 전국을 뒤흔들던 시절이었다. 부르고뉴에서의 공부를 마치고 우리 부부는 한국으로 돌아왔고, 재화 언니는 남편 코지 나카다와 함께 부르고뉴에 남았다. 서툰 초보 시절이었고 서로의 응원이 절실하게 필요하던 때였다. 당시로서는 무명의, 실력은 뛰어나지만 그저 이방인일 뿐인 루 뒤몽의 부부가 유명해지면 좋겠다 생각했지만 정작 어떻게 해야 할지는 알 수 없었다. 그런데 그로부터 얼마 뒤 거짓말처럼 〈신의 물방울〉에 루 뒤몽의 와인이 소개되었다. 만화 속에서 추천된 와인은 바로 루 뒤몽의 '뫼르소(Meursault)'였다.

황금 트리오

코트 드 본에 진입해서 본과 포마르 그리고 볼네이를 차례대로 지나면 뫼르소에 도착하게 된다. 그리고 뫼르소에 들어서는 순간 모든 것이 바뀐다. 살짝 동쪽으로 기운 언덕으로 포도밭이 펼쳐지고, 선명한 양지가 펼쳐진다. 밝은 양지와 대비되는 석회암은 지표면 바로 아래 자리 잡았다. 샤르도네 포도나무는 맑은 햇볕과 단단한 석회암을 뚫고 쑥쑥 자란다. 이곳에서부터 지구상에서 가장 위대한 화이트와인 트라이앵글이 시작된다. 뫼르소부터 퓔리니 몽라셰(Puligny Montrachet), 그리고 샤사뉴 몽라셰(Chassagne Montrachet)에 이르기까지, 반경 10km 이내 모여 있는 이 세 곳의 마을은 부르고뉴 샤르도네를 대표하는 곳이다. 샤르도네를 마시고자 한다면 뫼르소, 퓔리니 몽라셰, 샤사뉴 몽라셰를 거를 수 없다. 그리고 그중에서도 뫼르소를 거치지 않는 지름길은 없다. 시작은 각자 다를지언정 부르고뉴 샤르도네를 경험하고자 하는 이라면 반드시 뫼르소를 들르게 되어 있다. 그런 면에서 보면 뫼르소는 코트 드 뉘의 뉘 상 조르주와 비슷한 결을 가진다. 두 마을에는 모두 그랑 크뤼가 없다. 하지만 부르고뉴 피노 누아와 샤르도네의 특징을 날것 그대로 정직하게 드러낸다.

뫼르소의 화이트와인을 마시면 마치 노포식당에서 가정식 백반을 먹는 것처럼 안심이 된다. 특별히 무슨 꿍꿍이가 있는 것도 아니고 쓸데없는 재료를 넣은 것도 아니지만 인정할 수밖에 없는 손맛을 느끼듯 뫼르소는 대수롭지 않게 부르고뉴 샤르도네의 전형성을 보여준다. 그게 바로 뫼르소의 매력이다. 그래서 뫼르소는 어디에서나 누구에게나 취향에 맞는다. 네고시앙 와인이든 도멘 와인이든 상관없이 맛있다. 대보름달처럼 둥글고, 크림처럼 부드러우면서도 향과 맛이 화려하다. 무엇보다 특유의 고소한 향을 풍긴다.

뫼르소의 지문, 아몬드

뫼르소에는 다른 화이트와인이 지니기 힘든 스타성이 있다. 다름 아닌 아로마가 빼어나다는 것이다. 뫼르소 하면 특유의 고소한 아몬드, 헤이즐넛 그리고 버터 향이 저절로 따라붙는다(사실 우리나라 사람이라면 고소한 참깨 향이 더 와닿을 것이다). 여기에 명쾌하고 자신감 넘치는 미네랄리티의 아로마까지 맡으면 감탄을 넘어 그저 황송할 따름이다. 마치 부르고뉴 화이트는 이래야 한다며 시각, 후각, 미각을 움켜쥐고 생생하게 가르쳐주는 것 같다. 만화 〈신의 물방울〉은 해당 와인과 찰떡처럼 잘 들어맞는 이미지를 그려내면서 더욱 유명해졌다. 참고로 〈신의 물방울〉에 소개된 루 뒤몽의 뫼르소와 함께한 그림은 반 고흐의 〈꽃 핀 아몬드 나무〉였다.

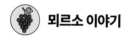 **뫼르소 이야기**

뫼르소(Meursault)는 코트 드 본에서 가장 큰 마을이다. 남북으로 5km가량 뻗어 있다. 옆 마을인 퓔리니 몽라셰만 하더라도 길이가 2km 남짓하다. 넓은 면적을 가진 뫼르소는 실제로 여러 마을에 걸쳐 있다. 볼네이, 몽텔리(Monthélie), 오세이 뒤 레스(Auxey Duresses) 그리고 퓔리니 몽라셰. 이렇게 4개 마을에 둘러싸인 모습이다. 당연히 와인 생산량 또한 많다. 퓔리니 몽라셰와 공유한 블라뉘(Blagny) 일부 밭과 볼네이와 공유하는 상트노(Santenots)까지 합하면 대략 500헥타르가 넘는다. 이 정도면 다른 모든 부르고뉴 마을의 화이트와인 생산량을 합친 것과 거의 같은 양이다.

뫼르소는 라틴어 'Murissaltus'에서 유래했다고 한다. 해석을 해보자면 'Muris'는 생쥐를 뜻하는데, 'Saltu'의 의미에 대해서는 의견이 분분하다. 여기에는 '쥐의 숲' 또는 '쥐의 점프'라는 두 가지 설이 있다. 뫼르소의 역사를 짚어 보면 로마 시대까지 거슬러 올라간다. 특히 중세 시대 시토파 수도사들의 공로를 언급하지 않을 수 없다. 1098년 초에 수도사들은 포도밭을 구별하기 위해 마치 한 구절의 시 같은 이름을 붙였다. 하얀 포도밭(Les Vignes Blanches), 하얀 대지(Les Terres Blanches), 매력(Charmes), 황금의 물방울(Les Gouttes d'Or) 등 그들의 손길로 수놓아진 뫼르소의 테루아가 지금도 남아 있다. 그래서 뫼르소는 프르미에 크뤼가 아니어도 대부분 밭 이름을 지니고 있다. 즉 리외디 명을 가진 마을 등급 밭이 가장 많은 곳이다.

뫼르소의 중심부에는 성 니콜라 성당이 의연하게 마을 광장을 지키고 있고, 석조로 된 종탑은 요정의 모자처럼 뾰족하게 솟아올라 마을 어디서든 볼 수 있다. 이처럼 아름다운 뫼르소 마을은 지대가 높다. 즉 코트 도르 대부분의 포도밭은 언덕에 자리하지만 시가지는 평야에 있는 경우가 많다. 하지만 뫼르소는 마을 시가지 역시 언덕에 자리한다. 그래서 화이트와인 숙성에 적합한 차가운 저장고를 두기에도 적격이다. 이곳에서는 매년 11월 네 번째 월요일에 유명한 와인 행사가 열린다. 바로 수확의 끝을 알리는 의미를 지닌 '폴레(Paulée)'다. 기회가 된다면 꼭 가

볼 만한 축제다.

뫼르소 AOC는 주로 샤르도네 품종으로 만든 화이트와인을 생산한다. 일부 레드와인도 만들지만 10헥타르 남짓한 워낙 적은 양이다. 뫼르소 화이트와인 하면 곧장 떠오르는 이미지는 바로 '리치(Rich)함'이다. 버터, 아몬드, 구운 헤이즐넛, 그리고 섬세한 미네랄 성분과 함께 두터운 텍스처에서 오는 '풍부함'은 뫼르소의 정체성이다. 이러한 특징의 뿌리는 무엇일까? 다시 말해 뫼르소가 퓔리니 몽라셰, 그리고 샤사뉴 몽라셰와 구분되는 차이점의 원인은 무엇일까? 먼저 쥐라기 중기에서 후기에 걸쳐 쌓인 석회암과 이회토 테루아의 영향을 들 수 있다. 그리고 무엇보다 다른 마을보다 지하 수면이 낮다는 점이다. 땅속의 습기가 적다 보니 포도알의 크기도 작다. 이런 조건에서 날씨가 방해만 하지 않는다면 와인은 좀 더 농축미를 가지게 된다.

뫼르소의 등급 체계를 보면 빌라주 등급 그리고 프르미에 크뤼를 보유하고 있다. 먼저 빌라주 등급 뫼르소 AOC는 317헥타르이며, 뫼르소 프르미에 크뤼 AOC는 19개 클리마에 134헥타르 면적이다. 뫼르소에는 그랑 크뤼가 없다. 하지만 남부의 샤름(Charmes), 페리에르(Perrières) 그리고 주느브리에르(Genevrières) 프르미에 크뤼는 그랑 크뤼 만큼 유명한 클리마다. 최근에는 뫼르소의 마을 등급 명칭에 리외디명을 추가한 라벨을 자주 볼 수 있다(예: Meursault AOC Les Chaumes). 예전에 네고시앙을 중심으로 와인을 병입하던 시절에는 여러 포도밭에서 나온 와인을 블렌딩해서 만들었지만, 오늘날에는 테루아를 표현하기 위해 보다 섬세함을 기울이고 있다는 증거다.

 기후와 토양

뫼르소의 포도밭은 고도 230~360m가량의 완만한 언덕에 자리한다. 언덕의 방향은 정남향에서 정동향까지 다양하다. 이러한 차이는 뫼르소 와인의 스타일

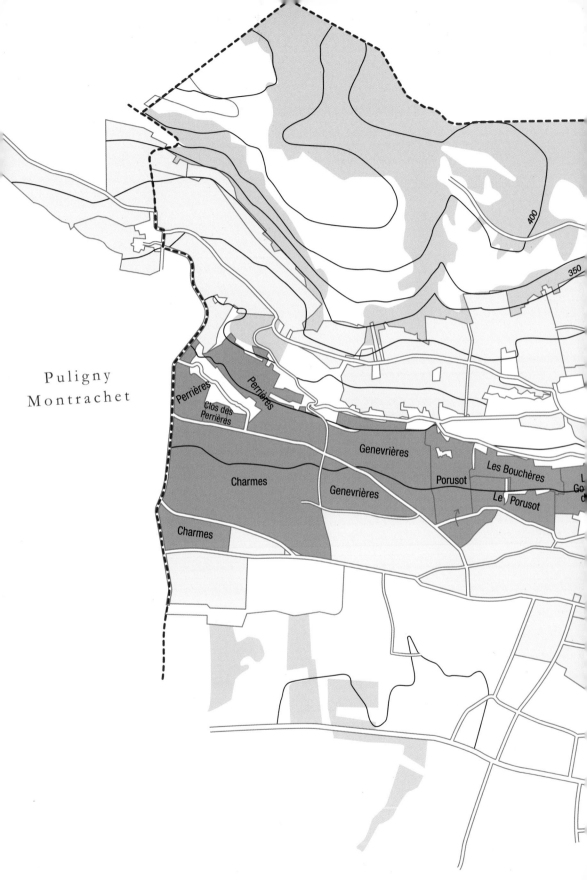

Puligny
Montrachet

Perrières

Perrières

Clos des
Perrières

Genevrières

Les Bouchères

Porusot

L
Go
d

Charmes

Genevrières

Le Porusot

Charmes

400

350

Premier Cru

Meursault

Auxey Duresses

Monthélie

Volnay

300

250

250

Les Cras

Clos
Richemont

Les Caillerets

에 영향을 준다. 뫼르소 와인의 스타일은 일관되기로 유명하지만 사실 다양한 변수가 많다. 우선 뫼르소는 석회암이 풍부한 언덕에 자리하여 전형적인 테루아의 축복를 받은 곳이다. 하지만 포도밭의 위치가 달라지면 와인의 스타일이나 품질도 달라진다. 좀 더 자세하게 살펴보면, 뫼르소는 시가지 주변의 오세이 뒤레스 계곡을 중심으로 양쪽 언덕에 포도밭이 있다. 먼저 북쪽 언덕부터 살펴보자. 이곳은 몽텔리, 볼네이 마을과 경계를 이룬다. 토양은 바토니안 석회암을 기반으로 자갈과 점토가 섞인 갈색 돌 파편 토양이다. 그래서 화이트보다는 레드와인 생산에 적합하다. 실제로 볼네이 상트노(Volnay Santenots), 레 크라(Les Cras), 레 카이으레(Les Caillerets) 클리마는 레드와인 프르미에 크뤼 밭이다.

그런데 마을을 지나 남쪽 포도밭으로 가면 토양이 달라진다. 이곳의 토양은 후기 쥐라기의 이회토다. 오세이 뒤레스와 가까운 북쪽 포도밭, 이를테면 레 나보더수(Les Narvaux Dessous), 레 클루 더쉬(Les Clous Dessus) 및 레 티으에(Les Tillets)는 미네랄리티가 강한 화이트와인 스타일이다.

마지막으로 뫼르소에서 가장 좋은 토양은 남동쪽 언덕 중부(중부 라인을 계속 따라 내려가면 몽라셰와 바타르 몽라셰 그랑 크뤼를 만나는 라인이다)다. 특히 퓔리니 몽라셰와 이웃한 남쪽에 뫼르소 프르미에 크뤼 포도밭이 몰려 있다. 이곳에 뫼르소에서 가장 유명한 클리마, 일명 3대 프르미에 크뤼가 있다. 페리에르(Perrières), 레 샤름(Les Charmes) 그리고 주느브리에르(Genevrières)다. 프르미에 크뤼 산지는 바토니안 석회암이 기본으로 깔려 있다. 이어서 아르고비안(Argovian) 석회암 그리고 화이트 이회토가 뒤덮인 칼로비안(Callovian) 석회암이 고르게 섞인 토양이다. 남쪽으로 내려갈수록 진흙보다는 단단한 암석의 비율이 높아진다. 요컨대 이런 토양은 복합적일 뿐만 아니라 화이트와인에 특히 적합하다. 그래서 이 지역에서 생산된 뫼르소 와인은 질감이 두툼하면서도 유연하고 부드럽다. 무게감도 느껴지는 살집 있는 스타일이다.

미네랄리티는 억울하다

와인 저널리스트 올리비에 폴은 미네랄리티(Minerality)를 대표하는 와인으로 뫼르소 페리에르(Perrières)를 꼽았다. 그는 코쉬 뒤리(Domaine Coche-Dury), 콩트 라퐁(Domaine Comtes Lafon), 그리고 루로(Domaine Roulot)가 만든 뫼르소 페리에르를 마셔 보면 미네랄리티의 뚜렷한 흔적이 느껴진다면서 이에 대한 증거로 조약돌을 맛보는 듯한 아로마와 입 끝에 닿는 짠맛을 들었다.

와인 테이스팅이 어렵다고들 하지만 그중에서도 미네랄리티는 사람마다 해석이 다르기 때문에 유독 어렵게 느껴지는 테이스팅 용어 중 하나다. 단맛 또는 짠맛은 누구나 알고 있지만, 와인의 미네랄리티란 과연 무엇일까? 흔히 '미네랄리티'라 불리는 광물성 풍미는 화학 성분과 원자 구조로 이루어진 광물성 조직의 고유한 성질을 뜻한다. 와인으로 말하면 부싯돌, 화약, 백악질, 바위, 비 온 뒤 땅, 흑연, 잉크, 크레용 조각, 굴 껍질, 석유 같은 아로마가 느껴진다. 그리고 입에서는 짠맛이나 (연필심이나 화약을 문 것 같은) 쓴맛이 난다. 흔히 와인의 맛을 '미네랄'이라고 묘사할 때는 적어도 그 와인이 땅, 특히 지표 아래에 있는 암석과 직접적인 관련이 있다고 생각된다. 예를 들어 독일의 모젤에서 생산된 리슬링의 맛이 편암질 토양과 비슷하고, 샤블리에서는 백악질 토양의 맛이 난다고 믿는다.

그런데 미네랄이 와인에 실존하는 현실적인 감각이라는 상식에 반기를 드는 사람들이 있다. 과학자들에 따르면 암석을 구성하는 대부분의 광물은 물에 녹지 않는다고 한다. 따라서 생화학적 변형 또한 일어나지 않는다. 무슨 말인가 하면 설사 토양 속 광물 분자가 식물의 뿌리를 통과한다고 가정하더라도, 포도나무에서 포도 열매로 이동해 포도즙이 발효되는 변형에서 살아남을 수 없다는 것이다. 즉 땅속 깊숙한 곳에서 와인으로 전해지는 '와인과 토양의 메시지'는 사실상 환상일 뿐이라고 주장한다. 그래서 어떤 이들은 와인에 미네랄리티란 없다, 그저 마케팅에 특별한 용어를 이용하고 싶은 결과일 뿐이라고 폄하하기도 한다.

가만히 생각해 보면 우리는 와인에 '프레시(Fresh)하다'라는 표현을 '허용'한다.

그리고 '프레시한 와인'의 산도를 측정했을 때 PH가 높은 경우는 매우 드물다. 또한 우리는 설탕에 절인 과실 향을 풍기는 따뜻한 느낌의 와인을 설명할 때 '프레시하다'고 하지는 않는다. 즉, 마찬가지로 분명하게 '미네랄리티'라고 표현해야 하는 특정한 와인들이 존재한다는 것이다. 그리고 이러한 와인들은 미네랄리티와 거리가 멀다고 판단되는 다른 와인들과 구별되는 그들만의 고유한 특징이 있다.

그렇다면 미네랄리티는 정말 땅이나 테루아와 관련이 있을까? 확실하지는 않다. 그러나 일부 과학자들에 따르면 이 용어의 출현은 와인 생산의 세대적 변화를 담아낸 것이라고 한다. 다시 말해 와인 생산자의 작업과 관련이 있다. 세월이 흐르면서 많은 와인 생산자들은 바이오다이내믹(Biodynamic) 농법처럼 토양에 보다 관심을 기울이는 포도 재배로 그들의 방식을 진화시키기 시작했다. 그러면서 와인에 들어가는 화학적 성분보다는 토양 깊숙한 기반암에서 비롯된 포도나무의 생리적 활동이나 토양의 미생물 생태계, 미세 기후, 고도 또는 지형 등 여러 자연적 요인과 변수들을 와인에 담아내고자 했고, 이로 인해 나타나는 와인의 특성을 '미네랄'이라는 또 다른 신조어로 표현하고자 했다는 것이다.

한편 또 다른 와인 양조학자들은 미네랄리티는 와인의 환원(Reduction) 아로마와 관련이 있다고 본다. 일반적으로 와인을 병입할 때 보존제 역할로 황을 첨가하는데, 이때 들어간 황 화합물 분자에서 부싯돌이나 화약 향이 나기도 한다. 이를 미네랄리티로 혼동하는 경우가 있다는 것이다. 하지만 와인의 환원 향은 과도한 유황 향으로, 코를 자극하며 불쾌감을 주고 입안의 피니시를 건조하게 만든다. 이것은 미네랄이 아니다. 미네랄리티는 와인이 나이가 들면서 같이 익어간다. 우리가 흔히 말하는 집간장 같은 향이 난다거나 기분 좋게 짭쪼름한 맛이 나게 되어 있다. 그래서 훌륭한 '미네랄 와인'을 마시려면 적어도 10년을 기다려야 한다.

와인의 풍미를 논리적으로 설명하는 것은 어려운 일이며 이를 언어로 제대로 표현할 수 있는 도구 역시 부족하다. 와인에 적용되는 '미네랄' 또는 '미네랄리티'는 커뮤니케이션 관점에서 볼 때 확실히 비유적이며 낭만적인 용어다. 그럼에도 불구하고 미네랄리티는 와인의 풍미를 나타내는 가장 중요한 표현 중 하나로서 제라르 마종이 그의 저서《와인을 위한 낱말 에세이》에서 언급했듯 하나의 성배처럼 추앙받을 만한, '땅이 와인에게 전해주는 정직함'의 증거라고 볼 수 있을 것이다.

 와인 등급

뫼르소는 1937년에 AOC를 획득했다. 뫼르소 AOC는 빌라주 등급과 프르미에 크뤼 두 가지 등급으로 분류된다. 먼저 빌라주 등급은 317헥타르의 면적에 뫼르소(Meursault) AOC 명칭을 사용한다. 마을에서 가장 뛰어난 산지는 뫼르소 프르미에 크뤼(Meursault Premier Cru) AOC 산지이며, 134헥타르 면적에 19개 클리마를 보유하고 있다. 다른 마을과 마찬가지로 프르미에 크뤼는 고유 클리마 이름을 라벨에 기재할 수 있다.

다만 같은 밭이더라도 컬러에 따라 적용되는 AOC가 달라지는 경우가 있다. 29헥타르 면적의 볼네이 상트노 프르미에 크뤼(Volnay Santenots Premier Cru) AOC는 레드와인만 허용된다. 만약 샤르도네로 만든 화이트와인일 때는 볼네 상트노 프르미에 크뤼 AOC가 아니라 뫼르소 프르미에 크뤼 AOC를 적용한다. 이와 반대인 케이스도 있다. 바로 뫼르소와 퓔리니 몽라셰 경계에 놓인 블라니(Blagny) 마을이다. 이 마을에서 라 피에스 수 르 부아(La Pièce Sous le Bois), 라 죄느로트(La Jeunelotte), 수 르 도 단느(Sous le Dos d'Ane), 그리고 수 블라뉘(Sous Blagny), 이 4개의 클리마는 뫼르소 레드와인 프르미에 크뤼로 생산된다. 뫼르소에는 아직 그랑 크뤼가 없다.

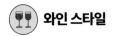 **와인 스타일**

뫼르소(Meursault AOC)

뫼르소의 화이트와인은 밝은 그린 골드를 띠며 시간이 지나면 청동 골드 컬러로 변한다. 뫼르소는 테루아에 따라 와인의 아로마가 다채롭게 달라지는데, 마치 서로 대결이라도 하듯 허브, 미네랄, 감귤류, 잘 익은 복숭아, 아몬드꽃, 복숭아꽃 등 부케의 존재감을 명료하게 드러낸다. 하지만 뫼르소라면 그것이 북쪽 산지에서 생산된 와인이든 남쪽에서 만든 와인이든 그리고 포도밭의 등급이 어떠하든 반드시 동반되는 아로마가 있다. 아니, 뫼르소 화이트와인이라면 반드시 있어야만 하는 아로마다. 바로 아몬드, 헤이즐넛 그리고 버터 향이다. 이 아로마는 와인이 나이가 들면 트러플, 바싹 구운 토스트 등의 부케로 발전한다. 뫼르소 와인은 입안에서 맛있고 향긋한 견과류를 깨문 것처럼 고소하고 기분 좋은 뒷맛이 나는데 꽤 중독성이 있다. 또한 와인이 리치하고 오일리하다. 즉 미끈한 느낌이 들면서도 적절한 산도가 입안을 무겁지 않게 해준다. 와인에서 진한 맛이 나지만 상큼함이 묘하게 균형을 이룬다면 잘 만든 뫼르소일 것이다. 여운이 길고 골격이 탄탄한 구조감이 있으며 장기 숙성도 가능하다.

뫼르소 프르미에 크뤼(Meursault Premier Cru AOC)

페리에르(Perrières)

뫼르소의 그랑 크뤼라 불린다. 와인의 색상은 골드-그린 컬러라 할 정도로 진하다. 묘하게 복잡하면서도 섬세한 아로마의 에너지가 좋다. 멘톨, 감귤류, 토스트의 섬세하고 순수하며 미묘한 향, 생기 있는 꽃향이 넘친다. 그리고 중간에서 미네랄 풍미가 나다가 스파이시한 향으로 마무리된다. 입안을 파고드는 미네랄리티의 신선함이 느껴지는 미세한 균형감을 갖췄다. 마치 조각을 깎은 듯 테루아 맛의 기교가 뛰어나고 예리하다. 마실수록 높은 밀도의 대담함이 느껴지는 와인이다. 베테랑이 가진 묘미처럼 장기 숙성력을 자랑한다.

레 샤름(Les Charmes)

거의 모든 부르고뉴 마을에는 '샤름(Charmes)'이라는 이름의 클리마가 있다. 어느 마을이든 이 밭의 이름은 매력적이다. 레 샤름은 뫼르소의 프르미에 크뤼 클리마 중 가장 우아한 와인으로 알려졌다. 전체적으로 넉넉한 무게감과 풍요로운 풍미를 자랑한다. 처음에는 닫혀 있는 듯하다가 서서히 핵과류 향과 미네랄 향이 퍼지면서 아로마가 열리기 시작한다. 잘 익은 배, 마시멜로, 인동덩굴 등의 향취가 이어진다. 그리고 한결같을 정도로 오크 풍미가 잘 어울린다. 좀 더 좋은 토양인 상부의 레 샤름 드쉬(Les Charmes-Dessus) 리외디를 가진 몇몇 생산자들은 라벨에 이를 표기하기도 한다.

14

퓔리니 몽라셰 & 샤사뉴 몽라셰

Puligny Montrache &
Chassagne Montrachet

매년 5월 1일, 노동절이 되면 부르고뉴 사람들은 교외로 나간다. 차를 몰고 숲 깊숙한 곳에 들어가 은방울꽃을 딴다. 은방울꽃은 봄을 알리는 전령이 되어 집안 곳곳을 장식하고, 남은 꽃은 이웃에게 선물했다. 지금은 어떤지 모르겠지만 적어도 20년 전에는 이러한 풍습이 있었다. 이 무렵이 되면 한국에서 온 유학생들도 덩달아 바빠진다. 바로 고사리 철이 돌아온 것이다. 야생 고사리가 지천에 돋아나는 계절이다. 재미있는 건 당시 프랑스인들의 반응이었다. 아시아인들이 숲 바닥을 기어다니다시피 열중하며 캐고 있는 것이 무엇인지 그들의 호기심을 불러일으켰나 보다. 우리가 고사리를 캐고 있으면 항상 지나가던 차를 세워 물어보곤 했다. 그리고 그것이 고사리라는 걸 아는 순간 당황하곤 했다. '길가의 잡풀을 먹는다고?' 말은 안했지만 그들의 얼굴에 당황스러움이 써 있었다. 어린 고사리순을 보이는 대로 뜯어다 삶고 말리면 우리가 아는 그 고사리가 된다. 칼칼한 육개장 국물에 고기처럼 얹은 고사리를 씹으며 생각했다. 이 맛있는 걸 먹을 줄 모르다니. 그들의 빈곤한 상상력을 한탄하며 고사리를 캐던 곳은 몽라셰 근처 숲이었다. 그러고 한참 지나서야 나는 알게 되었다. 나이 든 몽라셰 와인의 풍미, 그 정수는 고사리 향이라는 것을.

지구에서 샤르도네가 이룬 최고의 업적

본에서 남쪽으로 10km쯤 내려가다 보면 조심스럽게 고개를 내민 언덕이 보인다. 볼품없어 보이는 회색 민둥산이다. 이 평범한 산 뒤에는 부르고뉴에서 가장 위대한 테루아 가운데 하나가 숨어 있다. 바로 몽라셰다. 너무도 범속한 표현같지만 몽라셰는 그야말로 완벽한 와인이다. '지구에서 샤르도네가 이룬 최고의 업적'인 몽라셰는 두 마을이 영예를 공유하고 있다. 몽라셰 포도밭이 퓔리니 몽라셰와 샤사뉴 몽라셰 한가운데에 달걀노른자처럼 끼어 있기 때문이다. 게다가 1879년에는 사이 좋게 몽라셰 지명까지 나눠 가졌다. 사실 몽라셰는 주변 그랑 크뤼 포도밭인 슈발리에 몽라셰(Chevalier Montrachet), 바타르 몽라셰(Bâtard Montrachet), 비앙브뉘 바타르 몽라셰(Bienvenues Bâtard Montrachet), 크롸 바타르 몽라셰(Criots Bâtard Montrachet)를 포함한 패밀리의 리더다. 이 몽라셰 패밀리는 모든 드라이 화이트와인이 탄생한 이래 가장 중요한 레퍼런스가 되었다. 오늘날까지도 몽라셰 패밀리는 화이트와인의 카테고리 안에서 빛나는 기준점이 되어 그 기능을 다하고 있다. 만약 퓔리니나 샤샤뉴 마을에 몽라셰가 존재하지 않았더라면 현재 전 세계 샤르도네는 아마 지금과 다른 스타일이지 않을까. 더 나아가 몽라셰 와인은 샤르도네로 화이트와인을 만들 때 젖산 발효를 하거나 효모 앙금을 담그거나 오크 숙성을 하는 등의 과정을 화이트 와인의 사상(思想)으로서 정착시킨 주역이기도 하다.

해서체와 초서체

퓔리니 몽라셰와 샤샤뉴 몽라셰, 이름난 이 두 곳의 마을은 몽라셰라는 왕관을 나란히 나눠 쓰고 있다. 두 곳 모두 뛰어난 마을이지만 와인의 스타일은 조금 다르다. 비유하자면 동업자이면서 평생 라이벌인 관계 같달까. 글씨로 비유하면 샤샤뉴 몽라셰는 해서체고 퓔리니 몽라셰는 초서체에 가깝다. 샤샤뉴 몽라셰는 읽기 쉽고 보기에도 곱다. 살짝 흘려쓰기를 했어도 웅장하고 반듯하다. 반면 퓔리니 몽라셰는 우아하게 흘려 쓴 글씨처럼 미네랄리티의 예리한 선을 따라가며 읽어야 한다. 살짝 난해할 수도 있다.

여전히 프랑스 사람들은 고사리를 먹지 않는다. 나는 그들에게 알려주고 싶다. 올드 몽라셰와 고사리나물이 얼마나 뛰어난 조합인지를.

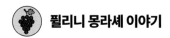

퓔리니 몽라셰 이야기

퓔리니 몽라셰(Puligny Montrachet)는 본에서 출발해 남쪽으로 13km 떨어진 곳에 있다. 북쪽에는 뫼르소가, 남쪽으로는 샤사뉴 몽라셰가 나란히 이어져 있다. 퓔리니 몽라셰는 샤사뉴 몽라셰나 뫼르소보다 면적이 작다. 하지만 산지의 반 이상이 프르미에 크뤼와 그랑 크뤼일 정도로 우수한 아펠라시옹이다.

부르고뉴에는 우리나라의 올레길처럼 '수도사의 길'이 있다. 12세기에 지어진 시토(Citeaux) 수도원부터 클뤼니(Cluny) 수도원까지, 수도사들이 수도원과 수도원 사이를 순례하던 길이 아직도 남아 있다. 사람들은 수도사들의 발자취가 담긴 이 길을 '수도사의 길'이라 부른다. 퓔리니 몽라셰의 마지에르(Maizière) 수도원 또한 그 수도사의 길 중간에 놓여 있다. 마지에르 수도원을 끼고 오솔길을 따라 오르면 마로니에르 광장에 다다른다. 이곳이 바로 오늘날 부르고뉴 화이트와인의 최고봉인 몽라셰 포도밭이다. 바타르 몽라셰, 비앙브뉘 바타르 몽라셰를 지나 이윽고 몽라셰 그랑 크뤼 밭에 오르게 되면 저 멀리 뫼르소 마을과 블라니 예배당 그리고 퓔리니의 매력적인 마을 전망까지 한눈에 들어온다. 그곳에서 바라본 퓔리니 몽라셰 포도밭은 마을을 중심으로 부채살처럼 빙 둘러선 모양이다.

퓔리니 몽라셰 마을은 1878년까지 퓔리니(Puligny)라고 불렸다. 이후 그랑 크뤼 밭인 '몽라셰'의 이름을 붙여 '퓔리니 몽라셰'가 되었다. 퓔리니 몽라셰에서 생산된 화이트와인의 위상이 어떠했는지를 확인하려면 아주 오래전으로 거슬러 올라가야 한다. 일찍이 1728년 클로드 아르누(Claude Arnoux) 신부는 그의 저서에서 이렇게 표현했다. "퓔리니는 뫼르소와 인접해 있고 평지에 가까운 포도밭이지만 매우 좋은 화이트와인을 생산한다. 뫼르소 와인과 거의 같은 품질을 가지고 있는데도 그 명성이 높지 않거니와 이름도 거의 알려지지 않았다." 당시만 하더라도 퓔리니에서 생산되는 와인의 양 자체가 적다 보니 이웃 마을인 뫼르소나 샤사뉴에 비해 명성이 떨어졌던 것 같다. 하지만 이제는 높은 가격도 가격이거니와 퓔리니 몽라셰 와인을 구하는 것 자체가 어려운 시절이 오고 말았다.

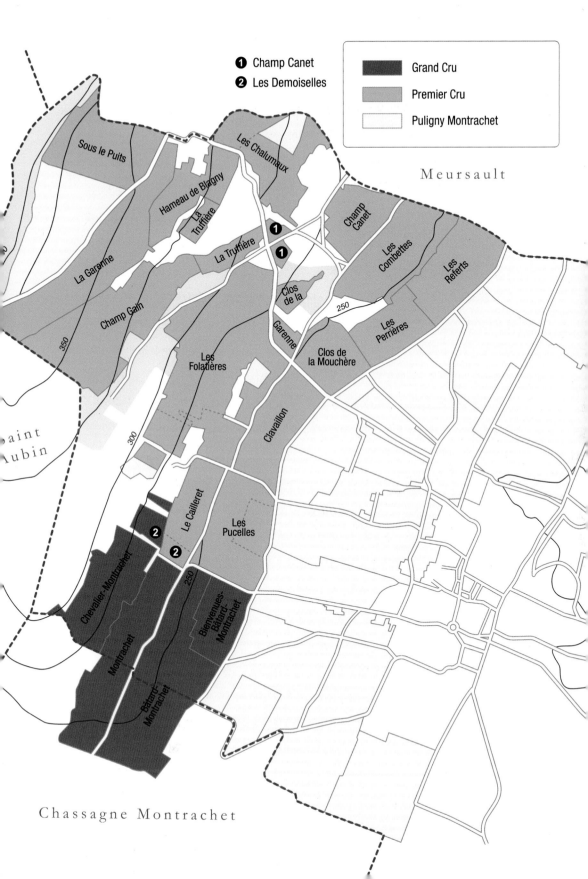

● Champ Canet
❷ Les Demoiselles

Grand Cru
Premier Cru
Puligny Montrachet

Sous le Puits

Les Chalumaux

Meursault

Hameau de Blagny

La Truffière

La Truffière

Champ Canet

La Garenne

Les Combettes

Les Referts

Champ Gain

Clos de la

250

Garenne

Les Perrières

Les Folatières

Clos de la Mouchère

Clavaillon

300

Le Cailleret

Les Pucelles

250

❷

❷

Chevalier-Montrachet

Bienvenues-Bâtard-Montrachet

Montrachet

Bâtard-Montrachet

aint ubin

Chassagne Montrachet

필리니 몽라셰 AOC는 필리니 몽라셰 마을과 윗마을인 블라니(Blagny), 이렇게 두 마을에서 생산되는 와인을 의미한다. 이 AOC에서는 피노 누아로 만든 레드와 인과 샤르도네로 만든 화이트와인이 모두 생산된다. 참고로 레드와인의 생산량은 화이트와인에 비해 적다. 필리니 몽라셰에는 4개의 그랑 크뤼와 17개의 프르미에 크뤼 포도밭이 있다. 4개의 그랑 크뤼 포도밭 중 '몽라셰'와 '바타르 몽라셰' 클리마는 샤사뉴 몽라셰 마을까지 이어져 있는 밭이다. 즉 필리니와 샤사뉴 두 마을의 공동 소유인 셈이다. 온전하게 필리니 마을에만 자리한 그랑 크뤼 클리마는 '비앙브뉘 몽라셰' 그리고 '슈발리에 몽라셰'다.

필리니 몽라셰 와인은 뫼르소와 샤사뉴 몽라셰에서 생산된 와인과 사뭇 다르다. 첫 번째로 신비스러울 정도로 뚜렷한 꽃 아로마다. 샤사뉴 몽라셰나 뫼르소에 비해 와인에서 산사나무꽃이나 아카시아 등 더 풍성한 꽃 향이 난다. 두 번째는 와인을 입에 넣자마자 느껴지는 스틸리(Steely)한 미네랄 풍미다. 그래서 더 섬세해 보이기도 하고 강해 보이기도 하는 미묘함을 지닌다. 아무튼 이 직설적인 미네랄 퍼레이드는 필리니 와인의 개성을 투사하는 동시에 장기 숙성력을 담보한다.

 기후와 토양

필리니 몽라셰의 기후는 다른 부르고뉴 마을과 비슷한 대륙성 기후다. 여름은 따뜻하고 건조하며 겨울은 춥고 길다. 아무래도 남쪽에 위치하다 보니 코트 도르의 북부보다는 봄이 더 일찍 시작된다. 그래서 추운 봄날 아침, 포도나무의 서리 피해와 씨름해야 한다.

필리니 몽라셰의 테루아는 '샤르도네를 어디에서 만들어야 하는지'에 대한 성공 포인트를 짚을 수 있는 교과서와도 같다. 먼저 지형을 살펴보자. 마을 등급의 포도밭은 시가지 근처에 있다. 그래서 평지나 언덕 하부에 자리한다. 이보다 높은 고도인 270~320m 사이의 언덕 상부는 프르미에 크뤼와 그랑 크뤼 밭이다. 필리니 몽라셰에서 언덕은 유난히 중요하다. 이 마을은 뫼르소와 달리 지하 수면이 높다. 자칫하면 나무의 수분 흡수량이 많아져 포도알이 커지기 쉽다. 하지만 동남향 언덕에서는 따뜻한 아침 햇살을 받는 효과가 있어 지하 수면을 건조하게 하고, 포도나무가 더 깊이 뿌리를 내릴 수 있도록 돕는다.

다음으로 중요한 것은 토양이다. 퓔리니 몽라셰는 석회암 토양이다. 코트 도르의 다른 그랑 크뤼 언덕과 비교했을 때 석회암의 비중이 높다. 그러니 퓔리니 석회암이 와인에 미치는 긍정적인 영향을 무시할 수 없다. 퓔리니는 토양 또한 인근에 위치한 두 마을의 영향을 받는다. 먼저 뫼르소와 가까운 퓔리니 몽라셰 북부는 붉고 부서지기 쉬운 석회암으로 된 암석 토양이다(보통 석회암은 단단하다). 레 콤베트(Les Combettes), 레 샬뤼모(les Chalumaux), 샹 카네(Champ Canet) 같은 프르미에 크뤼 클리마가 대표적이다. 이 지역에서는 좀 더 오일리하고 라운드한 와인이 생산된다. 하지만 퓔리니에서 더 중요한 지역은 남부다. 모든 그랑 크뤼와 유명 프르미에 크뤼 클리마, 레 퓌셀(Les Pucelles)이 여기에 있다. 샤사뉴 몽라셰와 가까운 남부의 토양은 갈색 석회암, 또는 이회토와 석회가 번갈아 가며 층을 이루는 석회암이다. 이곳에서 생산되는 와인은 향이 풍부하고 좀 더 무게감이 있다.

 환상의 조화, 부르고뉴 치즈와 화이트와인

와인을 대하는 태도에서 '무엇과 같이 먹느냐'는 매우 중요하다. 나 역시 마치 제철 음식처럼 와인과 잘 어울리는 음식의 조합들을 저장해 두고, 오랜 시간에 걸쳐 나만의 리스트를 차곡차곡 쌓아 왔다. 다 나름의 창의적인 미식 활동이다. 그렇다면, 몽라셰 와인을 마실 때는 무엇과 함께 먹을 것인가? 나의 답변은 "와인만!" 훌륭한 와인은 그 자체만으로도 우주를 만들어 낸다. 하지만 평범한 대부분의 와인이라면 음식 아니 안주가 필요하다. 주어진 와인을 어떻게든 잘 마시기 위해 여기에 걸맞는 무언가를 찾아내야 한다. 와인을 고르는 정성, 그리고 넘치지도 모자라지도 않게 와인과 잘 어우러지는 음식의 우연이 겹치면 그날의 식사는 완성된다. 일반적으로 부르고뉴 화이트와인은 치즈와 잘 어울린다. 와인과 마찬가지로 부르고뉴산 치즈 또한 테루아의 개념과 밀접하게 연관되어 있다. 그리고 당연히 부르고뉴 와인은 부르고뉴 치즈와 가장 어울린다. 그중에서도 '에푸아스' 치즈의 풍미는 천하일품이다. 에푸아스는 흔히 부르고뉴 레드와인과 함께 먹기를 추천하는데, 그만큼 치즈에 무게감도 있고 향이 풍부(고약?)하기 때문이다. 하지만 누군가 에푸아스를 화이트와 먹을지 레드와 먹을지 고민하고 있다면 나는 화이트와인의 손을 들어주고 싶다. 에푸아스와 레드와인의 조합은 마치 하얀 설렁탕에 깍두기 국물을 붓는 것 같은 느낌이다. 맛이야 있겠지만 설렁탕이 가진 하얀 국물의 풍미를 훼손하고 싶지 않다. 순두부 같은 하얀 속살을 가진 에푸아스는 부르고뉴 화이트와인 고유의 오일리한 텍스처에 사뿐하게 착지한다. 부드럽다. 마치 예민해진 감각을 보드랍게 다독이는 거 같다. 입안에서 올라오는 와인의 고소함은 미처 가리지 못한 치즈의 찌릿한 풍미를 가만히 받아낸다. 이렇게 잘 맞는 음식과 와인의 매칭은 감각의 엔진이 되어 기억 속에 또렷하게 저장된다. 그렇게 에푸아스와 부르고뉴 화이트와인, 그중에서도 퓔리니 몽라셰는 나만의 페어링 1순위가 되었다. 아래 리스트에서 부르고뉴의 로컬 치즈들을 소개한다. 부르고뉴 화이트와인을 마실 때마다 기억을 자극할 최상의 매칭 후보들이다.

에푸아스(Epoisses)

치즈의 왕. 소의 우유로 만든 치즈다. 농밀하고 향이 풍부하며 감칠맛이 가득하다. 기원을 살펴보면 16세기 시토 수도원에서 처음 만들어졌다고 한다. 소젖으로 만든 치즈 표면을 와인 지게미(Marc de Bourgogne)로 문지르며 세척하는 독특한 방식을 거친다. 그래서 치즈의 표면이 아이보리 오렌지에서 벽돌빛 붉은색을 띤다. 이 치즈는 나무 상자에 담아 판매되는데, 맛보기에 최적의 시기는 5월부터 11월까지다. 퓔리니 몽라셰나 샤사뉴 몽라셰 같은 무게감 있는 부르고뉴 화이트와인과 잘 어울린다.

샤롤레(Charolais)

산양유로 만든 치즈다. 부드러운 연성 치즈로 버섯과 나무 향이 은은하게 나며 약간의 짠맛과 단맛이 있다. 나이가 들면 페니실린 푸른곰팡이가 보이고 산도가 날카로워진다. 맛보기에 좋은 시기는 5월부터 8월까지다. 가벼운 부르고뉴 화이트와인이라면 대체로 잘 맞는다.

몽라셰(Montrachet)

프랑스산 염소 우유로 만든 부드러운 연성 치즈. 몽라셰라는 치즈의 이름은 부르고뉴의 상 즈누 르 나쇼날(Saint-Gengoux le National)에서 단일 생산자에 의해 생산되는 상업용 브랜드명이다. 이 치즈는 밤껍질로 포장되어 판매되는데, 맛보기에 최적의 시기는 5월부터 8월까지다. 뫼르소 와인과 좋은 매칭을 이룬다. 하지만 와인과 치즈의 이름이 같다는 건 분명 우연이 아닐 것이다. 몽라셰 와인과도 매력적인 매칭이 될 것이다.

 와인 등급

퓔리니 몽라셰 AOC는 1937년에 제정되었다. 현재 이 지역은 빌라주 등급, 프르미에 크뤼 그리고 그랑 크뤼의 세 가지 등급으로 분류된다. 빌라주 등급은 114.2헥타르의 면적에 퓔리니 몽라셰(Puligny Montrachet) AOC라는 명칭을 사용한다.

퓔리니 몽라셰 프르미에 크뤼(Puligny Montrachet Premier Cru) AOC는 100.12헥타르 면적에 17개 클리마를 보유하고 있으며, 다른 마을과 마찬가지로 고유 클리마 이름을 라벨에 기재할 수 있다. 추가로 북서쪽에 있는 작은 마을인 블라니(Blagny)에서 생산된 일부 화이트 프르미에 크뤼 와인 역시 퓔리니 몽라셰 프르미에 크뤼 AOC로 표기된다. 예를 들어 수 르 퓌(Sous le Puits), 라 가렌느(La Garenne) 그리고 하모 드 블라니(Hameau de Blagny) 클리마는 라벨에 퓔리니 몽라셰 프르미에 크뤼 AOC

로 기재된다. 단 반드시 화이트와인이어야 한다는 조건이 붙는다.

가장 높은 등급은 그랑 크뤼인 퓔리니 몽라셰 그랑 크뤼(Puligny Montrachet Grand Cru) AOC다. 21.30헥타르 면적인 그랑 크뤼 등급은 1930년대 후반에 제정되었다. 그랑 크뤼에는 몽라셰(Montrachet), 바타르 몽라셰(Bâtard Montrachet), 슈발리에 몽라셰(Chevalier Montrachet) 그리고 비앙브뉘 바라트 몽라셰 (Bienvenues Bâtard Montrachet) 총 4개 클리마가 있다.

 와인 스타일

퓔리니 몽라셰(Puligny Montrachet AOC)

퓔리니 몽라셰 화이트와인은 밝은 녹색 테두리의 골드 컬러를 띤다. 감귤류의 향과 함께 산사나무 꽃, 아카시아 등 범상치 않은 흰색 꽃 향이 화려하게 풍겨나온다. 이어서 한결 무거운 미네랄인 부싯돌(Gunflint), 버터(젖산) 향 그리고 바닐라 같은 오크 향이 펼쳐진다. 나이가 들면 고사리, 마지판, 헤이즐넛, 꿀 등 고소하면서도 복합적인 부케로 변하는데, 이때 와인의 무게감과 농익은 부케가 묘하게 조화를 이룬다. 와인의 무게감에서 전해오는 농축미가 느껴지지만 전체적인 분위기를 압도하거나 거스르지는 않는다. 퓔리니 몽라셰 와인의 뉘앙스는 기본적으로 우아하다. 그리고 나이가 들어가면서 풍미는 더 깊어지고 강렬해진다.

퓔리니 몽라셰 레드와인은 밝은 루비 컬러를 띤다. 라즈베리, 건포도 등 붉은 과실 향과 블랙커런트, 블랙베리 등 검은 과실 향이 동시에 펼쳐진다. 그리고 나이가 들면서 가죽, 사향, 모피 등의 부케로 변한다. 부드럽고 풍채가 있는 것처럼 무게감이 느껴지는 와인이다.

퓔리니 몽라셰 프르미에 크뤼(Puligny Montrachet Premier Cru AOC)

카이예(Le Cailleret)

그랑 크뤼 밭 인근에 위치한 프르미에 크뤼. 몽라셰의 파워보다는 슈발리에 몽라셰의 섬세함에 더 영향을 받았다. 라임즙, 초록 사과 등 생기 넘치는 향과 함께 토스트 향이 이어진다. 부드럽지만 산도를 놓지 않으며 입안을 조이는 텐션이 느껴진다. 기교 강한 미네랄리티를 끌어낸 우아하고 강렬한 와인이다.

퓔리니 몽라셰 그랑 크뤼(Puligny Montrachet Grand Cru AOC)

슈발리에 몽라셰(Chevalier Montrachet)

퓔리니 몽라셰 고유의 우아함이 느껴지는 와인. 에메랄드빛 테두리의 가벼운 골드 컬러에서 나이가 들수록 밝은 골드 컬러로 변한다. 히아신스 등 꽃 향과 함께 버베나 허브, 고사리 등 식물성 향을 어릴 때부터 첨예하게 표현한다. 신선한 빵과 어우러지는 우아한 미네랄리티는 나이가 들면서 아몬드 등 견과류 풍미로 발전한다. 미네랄의 순수함과 기교 넘치는 우아함을 오가는 솜씨가 절묘한 와인이다.

바타르 몽라셰(Bâtard Montrachet)

옅은 황금색을 띠며, 핵과류의 향, 이국적인 향신료 향과 아몬드 페이스트 풍미를 보인다. 나이가 들면 색은 선명한 골드 빛으로 바뀌고, 구운 헤이즐넛, 바닐라 및 아카시아 꿀 향이 나는 와인으로 변한다. 슈발리에 몽라셰보다는 입안을 조이는 느낌은 덜하다. 대신 이국적인 풍미가 좀 더 열려 있고 보다 무겁고 육중하다. 퓔리니 몽라셰가 격조 높은 우아함의 전형이라면 바타르 몽라셰는 묵직하고 강건한 와인이다.

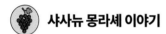 **샤사뉴 몽라셰 이야기**

샤사뉴 몽라셰(Chassagne Montrachet)는 코트 도르의 끝에 있는 마을이다. 코트 도르와 손에루아르(SaÔne et Loire) 사이의 경계에 자리한다. 북쪽으로는 퓔리니 몽라셰, 남쪽으로는 상트네(Santenay) 마을로 이어진다. 이제 코트 도르 즉, '황금의 언덕'에서 '언덕'이 퇴장할 시간이다. 샤사뉴 몽라셰가 코트 도르의 대미를 장식하는 것이다. 강렬한 식욕의 동력이 사그라들 때쯤 마침내 등장한 디저트가 지친 오감을 달래주며 긴 식사가 마무리되듯, 샤사뉴 몽라셰는 부르고뉴 화이트와인의 어떤 경지에 다다른 와인이다. 앞에서도 강조했듯 샤사뉴 몽라셰, 뫼르소, 퓔리니 몽라셰는 부르고뉴 화이트와인을 대표하는 세 곳의 마을이다. 하지만 샤사뉴 몽라셰야말로 사실 이 마을들의 진정한 리더라고 할 수 있다.

샤사뉴 몽라셰는 퓔리니 몽라셰처럼 원래 마을 명이 '샤사뉴(Chassagne)'였다. 1879년에 샤사뉴 몽라셰로 공식적인 마을 명이 변경되었다. 샤사뉴에 대한 어원은 여러 가지 설이 존재한다. 그중에서도 가장 유력한 주장은 'Cassaneas' 또는 'Cassania'에서 유래했다는 설이다. 이는 우리 식으로 말하자면 '작은 집', 또는 '떡갈나무가 심어진 장소'라는 뜻이다.

샤사뉴 몽라셰는 코트 도르에서 가장 큰 면적을 자랑하는 마을 가운데 하나다. 약 370헥타르 규모로, 뫼르소보다는 작지만 이웃 마을인 상트네와 비슷하며 퓔리니 몽라셰보다는 훨씬 크다. 여기에는 샤사뉴 몽라셰 마을 밭과 함께 근처 레미뉘(Remigny) 마을의 일부 밭도 포함되어 있다. 샤사뉴 몽라셰에서는 피노 누아로 만든 레드와인과 샤르도네로 만든 화이트와인이 모두 생산된다. 역사적으로 이 마을은 원래 피노 누아를 심었던 곳이다. 사실 이곳의 테루아 대부분이 레드와인에 더 적합하다. 하지만 화이트와인의 비중이 점점 늘어나면서 현재는 화이트가 더 많이 생산되는 지역이 되었다. 1936년에 AOC법이 도입되었을 당시에는 포도밭의 약 20~30%만이 화이트와인을 생산했다. 그러다 1982년에는 화이트와인이 48%가 되었고, 현재는 61%(프르미에 크뤼는 75%)에 이른다. 이렇게 된 연유로는 샤사뉴 몽라셰의 화이트와인 수요가 높아지면서, 화이트와인 쪽이 판매에도 유리하고 더 비싸게 팔 수 있기 때문이다. 하지만 이것만으로는 설명이 충분하지 않다. 여기에는 아주 평범한 진리가 숨어 있다. 샤사뉴 몽라셰 화이트와인이 정말 맛있다는 것이다.

사샤뉴 몽라셰의 등급 체계를 살펴보면 프르미에 크뤼 포도밭이 무려 55개에 달한다(BIVB 사이트 참조). 그리고 특이하게도 이 지역에서는 레드와 화이트 모두 프르미에 크뤼를 생산할 수 있다. 그랑 크뤼 클리마는 3개인데, 그중 몽라셰와 바타르 몽라셰는 퓔리니 몽라셰 마을과 공동으로 소유하고 있다. 온전히 샤사뉴 마을에만 자리한 그랑 크뤼 클리마는 크라 바타르 몽라셰(Criots Bâtard Montrachet)뿐이다. 샤사뉴 몽라셰의 화이트와인은 존재감이 뚜렷하다. 뫼르소나 퓔리니 몽라셰보다 확실히 자극적이다. 텍스처는 마치 꽉 조인 '그립(Grip)'처럼 산도가 높고 견고하다. 여기에 농도 짙은 과실 향이 화려함을 보탠다. 샤사뉴 몽라셰 레드와인은 화이트에 비하면 소박하다. 전반적인 스타일은 포마르(Pommard)와 비슷하다.

 기후와 토양

샤사뉴 몽라셰의 토양은 암석이 많다는 것이 특징이다. 기본적으로 어란성 석회암과 바토니안 석회암 토양으로, 흥미로운 점은 이 암석이 채석장용 대리석이라는 것이다. 파리의 트로카데로 궁전(Palais du Trocadéro)이나 루브르 박물관의 피라미드가 이곳의 석재를 사용해 지어졌다. 샤사뉴 몽라셰의 단단한 암석 토양은 포도밭에 따라 점토, 자갈, 백악질 초크 성분이 섞여 있다(크라 바타르 몽라셰의 크라 Criot는 초크craie에서 유래되었다). 토양의 구조는 남쪽과 북쪽이 뚜렷하게 차이가 나는데, 남쪽은 이회석이고 북쪽은 석회석이다. 단단한 암석이 북쪽으로 올라갈수록 더 곱고 보드랍게 변한다. 샤사뉴 마을에서 가장 좋은 클리마가 있는 곳은 북부, 즉 퓔리니 몽라셰와 상 토뱅(Saint Aubin)의 경계 지점이다. 바로 이곳에서 세계에서

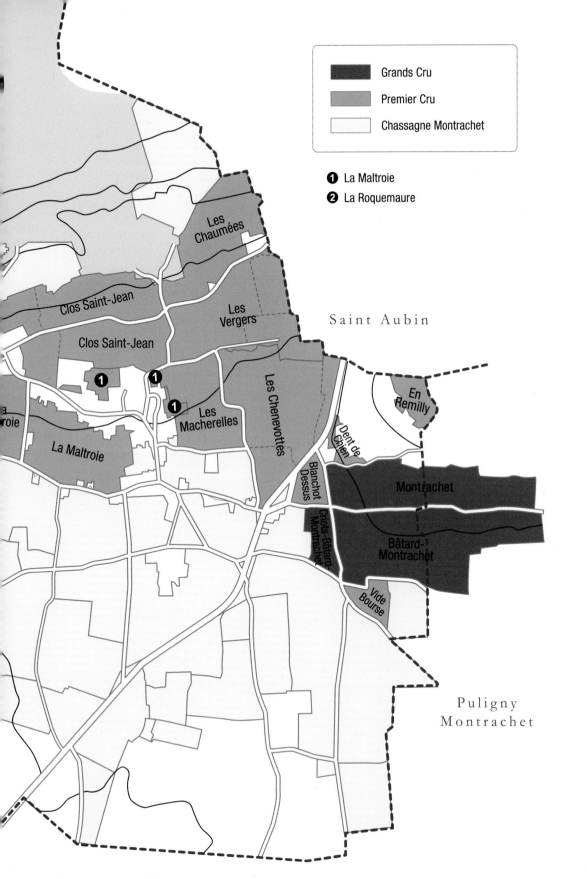

Grands Cru

Premier Cru

Chassagne Montrachet

❶ La Maltroie
❷ La Roquemaure

Les Chaumées

Clos Saint-Jean

Clos Saint-Jean

Les Vergers

Saint Aubin

❶

❶

❶

Les Macherelles

Les Chenevottes

La Maltroie

roie

En Remilly

Dent de Chien

Blanchot Dessus

Criots-Bâtard-Montrachet

Montrachet

Bâtard-Montrachet

Vide Bourse

Puligny Montrachet

가장 존경받는 샤르도네가 생산된다. 퓔리니 몽라셰 지도를 함께 펼쳐놓고 살펴보자. 퓔리니 몽라셰 마을의 가장 좋은 입지가 남쪽이었던 걸 확인했다면 당연한 이치다. 퓔리니 몽라셰 남부의 그랑 크뤼인 르 몽라셰(Le Montrachet)와 바타르 몽라셰(Bâtard Montrachet)를 시작으로 또 다른 그랑 크뤼인 크롸 바타르 몽라셰(Criots Bâtard Montrachet), 그리고 프르미에 크뤼 클리마인 레 쇼메(Les Chaumees)가 있는 곳이다.

한편 샤사뉴 몽라셰 마을의 남부는 석회암과 이회토 토양이다. 특이한 점은 붉은 자갈이 많다는 것이다. 땅이 두텁고 붉은 토양이다 보니 사실 화이트보다는 레드와인 생산이 더 적합하다. 하지만 레드와인에 적합한 토양에 화이트 품종인 샤르도네를 심은 것이다. 이렇게 되면 좀 더 강한 화이트와인 스타일이 탄생한다. 대표적 프르미에 크뤼 클리마인 모르조(Morgeot)를 예로 들 수 있다. 이 와인은 샤사뉴 몽라셰에서 가장 강렬한 화이트와인이다.

 ## 몽라셰

"몽라셰는 와인이 아니다. 하나의 사건이다."

−프랭크 M. 스혼마커(Frank M. Schoonmaker)

"몽라셰는 진심과 겸손한 마음을 담아 무릎을 꿇고 마셔야 한다."

−MW 클라이브 코트(Clive Coat)

"우아함과 미네랄리티의 품격 있는 연합."

−재키 리구(Jacky Rigaux)

몽라셰는 8헥타르의 조그만 그랑 크뤼 밭이다. 퓔리니 몽라셰와 샤사뉴 몽라셰 두 마을에 걸쳐 있다. 이 중 4.1헥타르는 퓔리니 마을에 속해 있고 나머지 3.99헥타르는 샤사뉴 마을에 속해 있다. 거의 반반인 셈이다. 엄밀하게 구분하자면 퓔리니 쪽 밭은 '몽라셰'로 불리며, 샤사뉴 쪽 밭은 '르 몽라셰'라 부른다. 물론 와인 생산자들이 이 규칙을 엄격하게 따르지는 않는다. '르(le)'는 영어의 정관사 'the'와 같은 의미다. 우리 식으로 해석하면 '바로 그' 또는 '대표'에 가까울 것 같다.

몽라셰 포도밭이 언제부터 개간되었는지는 정확하지 않다. 대략 13세기까지 거슬러 올라가야 한다. 마지에르(Maizières) 수도원의 수도사들이 이 밭을 'Mont Rachaz' 또는 'Montrachaz'로 불렀던 데서 몽라셰라는 이름의 유래를 찾을 수 있다. 해석하면 '(초목이 없는) 민둥산'이라는 뜻이다. 하지만 우스꽝스러운 이름과 달리 몽라셰는 여러 면에서 뛰어난 와인이다. 프랑스뿐만 아니라 전 세계적으로도 유명하다. 위대한 시인과 작가들이 이를 놓칠 리 없다. 몽라셰를 향한 찬사를 경쟁하듯 쏟아냈다. 알렉상드르 뒤마(Alexandre Dumas)는 "머리를 숙이고 무릎을 꿇은 채 마셔야 한다."고 말했고, 스탕달(Stendhal)은 "작고 메마르고 추한 산에서 이렇게 훌륭한 와인을 생산한다는 사실이 놀랍다. 뛰어난 기교와 비할 데 없는 우아함을 지녔다."라고 추켜세웠다. 클로드 아르누(Claude Arnoux) 신부는 이렇게 찬미했다 "이 와인은 라틴어나 프랑스어로는 도저히 표현할 수 없는 달콤함을 가지고 있다. 나는 그 진미와 탁월함을 표현할 수 없다."

그렇다면 왜 몽라셰는 특별한가? 우선 훌륭한 입지 덕분이다. 몽라셰 포도밭은 정확하게 남동향 언덕에 자리한다. 완벽하게 햇볕에 노출되며 배수도 잘된다. 무엇보다 상 토방(Saint Aubin) 계곡 아래로 불러오는 바람을 막아주는 최적의 위치다. 몽라셰의 테루아를 살펴보면 얇은 이회토성 석회암이다. 하지만 이것이 다가 아니다. 과학자들은 몽라셰 토양의 나이를 조사해 보았다. 그리고 분석 결과 몽라셰는 놀라운 지질적 유산을 보유하고 있었다. 시대별로, 종류별로 웬만한 광석은 몽라셰에 다 들어가 있었던 것이다. 철은 물론 상당한 양의 마그네슘과 납, 갈륨(Gallium), 베릴륨(Beryllium), 여기에 구리, 아연, 스트론튬(Strontium), 티타늄(Titanium), 코발트(Cobalt), 주석, 몰리브(Molybdenum), 바나듐(Vanadium), 니켈, 크롬(Chromium), 심지어 은까지 있었다. 이런 성분들은 와인에 골고루 영향을 준다. 이를테면 크롬은 포도나무가 과실을 맺는 데 중요한 역할을 하고, 코발트는 포도를 빨리 숙성시킨다. 아연은 와인의 산도를 낮추며 당도와 리치함을 증가시킨다. 몽라셰 와인이 뛰어날 수 있는 이유는 이렇게 토양에서 뿌리로 올려주는 정성을 든든하게 먹고 자랐기 때문일 것이다.

마지막으로 몽라셰 신화를 부채질하는 요소로 와인의 희소성 또한 무시할 수 없다. 수확이 좋은 해에는 356헥토리터, 즉 연간 47,000병이 생산된다. 전 세계적인 수요를 충족시키기에는 너무 적다.

훌륭한 와인이란 과연 무엇일까. 일단은 와인의 균형감이 뛰어날 것. 균형감이 뛰어나다는 것은 '와인의 영혼'이라 할 수 있는 아로마와 '와인의 틀'이라고 할 수 있는 맛이 조화롭게 양립하는 것이다. 마치 자동차의 양쪽 바퀴처럼 번갈아 균형을 잡으며 제 기능을 다하는 것이다. 그런데 역설적으로 밸런스가 좋을수록 와인의 존재감은 덜할 수 있다. 어떤 한 가지 맛이 풍미를 압도하지 않기 때문이다. 강렬한 맛보다는 전체적으로 부드럽고 편안한 맛에 가깝다. 이것이 몽라셰의 딜레마다. 누군가 몽라셰를 마시고 의외로 그 평범한 모습에 당황할 수 있다. 하지만 반대로 몽라셰가 가진 극강의 밸런스와 섬세함을 음미하는 경지에 다다른다면 당신은 이미 와인 고수에 가깝다고 할 수 있다. 그래서 이미 눈치챘을지 모르겠지만 몽라셰는 마시는 이의 의도와 상관없이 당신의 테이스팅 실력을 검증받게 하는 와인이 될 수 있다.

 와인 등급

샤사뉴 몽라셰 AOC는 1937년에 제정되었으며, 총 3가지 등급으로 분류된다. 빌라주 등급, 프르미에 크뤼, 그리고 그랑 크뤼 등급이다. 빌라주 등급은 180헥타르의 면적에 샤사뉴 몽라셰(Chassagne Montrachet) AOC라는 명칭을 사용한다. 샤사뉴 몽라셰 프르미에 크뤼(Chassagne Montrachet Premier Cru) AOC는 159헥타르 면적에 55개 클리마를 보유하고 있다. 다른 마을과 마찬가지로 고유 클리마 이름을 라벨에 기재한다. 그중에서도 모르조(Morgeot) 프르미에 크뤼 AOC는 이 마을에서 단일 면적으로는 가장 큰 AOC이다. 58헥타르 규모로, 리외디만 13개가 넘는다. 그러다 보니 최근 샤사뉴 몽라셰의 와인 생산자들은 리외디 명까지 라벨에 기재하곤 한다. 샤사뉴 몽라셰에서 가장 높은 등급은 그랑 크뤼인 샤사뉴 몽라셰 그랑 크뤼(Chassagne Montrachet Grand Cru) AOC다. 이 마을은 1930년대 후반에 그랑 크뤼 등급을 수여받았다. 그랑 크뤼는 11.40헥타르 면적으로, 르 몽라셰(Le Montrachet), 바타르 몽라셰(Bâtard Montrachet), 그리고 크롸 바타르 몽라셰(Criots Bâtard Montrachet) 이렇게 3개 클리마가 있다.

와인 스타일

샤사뉴 몽라셰(Chassagne Montrachet AOC)

샤사뉴 몽라셰 화이트와인은 밝은 녹색 테두리를 가진 골드 컬러를 띤다. 산사나무, 아카시아, 인동덩굴 등 꽃 향과 버베나 허브 향 그리고 헤이즐넛 등 아몬드 풍미까지 마치 물 만난 고기처럼 와인의 아로마가 생생하다. 여기에 신선한 버터 향까지 와인의 풍미를 받든다. 나이가 들면 꿀 또는 잘 익은 배, 미네랄, 고사리 등 복합적인 부케가 펼쳐진다. 오일리한 텍스처는 '샤사뉴 몽라셰에서만 맛볼 수 있는' 특유의 뉘앙스다. 부드러움과 풍만함이 감돌면서 말할 수 없이 화려하다.

샤사뉴 몽라셰의 레드와인은 밝은 자줏빛이다. 모렐로 체리, 야생 딸기, 라즈베리와 같은 붉은 과실 향을 명료하게 드러낸다. 나이가 들면서 동물성 향, 향신료 등의 부케로 변한다. 어릴 때의 탄닌은 약간 예리하지만 시간의 흐름에 따라 농축되고 맛있는 구조감으로 변한다. 전체적으로 촘촘하게 엮은 직물처럼 복합미가 느껴지는 와인이다.

샤사뉴 몽라셰 프르미에 크뤼(Chassagne Montrachet Premier Cru AOC)
레 쇼메(Les Chaumées)

옐로 골드 컬러를 띠며, 아카시아꽃 향과 과실 향이 매우 향긋한 순도 높은 와인이다. 잔향에서는 미네랄 특유의 짭짤한 풍미가 인상적이다. 나이가 들면서 트러플과 부식토의 부케로 변화한다. 산도가 마치 팽팽하게 당겨진 근육질처럼 와인의 텐션을 높인다. 입안에서는 탄탄하게 받쳐주는 구조감이 있다. 기품 있는 신선함과 화려함이 융화되어 중용이 느껴지는 와인이다.

레 슈누보트(Les Chenevottes)

아름다운 옅은 금색을 띤 와인으로, 아카시아꽃 향, 망고와 같은 열대 과실향, 꿀, 구운 토스트 아로마가 조화롭다. 입안에서는 상쾌한 미네랄리티가 전면에 나선다. 와인이 어릴 때부터 부드러운 텍스처를 보인다. 그저 파워풀하기만 한 것이 아니라 감각적이며 관능적이다.

샤사뉴 몽라셰 그랑 크뤼(Chassagne Montrachet Grand Cru AOC)
크뢰 바타르 몽라셰(Criots Bâtard Montrachet)

수정처럼 맑은 그린-골드 컬러를 띤다. 몽라셰의 다른 그랑 크뤼과 비교했을 때 한결 '서늘한' 분위기가 감돈다. 레몬그라스, 감귤류 등 초록 과실 향이 강하다. 꿀 향, 산사나무꽃, 라임꽃 등 흰색 꽃 향, 바닐라 등 향신료 향이 은은하게 표현된다. 부싯돌 등 미네랄 뉘앙스가 돋보여서 와인의 섬세함이 두드러진다. 와인의 질감이 기본적으로 품위 있고, 섬세하고, 우아하다.

몽라셰(Montrachet)

몽라셰는 정밀한 와인이다. 빈틈이 없다. 에메랄드빛 초록 테두리의 골드 컬러는 와인이 숙성될수록 점차 진해진다. 잘 익은 배, 신선한 버터, 따뜻한 크루아상, 고사리와 같은 양치류, 말린 과일, 꿀, 향신료 그리고 미네랄까지 샤르도네가 보여줄 수 있는 모든 향은 다 보여주는 와인이다. 나이가 들면 더 이상 보디와 부케를 구별할 수 없을 정도로 와인의 풍미가 완벽히 일치된 것처럼 느껴진다. 매끄럽고 기품이 감돈다. 융통성이 없다 할 정도로 모든 우아함을 다 갖춘 와인이다. 다만 순수주의자들은 몽라셰를 둘로 떼어놓고자 한다. 샤사뉴 마을 쪽 몽라셰와 퓔리니 마을 쪽 몽라셰는 엄연히 다른 인격체인 걸 인정해야 한다고 말이다. 그래서 전자의 몽라셰는 좀 더 풍성하고 여유롭다면, 후자는 우아하다고 본다.

부록

부르고뉴의 지역별 클리마 인덱스

-

Index

코트 드 뉘(Côte de Nuits)

코트 드 본(Côte de Beaune)

픽상
(Fixin)

프르미에 크뤼

Les Arvelets	Ha
Domaine Berthaut-Gerbet	0.96
Domaine Pierre Gelin	0.13

Les Hervelets	Ha
Domaine Derey Frères	1.42
Domaine Bart	0.91
Domaine Molin	0.47
Domaine Pierre Gelin	0.45
Eric Guyard	
Clos St-Louis	

화이트

Domaine Molin	0.10

Les Champs des Charmes	Ha
Domaine Berthaut-Gerbet	
Jérôme Galeyrand	
Eric Guyard	

Les Clos	Ha
Domaine Berthaut-Gerbet	1.30
Domaine Derey Frères	0.64
Domaine Naddef	

En Combe Roy	Ha
Domaine Berthaut-Gerbet	0.38
Domaine Alain Jeanniard	0.37

Les Crais	Ha
Domaine Berthaut-Gerbet	1.38

Aux Petits Crais	Ha
Château de Marsannay	0.44

Les Craise de Chêne	Ha
René Bouvier	1.70
Château de Marsannay	0.94

Le Rozier	Ha
Domaine Charles Audoin	0.60

La Croix Violette	Ha

Jean Fournier	0.46
Pernot Père & Fils	

Queue de Hareng	Ha
Denis Bachelet ✳	
Jean-Michel Guillon	
Frédéric Magnien	
Joseph Roty ✳	

✳ 표시는 라벨에 표기되지 않는 포도밭이다(vineyard not named on label).

주브레 샹베르탕
(Gevrey chambertin)

그랑 크뤼

Chambertin & Chambertin-Clos de Bèze	
Chambertin	**Ha**
Domaine Armand Rousseau	2.56
Domaine Trapet	1.90
Domaine Camus	1.69
Domaine Rossignol-Trapet	1.60
Domaine Jacques Prieur	0.84
Louis Latour	0.81
Domaine Leroy	0.50
Pierre Damoy	0.48
Domaine Henri Rebourseau ✳	0.46
Domaine Tortochot	0.40
Domaine Duband/Feuillet	0.22
Domaine Charlopin-Parizot	0.21
Domaine Bertagna	0.20
Domaine Chezeaux/ Ponsot	0.20
Domaine du Clos Frantin (Bichot)	
	0.17
Domaine Launay-Horiot	0.16
Bouchard Père & Fils	0.15
Domaine Denis Mortet	0.15
Domaine Chantal Remy	0.14
Château de Marsannay	0.10
Domaine Dugat-Py	0.05
Domaine Dujac ✳	0.05

✳ 클로 드 베즈(Clos de Bèze)와 블

렌딩.

Chambertin-Clos de Bèze	Ha
Pierre Damoy	5.36
Domaine Drouhin-Laroze	1.54
Domaine Armand Rousseau	1.42
Maison J Faiveley	1.29
Domaine Prieuré-Roch	1.01
Domaine Bruno Clair	0.98
Domaine Pierre Gelin	0.60
Domaine Zibetti	0.46
Domaine Jadot	0.42
Domaine Bart	0.42
Domaine Robert Groffier	0.41
Domaine Henri Rebourseau ✳	0.33
Domaine Duroché	0.25
Domaine Dujac ✳	0.24
Domaine Raphet	0.20
Domaine Peirazeau	0.19
Domaine Jacques Prieur	0.15
Joseph Drouhin	0.12

Chapelle-Chambertin	Ha
Pierre Damoy	2.22
Domaine Trapet	0.56
Domaine Rossignol-Trapet	0.54
Domaine Drouhin-Laroze	0.51
Domaine Ponsot	0.47
Domaine Jadot	0.39
Cécile Tremblay	0.36
Domaine Claude Dugat	0.10

Charms-Chambertin & Mazoyères-Chambertin

소유주	Total	Charmes	Mazoyères
Domaine Camus	6.90	3.03	3.87
Domaine Perrot-Minot	1.65	0.91	0.74
Domaine Taupenot-Merme	1.43		1.43
Domaine Armand Rousseau	1.37	0.51	0.86
Domaine Henri Rebourseau	1.32	1.32	
Domaine Arlaud Père & Fils	1.32		1.32
Henri Richard	1.11		1.11
Domaine Faiveley	0.81	0.36	0.37
Domaine Gérard Raphet	0.76	0.45	0.31
Domaine de la Vougeraie	0.74		0.74
Domaine Dugat-Py	0.72	0.24	0.48
Domaine Dujac	0.70	0.31	0.39
Feuillet (David Duband)	0.65		0.65
Domaine du Couvent	0.64		0.64
Pierre Bourée	0.59	0.59	
Domaine Tortochot	0.57		0.57
Domaine Gérard Seguin	0.57	0.11	0.46
Arnaud Mortet	0.57	0.17	0.40
Domaine des Beaumont	0.52		0.52
Geantet-Pansiot	0.45	0.45	
Domaine Peirazeau	0.45		0.45
Domaine Denis Bachelet	0.43	0.43	
Domaine Duroché	0.41	0.41	
Domaine Castagnier	0.40		0.40
Domaine Confuron-Cotetidot	0.39	0.39	
Domaine Olivier Jouan	0.35		0.35
Coquard-Loison-Fleurot	0.32		0.32
Domaine Claude Dugat	0.31	0.31	
Domaine Sérafin	0.31	0.31	
Domaine Charlopin-Parizot	0.30		0.18
Domaine Gallois	0.29	0.29	
Domaine Michel Magnien	0.28		0.28
Christophe Roumier	0.27		0.27
Domaine Huguenot	0.21	0.21	
Domaine Humbert	0.20		0.20
Domaine Stéphane Magnien	0.20		0.20
Amiot Servelle	0.19		0.19
Domaine Tawse	0.17		0.17
Domaine Odoul-Coquard	0.17		0.17
Domaine Roty	0.16	0.16	
Domaine Pierre Amiot	0.15		0.15
Domaine Marchand Frères	0.14		0.14
Domaine Hubert Lignier	0.11		0.11
Domaine Georges Lignier	0.09	0.09	
Domaine Antonin Guyon	0.09	0.09	

Griotte-Chambertin	Ha
Laurent Ponsot (Chezeaux)	0.89
Domaine Leclerc (Chezeaux)	0.68
Joseph Drouhin	0.53
Domaine Fourrier	0.26
Domaine Claude Dugat	0.15
Marchand Frères	0.13
Joseph Roty	0.08
Domaine Duroché	0.02

Latricières-Chambertin	Ha
Domaine Hubert Camus	1.51
Domaine Faiveley	1.21
Domaine Trapet	0.74
Domaine Rossignol-Trapet	0.73
Domaine Drouhin-Laroze	0.67
Domaine Leroy	0.57
Domaine Arnoux-Lachaux	0.53
Domaine Chantal Remy	0.40
Domaine Simon Bize	0.32
Domaine Duband/Feuillet	0.28
Domaine Duroché	0.28
Domaine Launay-Horiot	0.17

Mazis-Chambertin Grand Cru	Ha
Hospices de Beaune	1.75
Domaine Faiveley	1.56
Domaine Henri Rebourseau	0.96
Domaine Harmand Geoffroy	0.73
Domaine Tawse	0.67
Domaine Armand Rousseau	0.53
Domaine Philippe Naddef	0.42
Domaine Tortochot	0.42
Domaine Hubert Camus	0.37
Domaine Molin	0.37
Domaine d'Auvenay	0.26
Domaine Dugat-Py	0.21
Domaine Denis Mortet	0.19
Jean-Michel Guillon	0.18
Olivier Bernstein	0.18
Joseph Roty	0.12
Domaine Charlopin-Parizot	0.09
Domaine Confuron-Cotetidot	0.08

Ruchottes-Chambertin	Ha
Domaine Armand Rousseau	1.06
Georges Mugneret-Gibourg	0.62

Christophe Roumier/Bonnefond 0.54
Frédéric Esmonin 0.51
Domaine Trapet-Rochelandet 0.21
Domaine Henri Magnien 0.16
Château de Marsannay 0.10
Marchand Grillot 0.08

Ruchottes-Chambertin **Ha**
1 Domaine Armand Rousseau 1.06
2 Domaine Mugneret-Gibourg 0.64
3 Frédéric Esmonin 0.52
4 Christophe Roumier 0.51
5 François Trapet 0.20
6 Henri Magnien 0.16
7 Château de Marsannay 0.10
8 Marchand-Grillot 0.08

프르미에 크뤼

Bel Air **Ha**
Domaine de la Vougeraie 1.01
Domaine Taupenot-Merme 0.43
Château de Marsannay 0.40
Domaine Charlopin-Parizot 0.24
Domaine Trapet-Rochelandet

La Bossière **Ha**
Domaine Harmand-Geoffroy 0.45

Les Cazetiers **Ha**
Domaine Faiveley 4.06
Domaine Henri Magnien 1.47
Domaine Bruno Clair 0.87
Domaine Armand Rousseau 0.60
Philippe Naddef 0.33
Domaine Philippe Leclerc 0.31
Domaine Sérafin 0.28
Bouchard Père & Fils 0.26
Domaine Michel Magnien 0.25
Domaine Berthaut-Gerbet 0.22
Domaine Coudray-Bizot 0.18
Domaine Jadot 0.12
Domaine Duroché 0.07

Petits Cazetiers **Ha**
Dominique Gallois 0.27

Champeaux **Ha**
Domaine Olivier Guyot 1.00
Domaine Tortochot 0.82
Domaine Coudray-Bizot 0.71
Olivier Bernstein 0.43
René Leclerc 0.43
Philippe Naddef 0.42
Domaine Denis Mortet 0.41
Philippe Leclerc 0.38
Domaine René Bouvier 0.36
Domaine Dugat-Py 0.33
Château de Marsannay 0.29
Domaine Tawse 0.27
Domaine Henri Magnien 0.25
Domaine Fourrier 0.21
Domaine Harmand-Geoffroy 0.21
Domaine Alain Burguet 0.18
Domaine Duroché 0.13
Domaine Pierre Bourrée

Champonnet **Ha**
Domaine du Couvent 1.11
Domaine Heresztyn-Mazzini 0.22
Louis Boillot 0.19
Domaine Philippe Leclerc

Petite Chapelle **Ha**
Domaine Marchand-Grillot 0.77
Domaine Rossignol-Trapet 0.52
Domaine Bruno Clair 0.51
Domaine Trapet 0.37
Domaine Dugat-Py 0.32
Domaine Faiveley 0.17
Domaine Humbert

Cherbaudes **Ha**
Domaine Fourrier 0.67
Domaine des Beaumont 0.42
Domaine Lucien Boillot & Fils 0.40
Domaine Louis Boillot 0.17
Domaine Rossignol-Trapet 0.11

Clos du Chapître **Ha**
Cave Nuiton Beaunoy

Clos Prieur **Ha**
Domaine Drouhin-Laroze 0.30

Domaine Rossignol-Trapet 0.26
Domaine Pierre Gelin 0.23
Domaine J & J-L Trapet 0.21

Clos St-Jacques **Ha**
Domaine Armand Rousseau 2.22
Domaine Sylvie Esmonin 1.60
Domaine Bruno Clair 1.00
Domaine Jadot 1.00
Domaine Fourrier 0.89

Le Clos St-Jacques : **Ha**
1 Domaine Armand Rousseau 2.22
2 Domaine Fourrier 0.89
3 Louis Jadot 1.00
4 Domaine Bruno Clair 1.00
5 Domaine Sylvie Esmonin 1.60

Au Closeau **Ha**
Domaine Drouhin-Laroze 0.44
Château de Santenay (from 2019) 0.09

Combe aux Moines **Ha**
Domaine Faiveley 1.03
Domaine Fourrier 0.87
René Leclerc 0.66
Dominique Gallois 0.40
Philippe Leclerc 0.40
Domaine Jadot 0.17

Aux Combottes **Ha**
Domaine Dujac 1.16
Domaine Pierre Amiot 0.62
Domaine Leroy 0.46
Domaine Arlaud Père & Fils 0.45
Domaine Georges Lignier 0.41
Domaine des Beaumont 0.24
David Duband 0.16
Domaine Hubert Lignier 0.15
Domaine Rossignol-Trapet 0.15
Marchand Frères 0.05
Domaine Trapet

Les Corbeaux **Ha**
Domaine Sérafin 0.45
Domaine Lucien Boillot & Fils 0.43
Domaine Denis Bachelet 0.42

Domaine Bruno Clavelier	0.22
Domaine Rossignol-Trapet	0.15
François Leclerc	

Craiqillot	Ha
Domaine Gérard Seguin	0.90
Domaine Drouhin-Laroze	0.26
Domaine Faiveley	0.14
Domaine Confuron-Cotetidot	

En Ergot	Ha
Laurent Ponsot	0.47
Trapet	0.32

Estournelles St-Jacques	Ha
Domaine Jadot	0.38
Domaine Henri Magnien	0.33
Domaine Duroché	0.13
Humbert Frères	
Philippe Rossignol	

Fonteny	Ha
Domaine Henri Rebourseau	0.89
Domaine Bruno Clair	0.68
Domaine Joseph Roty	0.45
Domaine Sérafin	0.33
Mark Haisma	0.30
Domaine Dugat-Py	

Les Goulots	Ha
Domaine Heresztyn-Mazzini	0.38
Domaine Fourrier	0.34
Dominique Gallois	0.17
Domaine Michel Magnien	0.16

Issarts	Ha
Domaine Faiveley	0.61

Lavaux St-Jacques	Ha
Domaine Duroché ✳	1.20
Domaine Denis Mortet	1.16
Domaine Faiveley	0.99
Domaine Harmand-Geoffroy	0.68
Domaine Tortochot	0.61
Domaine Armand Rousseau	0.47
Domaine Claude Dugat	0.40
Domaine Drouhin-Laroze ✳	0.30

Arnaud Mortet	0.30
Domaine Tawse	0.29
Domaine Henri Magnien	0.26
Domaine Jadot	0.22
Domaine Dugat-Py	0.14
Domaine Berthaut-Gerbet	0.13
Domaine Gérard Seguin	0.10
Domaine Alain Burguet	0.10
Domaine Confuron-Cotetidot ✳	
Domaine René Leclerc	
Domaine Gérard Raphet	

La Perrière	Ha
Domaine Arnaud Mortet	0.60
Domaine Heresztyn-Mazzini	0.35
Domaine Harmand-Geoffroy	0.29
Domaine Marchand-Grillot	0.22
Domaine Henri Rebourseau	0.13
Domaine Faiveley	0.10
Domaine Lucien Boillot & Fils	0.09
Domaine Dugat-Py	
Domaine JM Guillon	

Poissenot	Ha
Domaine Géantet-Pansiot	0.63
Humbert Frères	0.36
Domaine Jadot	0.19

La Romanée	Ha
Domaine du Couvent	1.06

Clos des Varoilles	Ha
Domaine des Varoilles	6.03

그랑 크뤼

Clos de la Roche	Ha
Domaine Ponsot	3.31
Domaine Dujac	1.95
Domaine Armand Rousseau	1.48
Domaine Amiot	1.20
Coquard-Loison-Fleurot	1.17
Georges Lignier	1.05

Hubert Lignier	0.90
Domaine Peirazeau	0.80
Domaine Leroy	0.67
Domaine Castagnier	0.58
Hospices de Beaune	0.44
Domaine Arlaud	0.43
F Feuillat/D Duband	0.41
Domaine Chantal Remy	0.40
Domaine Michel Magnien	0.39
Gérard Raphet	0.38
Domaine de la Pousse d'Or	0.32
Virgile Lignier-Michelot	0.27
Rémi Jeanniard	0.18
Domaine Marchand Frères	0.12
Domaine Lecheneault	0.08
Domaine des Montluisants	0.07

Clos St-Denis	Ha
Georges Lignier	1.49
Domaine Dujac	1.46
Domaine Bertagna	0.53
Laurent Ponsot (Chézeaux)	0.38
Domaine Henri Jouan	0.36
Domaine Castagnier	0.35
Stéphane Magnien	0.32
Heresztyn-Mazzini	0.23
Domaine Peirazeau	0.20
Amiot-Servelle	0.18
Domaine Arlaud	0.18
Domaine Amiot	0.17
Coquard-Loison-Fleurot	0.17
Philippe Charlopin	0.17
Domaine Gagey, Jadot	0.17
Domaine Michel Magnien	0.12
Virgile Lignier-Michelot	0.07

프르미에 크뤼

Les Blanchards	Ha
F Feuillat/D Duband	0.29
Domaine Arlaud	0.27
Domaine Amiot	0.15

Les Chaffots	Ha
Domaine Michel Magnien	0.74
Domaine Hubert Lignier	0.45

Aux Charmes	Ha
Domaine Amiot	0.47
Virgile Lignier-Michelot	0.25
Domaine Tortochot	0.23
Domaine Michel Magnien	0.14

Les Charrières	Ha
Domaine Sigaut	0.62
Alain Michelot	
Domaine Lecheneaut	

Les Chenevery	Ha
Virgile Lignier-Michelot	0.27
Alain Jeanniard	
Domaine Bryzcek	

Aux Cheseaux	Ha
Domaine Arlaud	0.70
Domaine Castagnier	0.15

Clos Baulet	Ha
Domaine Cosson	0.33
Stéphane Magnien	0.08

Clos de la Bussiere	Ha
Domaine G Roumier	2.59

Clos des Ormes	Ha
Domaine Georges Lignier	2.00
Domaine Lecheneaut	
Domaine Marchand Frères	

Clos Sorbé	Ha
F feuillat/D Duband	1.20
Domaine Fourrier	0.55
Phillipe Jouan	0.32
François Legros	0.31

Les Faconnières	Ha
Virgile Lignier-Michelot	0.73
Stéphane Magnien	0.57
Hubert Lignier	
Marchand Frères	

Les Genavrières	Ha
Domaine des Monts Luisants	
Gérard Peirazeau	

Marchand Frères (W)

Les Gruenchers	Ha
Domaine Georges Lignier	0.26
Stéphane Magnien	0.25

Les Millandes	Ha
Domaine Amiot	0.45
Domaine Arlaud	0.40
Domaine Michel Magnien	0.40
Domaine Heresztyn-Mazzini	0.38
Domaine Sérafin	0.34
Domaine Sigaut	0.33
Domaine des Beaumont	0.27
François Legros	0.19
Marchand Frères	
Odoul-Coquard	
Gérard Raphet	

Monts Luisants	Ha
Domaine des Monts Luisants	1.97
Domaine Ponsot (R)	1.29
Domaine Ponsot (W)	0.98
Domaine Dujac (W)	0.60
Stéphane Magnien	0.14

La Riotte	Ha
Perrot-Minot	0.58
Taupenot-Merme	0.57
Olivier Jouan	0.30
François Legros	0.08
Hubert Lignier	
Jean-Michel Guillon	
Odoul-Coquard	

Les Ruchots	Ha
Domaine Arlaud	0.70
Domaine Amiot	0.53
Olivier Jouan	0.31
Domaine des Beaumont	
Rémi Jeanniard	

Les Sorbès	Ha
Michel Noëllat	0.15
Domaine Serveau	
Olivier Guyot	

샹볼 뮈지니
(Chambolle Musigny)

그랑 크뤼

Musigny	10.85ha
Comte Georges de Vogüé	7.12
J-F Mugnier	1.13
Jacques Prieur	0.77
Joseph Drouhin	0.68
Leroy	0.27
Vougeraie	0.21
Louis Jadot	0.17
Faiveley	0.14
Drouhin-Laroze	0.12
Roumier	0.10
Domaine Tawse	0.09

Les Bonnes Mares	15.06ha
Comte Georges de Vogüé	2.67
Roumier	1.89
Bruno Clair	1.64
Drouhin-Laroze	1.49
Bart	1.03
Groffier	0.97
Vougeraie	0.70
Dujac	0.58
Peirazeau	0.41
Mugnier	0.36
Bertheau	0.34
Hervé Roumier	0.30
Denis Mortet (ex Newman)	0.29
Georges Lignier	0.29
Jadot	0.27
D'Auvenay	0.26
Bouchard Père & Fils	0.24
Drouhin	0.23
Arlaud	0.20
Pousse d'Or	0.17
Hudelot-Baillet	0.13
Charlopin-Parizot	0.12
Christian Confuron	0.06
Laurent Roumier (P Rion 2006~2015)	0.06

프르미에 크뤼

Les Amoureuses	Ha
Robert Groffier	1.07
Joseph Drouhin	0.59
Comte Georges de Vogüé	0.56
J-F Mugnier	0.53
Amiot-Servelle	0.45
Georges Roumier	0.40
Domaine Serveau	0.35
François Bertheau	0.32
Peirazeau	0.21
Pousse d'Or	0.20
Laurent Roumier	0.16
Jadot	0.12
Joseph Faiveley	0.12
Domaine Bertagna	0.08

Les Baudes	Ha
Bertheau ✳	0.36
Joseph Drouhin	0.33
Sérafin	0.32
Géantet-Pansiot	0.28
Gagey (Jadot)	0.27
Ghislaine Barthod	0.22
Hubert Lignier	0.18
Drouhin-Laroze ✳	0.17
Perrot-Minot	0.04
Amiot	

✳ 샹볼 뮈지니 프르미에 크뤼 일부
블렌딩(part of Chambolle 1er Cru
blend).

Aux Beaux Bruns	Ha
Ghislaine Barthod	0.72
Faiveley	0.35
Denis Mortet	0.22
Thierry Mortet	0.22

Les Borniques	Ha
Joseph Drouhin	0.21
Hudelot-Baillet	0.10
Amiot-Servelle	0.11
Roux	

Les Carrières	Ha

Felettig	0.40

Les Chabiots	Ha
Serveau	0.81
Bertheau	0.15

Les Charmes	Ha
Amiot-Servelle	1.27
Christian Clerget	1.01
François Bertheau	0.66
Hudelot-Baillet	0.63
Laurent Ponsot	0.58
Michèle & Patrice Rion	0.43
Ghislaine Barthod	0.26
Gérard Mugneret	0.26
Felettig	0.25
Leroy	0.23
Hudelot-Noëllat	0.21
Pousse d'Or	0.19
Perrot-Minot	0.09

Les Chatelots	Ha
Domaine Sigaut	0.50
Ghislaine Barthod	0.33
Domaine Boursot	0.15
Arlaud Père & Fils	0.07

La Combe d'Orveau	Ha
Bruno Clavelier	0.82
Perrot-Minot	0.47
Taupenot-Merme	0.45
Domaine Faiveley	0.20
Jacques Prieur	0.05

Aux Combottes	Ha
Ghislaine Barthod	0.12
Gachot-Monot	0.04
Felettig	
Georges Roumier	

Les Combottes	Ha
Felettig	0.34
Georges Roumier	0.27
R Dubois	0.25

Les Cras	Ha
Georges Roumier	1.76

Ghislaine Barthod	0.86
Hudelot-Baillet	0.37

Derrière la Grange	Ha
Amiot-Servelle	0.36
Confuron-Cotetidot	0.11

Aux Echanges	Ha
Leymarie-Ceci	0.93

Les Feusselottes	Ha
Christian Confuron	0.86
Georges Mugneret-Gibourg	0.46
Cécile Tremblay	0.45
Pousse d'Or	0.42
Géantet-Pansiot	0.28
Felettig	0.17
Amiot-Servelle	0.17
Jadot	0.14

Les Fuées	Ha
J-F Mugnier	0.71
Domaine Sigaut	0.50
Boursot	0.46
Jadot	0.41
Felettig	0.33
Ghislaine Barthod	0.25
Faiveley	0.19
Domaine Amiot-Servelle	0.18
Perrot-Minot	0.13

Les Groseilles	Ha
Pousse d'Or	0.52
Domaine Sigaut	0.30
Digioia-Royer	0.10

Les Gruenchers	Ha
Dujac	0.33
Fourrier	0.29
Felettig	0.21
Ghislaine Barthod	0.18
Digioia-Royer	0.06
David Duband	

Les Hauts Doix	Ha
Robert Groffier	1.00
Peirazeau	0.61

Joseph Drouhin	0.07

Les Lavrottes | **Ha**
Felettig | 0.38
Christian Confuron | 0.32
Boursot |

Les Noirots | **Ha**
Domaine Sigaut | 0.50
Bertheau | 0.32
François Legros | 0.29
Arlaud Père & Fils | 0.17
Bruno Clavelier | 0.15
Domaine Michel Noëllat | 0.15
Ghislaine Barthod | 0.11
Joseph Drouhin | 0.06

Les Plantes | **Ha**
J-F Mugnier | 0.47
Joseph Drouhin | 0.40
Amiot-Servelle | 0.39
Berthaut-Gerbet | 0.24
Bertagna | 0.23
Gachot-Monot | 0.03

Les Sentiers | **Ha**
Robert Groffier | 1.07
Domaine Sigaut | 0.67
David Duband | 0.65
Domaine Serveau | 0.45
Stéphane Magnien | 0.41
Laurent Ponsot | 0.35
Arlaud Père & Fils | 0.23
Michel Magnien | 0.15
Domaine Tortochot | 0.07
Ghislaine Barthod | 0.07

Les Véroilles | **Ha**
Ghislaine Barthod | 0.37

부조
(Vougeot)

그랑 크뤼

Clos de Vougeot | **Ha**

Château de la Tour	5.48
Domaine Méo-Camuzet	3.03
Domaine Rebourseau	2.21
Domaine Jadot	2.15
Domaine Leroy	1.91
Domaine Jean Grivot	1.87
Domaine Gros Frère & Soeur	1.57
Domaine Gérard Raphet	1.47
Domaine du Couvent	1.43
Domaine de la Vougeraie	1.41
Domaine d'Engénie	1.37
Domaine Lamarche	1.36
Domaine Faiveley	1.29
Domaine Jacques Prieur	1.28
Drouhin Laroze	1.03
Domaine Anne Gros	0.93
Joseph Drouhin	0.91
Domaine Laurent Roumier	0.83
Domaine Laurent Père & Fils	0.75
Thibault Liger-Belair	0.73
Domaine Coquard-Loison-Fleurot 0.64
Domaine Mongeard-Mugneret	0.63
Domaine du Clos Frantin, Bichot 0.63
Domaine Prieuré-Roch	0.62
Domaine d'Ardhuy	0.56
Daniel Rion	0.55
Domaine Leymarie-Ceci	0.53
Jean-Jacques Confuron	0.52
Domaine Castagnier	0.50
Domaine Hudelot-Noëllat	0.47
Bouchard Père & Fils	0.45
Domaine Arnoux-Lachaux	0.43
Domaine Génot-Boulanger	0.43
Sylvain Loichet	0.42
Remoissenet	0.42
Charlopin-Parizot	0.41
Chauvenet-Chopin	0.35
Jean-Pierre Guyon	0.35
Jean-Marc Millot	0.34
Georges Mugneret-Gibourg	0.34
Domaine Christian Confuron	0.34
Henri Boillot	0.34
Jérôme Chezeaux	0.34
Domaine R Dubois	0.32
Domaine Y Clerget	0.32
Domaine Bertagna	0.31

Denis Mortet	0.31
Domaine Berthaut-Gerbet	0.31
Chantal Lescure	0.31
Domaine Forey Père & Fils	0.30
Domaine de Montille	0.29
Domaine Confuron-Cotetidot	0.25
Domaine Michel gros	0.21
Domaine Tortochot	0.21
Domaine Odoul-Coquard	0.21
Domaine Coquard-Loison-Fleurot 0.21
Dufouleur	0.21
Château de Marsannay	0.21
Michel Noëllat	0.21
Château de Santenay	0.20
Maison Ambroise	0.17
Maison Capitain-Gagnerot	0.17
Bernard & Armelle Rion	0.16
J-M Guillon	0.14

프르미에 크뤼

Le Clos Blanc | **Ha**
Domaine de la Vougeraie | 2.29

Clos de la Perrière | **Ha**
Domaine Bertagna | 2.16

Les Cras | **Ha**
Domaine de la Vougeraie | 1.43
Domaine Bertagna (R) | 0.60
Domaine Bertagna (W) | 0.55
Fraçois Legros | 0.28

Les Petits Vougeots | **Ha**
Domaine Bertagna | 1.25
Domaine Hudelot-Noëllat | 0.53
Christian Clerget | 0.46
Chauvenet-Chopin | 0.40
Domaine Fourrier | 0.34
Domaine Mongeard-Mugneret | 0.24

Clos du Prieuré | **Ha**
Domaine de la Vougeraie (R) | 1.00
Domaine de la Vougeraie (W) | 0.83

본 로마네 & 플라제 에세조
(Vosne Romanée & Flagey Echézeaux)

그랑 크뤼

La Grande Rue monopole	Ha
Domaine Lamarche	1.65

Richebourg	Ha
Domaine de la Romanée-Conti	3.51
Domaine Leroy	0.78
Domaine Gros Frère & Soeur	0.69
Domaine Anne Gros	0.60
Domaine A-F Gros	0.60
Thibault Liger-Belair	0.52
Domaine Méo-Camuzet	0.35
Domaine Jean Grivot	0.32
Domaine Mongeard-Mugneret	0.31
Domaine Hudelot-Noëllat	0.28
Domaine du Clos Frantin (Bichot)	0.07

La Romanée monopole	Ha
Domaine du Comte Liger-Belair	0.85

Richebourg :

Who owns what	Total ha	Richebourg	Verroilles
1 Domaine de la Romanée Conti	3.51	2.57	0.94
2 Leroy	0.78	0.78	
3 Gros Frère & Soeur	0.69	0.03	0.66
4 A-F Gros	0.60	0.14	0.46
5 Anne Gros	0.60	0.06	0.55
6 Thibault Liger-Belair	0.52	0.52	
7 Hudelot Noëllat	0.28	0.28	
8 Grivot	0.32	0.32	
9 Mongeard-Mugneret	0.31	0.31	
10 Méo-Camuzet	0.35	0.05	0.31
11 Clos Frantin (Bichot)	0.07	0.07	
Total	**8.03**	**5.05**	**2.98**

La Romanée-Conti	Ha
Domaine de la Romanée-Conti	1.81

Romanée St-Vivant	Ha
Domaine de la Romanée-Conti	5.29
Domaine Leroy	0.99
Louis Latour	0.76
Jean-Jacques Confuron	0.50

Domaine Poisot	0.49
Domaine Hudelot-Noëllat	0.48
Domaine Arnoux-Lachaux	0.35
Domaine de l'Arlot	0.25
Domaine Sylvain Cathiard & Fils	0.17
Domaine Dujac	0.17

Romanée St-Vivant:	Ha
1 Domaine de la Romanée-Conti	5.29
2 Domaine Leroy	0.99
3 Domaine de Corton Grancey (Louis Latour)	0.76
4 Domaine Jean-Jacques Confuron	0.50
5 Domaine Poisot	0.49
6 Domaine Hudelot-Noëllat	0.48
7 Domaine Arnoux-Lachaux	0.35
8 Domaine de l'Arlot	0.25
9 Domaine Sylvain Cathiard 0.17	
10 Domaine Dujac	0.17

La Tâche	Ha
Domaine de la Romanée-Conti	6.06

Echézeaux

	Total holdings in Ha	Echézeaux du Dessus	Les Rouges du Bas	Orveaux	Les Treux	Quartiers de Nuits	Les Cruots	Champs Traversins	Les Poulaillères	Clos St-Denis	Les Loächausses	Les Beaumonts
Domaine de la Romanée-Conti	4.67								4.25	0.43		
Gros Frére & Soer	2.11						0.03				1.72	0.35
Mongeard-Mugneret ✳	2.06	0.84			1.22							
Emmanuel Rouget	1.43				0.63		0.33			0.45		
Coquard-Loison-Fleurot ✳	1.40			0.94	0.24				0.17			0.05
Domaine Lamarche	1.32						0.63	0.24		0.45		
Mugneret-Gibourg	1.24		0.60			0.65						
Domaine des Perdrix	1.15	0.87				0.27						
Domaine Christian clerget	1.10			1.10								
Jacques Cacheux ✳	1.07			0.16			0.50	0.23				
Clos Frantin (Bichot)	1.00							1.00				
Jean-Marc Millot	0.97	0.60							0.24	0.14		
Domaine Arnoux-Lachaux	0.88	0.45	0.15		0.09		0.19					
Domaine Jean Grivot	0.85						0.80	0.05				
Joseph Faiveley	0.83			0.83								
Michel Noëllat	0.81	0.53			0.29							
Anne Gros	0.76											0.76
Domaine Dujac	0.69							0.69				
Jean-Yves Bizot	0.68			0.51	0.16							
Andre Nudat	0.66			0.66								
Compte Liger Belair	0.62						0.33	0.25		0.03		
Domaine d'Eugénie	0.55			0.55								
Hoffman-Jayer	0.54	0.54										
Jadot	0.53		0.53									
David Duband	0.50		0.50									
Confuron-Cotetidot	0.48				0.44					0.03		
Méo-Camuzet	0.44		0.44									

Hospices de Beaune	0.44	0.44								
Joseph Drouhin	0.41			0.41						
Bocquenet	0.41		0.41							
Coudray-Bizot	0.39			0.39						
Bouchard	0.39			0.39						
Jacques Prieur	0.36							0.36		
Daniel Rion	0.34				0.34					
Naudin Ferrand	0.34		0.34							
Domaine Tardy	0.34				0.34					
Charlopin	0.33			0.33						
Régis Forey ✳	0.38				0.15	0.08				0.15
Domaine Confuron-Gindre	0.30		0.14		0.17					
Capitain-Gagnerot	0.28				0.28					
Domaine A-F Gros	0.26							0.26		
Manière-Noirot	0.25								0.25	
Gérard Julien	0.24				0.24					
Denis Mortet	0.21			0.21						
Domaine Berthaut-Gerbet	0.21				0.03	0.10		0.09		
Jean-Pierre Guyon	0.22			0.22						
Cécile Tremblay	0.18	0.18								
Roblot Marchand	0.18							0.18		
Domaine Laurent	0.16			0.16						
Desaunay-Bissey	0.15					0.04		0.11		
Domaine G Roumier	0.13			0.13						
Georges Noëllat	0.13						0.13			
Robert Sirugue & Fils	0.12									
Felettig	0.12				0.12					
Château de Marsannay	0.09			0.09						

✳ 모두 에세조로 병입되지는 않음(Not all is retained for the Echézeaux bottling).

Echézeaux lieux-dits	
Les Champs Traversins	**Ha**
Clos Frantin (Bichot)	1.00
Domaine Dujac	0.69
Jacques Prieur	0.36
Domaine A-F Gros	0.26
Comte Liger Belair	0.25
Domaine Lamarche	0.24
Jacques Cacheux	0.23
Roblot Marchand	0.18
Desaunay-Bissey	0.11
Domaine Berthaut-Gerbet	0.09
Domaine Jean Grivot	0.05

Clos St-Denis	**Ha**
Domaine Rouget	0.45
Domaine Lamarche	0.45
Domaine de la Romanée-Conti	0.43
Régis Forey	0.15
Jean-Marc Millot	0.14
Comte Liger Belair	0.03
Confuron-Cotetidot	0.03

Les Cruots/ Vignes Blanches	**Ha**
Domaine Jean Grivot	0.80
Domaine Lamarche	0.63
Jacques Cacheux	0.50
Comte Liger Belair	0.33
Emmanuel Rouget	0.33
Domaine Arnoux-Lachaux	0.19
Georges Noëllat	0.13
Robert Sirugue & Fils	0.12
Gros Frère & Soeur	0.02

Echézeaux du Dessus	**Ha**
Domaine des Perdrix	0.87
Mongeard-Mugneret	0.84
Jean-Marc Millot	0.60
Hoffman-Jayer	0.54
Michel Noëllat	0.53
Domaine Arnoux-Lachaux	0.45
Hospices de Beaune	0.44
Cécile Tremblay	0.18

Les Loächausses	**Ha**
Gros Frère & Soeur	1.72
Anne Gros	0.76

En Orveaux	**Ha**
Domaine Christian Clerget	1.10
Coquard-Loison-Fleurot	0.94
Joseph Fiaveley	0.87
André Nudant	0.66
Domaine d'Eugénie	0.55
Domaine Bizot	0.51
Joseph Drouhin	0.41
Bouchard Père & Fils	0.39
Coudray-Bizot	0.39
Charlopin-Parizot	0.33
Capitain-Gagnerot	0.28
Denis Mortet (from 2016)	0.21
Jean-Pierre Guyon	0.20
Jacques Cacheux	0.16
Domaine Laurent	0.16
Domaine Roumier (from 2016)	0.13
Ch de Marsannay (from 2016)	0.09

Les Poulaillères	**Ha**
Domaine de la Romanée-Conti	4.24
Maniere-Noirot	0.25
Jean-Marc Millot	0.23
Coquard-Loison-Fleurot	0.16

Les Quartiers de Nuits	**Ha**
Mugneret-Gibourg	0.65
Domaine des Perdrix	0.27
Domaine Berthaut-Gerbet	0.10
Régis Forey	0.08
Desaunay-Bissey	0.04

Les Rouges du Bas	**Ha**
Mugneret-Gibourg	0.60
Jadot	0.53
David Duband	0.50
Méo-Camuzet	0.44
Bocquenet	0.41
Naudin Ferrand	0.34
Domaine Arnoux-Lachaux	0.15
Domaine Confuron-Gindre	0.14

Les Treux	**Ha**
Mongeard-Mugneret	1.22
Emmanuel Rouget	0.63
Confuron-Cotetidot	0.44
Daniel Rion	0.34

Domaine Tardy	0.34
Michel Noëllat	0.29
Coquard-Loison-Fleurot	0.24
Gérard Julien	0.24
Domaine Confuron-Gindre	0.16
Jean-Yves Bizot	0.16
Régis Forey	0.15
Domaine Berthaut-Gerbet	0.09
Domaine Arnoux-Lachaux	0.09

Les Grands Echézeaux	**Ha**
Domaine de la Romanée-Conti	3.53
Domaine Mongeard-Mugneret	1.44
Domaine Thenard	0.54
Domaine d'Eugénie (Engel)	0.50
Joseph Drouhin	0.48
Henri de Villamont	0.43
Georges Noëllat	0.38
Gros Frère & Soeur	0.37
Desaunay-Bissey	0.34
Domaine Lamarche	0.30
Clos Frantin	0.25
Jean-Marc Millot	0.20
Coquard-Loison-Fleurot	0.18
Robert Sirugue	0.12

프르미에 크뤼

Les Beaux Monts	**Ha**
Domaine Leroy	2.61
Domaine Michel Noëllat	1.70
Domaine Daniel Rion	0.97
Domaine Jean Grivot	0.93
Domaine Bertagna	0.90
Domaine Perrot-Minot	0.83
Domaine Dujac	0.73
Domaine Bruno Clavelier	0.50
Georges Noëllat	0.45
Domaine Hudelot-Noëllat	0.32
Domaine Emmanuel Rouget	0.26
Domaine René Cacheux	0.18
Cécile Tremblay	0.15
Domaine Confuron-Gindre	0.06
Jean-Jacques Confuron	
Aurelien Verdet	
Domaine Michèle & Patrice Rion	

Aux Brûlées

	Ha
Domaine d'Engénie	1.14
Domaine Méo-Camuzet	0.73
Domaine Michel Gros	0.63
Domaine Yves Chevallier	0.33
Domaine Bruno Clavelier	0.30
Domaine Gérard Mugneret	0.27
Domaine Leroy	0.27
Domaine Jean Grivot	0.26
Domaine Jean-Pierre Guyon	0.15
Domaine Confuron-Gindre	0.12
Domaine du Comte Liger-Belair	0.12
Domaine Jacques Cacheux	

Les Chaumes

	Ha
Domaine Méo-Camuzet	2.01
Domaine Arnoux-Lachaux	0.74
Domaine Lamarche	0.56
Domaine A&B Rion	0.46
Domaine Georges Noëllat	0.45
Domaine Daniel Rion	0.42
Jérôme Chezeaux	0.39
Domaine Confuron-Gindre	0.17
Domaine Jean Grivot	0.15
Domaine d'Ardhuy	0.15
Domaine Michel Noëllat	0.15
Domaine Gros Frère & Soeur	0.14
Domaine du Comte Liger-Belair	0.12

Clos des Réas

	Ha
Domaine Michel Gros	2.12

La Croix Rameau

	Ha
Domaine Lamarche	0.21
Domaine Coudray-Bizot	0.20
Domaine Jacques Cacheux	0.16

Cros Parantoux

	Ha
Domaine Emmanuel Rouget	0.72
Domaine Méo-Camuzet	0.30

Les Gaudichots

	Ha
Domaine Forey Père & Fils	0.30
Domaine Dujac	0.24
Domaine de la Romanée-Conti	0.08

Aux Malconsorts

	Ha
Domaine du Clos Frantin (Bichot)	1.76
Domaine Dujac	1.57
Domaine de Montille	1.37
Domaine Sylvain Cathiard & Fils	0.74
Domaine Lamarche	0.50
Domaine Hudelot-Noëllat	0.14

Au-dessus des Malconsorts

	Ha
Gille Remoriquet	0.58

En Orveaux

	Ha
Domaine Mongeard-Mugneret	1.08
Domaine Sylvain Cathiard & Fils	0.29
Château de Marsannay	0.28
Jean-Pierre Guyon	0.13

Les Petits Monts

	Ha
Domaine Robert Sirugue	0.53
Domaine Berthaut-Gerbet	0.48
Joseph Drouhin	0.39
Georges Noëllat	0.32
Domaine Mongeard-Mugneret	0.30
Domaine Forey Père & Fils	0.19
Domaine du Comte Liger-Belair	0.13
Thibault Liger-Belair	0.10
Nathalie Vigot	0.18

Aux Reignots

	Ha
Domaine du Comte Liger Belair	0.73
Domaine Sylvain Cathiard & Fils	0.25
Domaine Arnoux-Lachaux	0.18
Pernin-Rossin/Dominique Laurent	0.10
Domaine Felettig	0.09
Domaine Bruno Clair	0.08
Domaine Jean Grivot	0.07
Domaine Audiffred	0.04

Les Rouges

	Ha
Domaine Jean Grivot	0.34
Cécile Tremblay	0.23
Clos Frantin	0.19
Domaine G Roblot-Marchand	
Bruno Dessaunay-Bissey	

Les Suchots

	Ha
Domaine Confuron-Cotetidot	2.16
Domaine Michel Noellat	1.80
Domaine Prieuré-Roch	1.02
Domaine de l'Arlot	0.85
Domaine Manière	0.82
Domaine René Cacheux	0.78
Domaine Lamarche	0.58
Domaine Hudelot-Noëllat	0.45
Domaine Arnoux-Lachaux	0.43
Chantal Lescure	0.43
Domaine Michel Joannet	0.43
Domaine Gérard Mugneret	0.39
Jérôme Chezeaux	0.39
Yves Chevallier	0.32
Jean-Marc Millot	0.28
Clos des Poulettes	0.25
Domaine Jean Grivot	0.22
Domaine du Comte Liger-Belair	0.22
Domaine Mongeard-Mugneret	0.22
Domaine de Bellene	0.22
Domaine Berthaut-Gerbet	0.21
Domaine Sylvain Cathiard & Fils	0.16

뉘 상 조르주
(Nuits Saint Georges)

프르미에 크뤼

Aux Argillas

	Ha
Domaine Jean Tardy	0.39
Domaine Chauvenet Chopin	0.31
Domaine Jean Chauvenet	0.17

Aux Boudots

	Ha
Domaine Leroy	1.20
Domaine Georges Noëllat	1.10
Domaine Méo-Camuzet	1.06
Domaine Jean Grivot	0.85
Domaine Gagey (Jadot)	0.50
Domaine Michel Noëllat	0.47
Domaine Mongeard-Mugneret	0.39
Jérôme Chezeaux	0.35
Jean-Jacques Confuron	0.30
Aurelien Verdet	

Aux Bousselots	Ha
Domaine Robert Chevillon	0.65
Philippe Gavignet	0.63
Domaine Jean Chauvenet	0.55
Domaine François Legros	0.47
Domaine Chevillon-Chezeaux	0.53
Domaine de la Commaraine	0.28
Domaine Gille	0.22
Domaine Gilles Remoriquet	0.14
Domaine Gérard Julien	

Les Cailles	Ha
Domaine Robert Chevillon	1.19
Bouchard Père & Fils	1.08
Domaine Alain Michelot	0.88
Domaine Gille	0.42

Les Chaboeufs	Ha
Philippe Gavignet	0.99
Domaine de la Poulette	0.61
Jean-Jacques Confuron	0.48
David Duband/F Feuillet	0.10

Aux Chaignots	Ha
Domaine Robert Chevillon	1.53
Georges Mugneret-Gibourg	1.27
Domaine Faiveley	0.73
Domaine Henri Gouges	0.46
Domaine Chauvenet-Chopin	0.39
Domaine Alain Michelot	0.38
Domaine de Bellene	0.14

Chaines Carteaux	Ha
Domaine Henri Gouges	1.01

Aux Champs Pedrix	Ha
Chevillon-Chezeaux	0.34
Domaine Alain Michelot	0.18

Clos des Argillières	Ha
Michèle & Patrice Rion	1.77
Ambroise Frère & Soeur	0.76
Domaine Prieuré-Roch	0.69
Domaine R Dubois	0.42
Vincent Dureuil-Jeanthial	0.39

Clos de l'Arlot	Ha
Domaine de l'Arlot	4.00

Clos des Forêts St-Georges	Ha
Domaine de l'Arlot	7.20

Clos des Grandes Vignes	Ha
Red	
Domaine Comte Liger-Belair	1.87
White	
Domaine Comte Liger-Belair	0.32

Clos de la Maréchale	Ha
Domaine J-F Mugnier	9.55

Clos St-Marc	Ha
Domaine M&P Rion	0.93

Aux Corvées	Ha
Domaine Prieuré Roch	5.21

Les Convées Pagets	Ha
Domaine Arnoux-Lachaux	0.55
Hospices de Nuits	0.35
Domaine de la Vougeraie	0.33

Aux Cras	Ha
Domaine Georges Noëllat	0.60
Domaine Comte Liger-Belair	0.38
Domaine Lamarche	0.38
Domaine Mongeard-Mugneret	0.32
Domaine Gérard Mugneret	0.27
Domaine Bruno Clavelier	0.25
Domaine Perrot-Minot	0.08

Les Crots	Ha
Château Gris, Bichot	2.77
Domaine des Clos	0.60
Guy & Yvan Dufouleur	0.50
Chevillon-Chezeaux	0.24

Les Damodes	Ha
Domaine de la Vougeraie	0.92
Domaine Faiveley	0.81
Domaine Lecheneaut	0.60
Gilles Remoriquet	0.52
Domaine A&B Rion	0.42
Domaine Jean Chauvenet	0.28

	Ha
Domaine Naudin-Ferrand	0.26
Domaine Parigot	0.25
Domaine Laurent	0.23
Domaine Hoffmann-Jayer	0.11

Les Didiers	Ha
Hospices de Nuits	2.45

Aux Murgers	Ha
Domaine Bertagna	1.00
Domaine Méo-Camuzet	0.73
Domaine Hudelot-Noëllat	0.68
Sylvain Cathiard & Fils	0.48
Chauvenet-Chopin	0.41
Domaine du Couvent	0.21
Domaine A&B Rion	0.18
Domaine Perrot-Minot	0.18
Arnaud Chopin	0.18

Aux Perdrix	Ha
Domaine de Perdrix	3.45

En la Perrière Noblot	Ha
Domaine Alain Michelot	

Les Perrières	Ha
Guy & Yvan Dufouleur	0.94
Domaine Robert Chevillon	0.53
Domaine François Legros	0.45
Domaine Forey Père & Fils	0.42
Domaine Henri Gouges	0.41
Domaine Jean Chauvenet	0.23

Les Porêts St-Georges	Ha
Henri Gouges	3.57
Domaine Faiveley	1.69
Domaine R Dubois	0.57
Domaine Alain Michelot	0.55
Chevillon-Chezeaux	0.23

Les Poulettes	Ha
Domaine de la Poulette	0.94
Guy & Yvan Dufouleur	0.49
Gachot-Monnot	0.23
Jean Chauvenet	0.17

Les Procès	Ha

Domaine Arnoux-Lachaux	0.63	8 Faiveley	0.23	Domaine Chicotot	0.24
Joseph Drouhin	0.37	9 Chicotot	0.22	Ambroise Frère & Soeur	0.10
David Duband/F Feuillet	0.35	10 Remoriquet	0.19		

Les Pruliers — **Ha**

Domaine Henri Gouges	1.88
Domaine Jean Grivot	0.76
Domaine Robert Chevillon	0.61
Domaine Taupenot-Merme	0.53
David Duband/F Feuillet	0.52
Philippe Gavignet	0.51
Domaine Lecheneaut	0.50
Domaine Louis Boillot	0.27
Domaine Lucien Boillot	0.27
Domaine Chicotot	0.09

Les Hauts Pruliers — **Ha**

Domaine Michèle & Patrice Rion	0.41
Cave Nuiton Beaunoy	

La Richemone — **Ha**

Domaine Perrot-Minot	0.82
Domaine Alain Michelot	0.56
Domaine Gérard Mugneret	0.17

Roncière — **Ha**

Domaine Robert Chevillon	0.97
Domaine Jean Grivot	0.50
Domaine de la Commaraine	0.50

Rue de Chaux — **Ha**

Gilles Remoriquet	0.39
Hospices de Nuits-St Georges	0.29
Domaine Chicotot	0.29
Domaine Thibert	0.27
Jean Chauvenet	0.24
Ambroise Frère & Soeur	0.12

Les St-Georges:

Who owns what — **Ha**

1 Thibault Liger-Belair	2.04
2 Henri Gouges	1.09
3 Hospices de Nuits	0.96
4 Robert Chevillon	0.62
5 Vincent Sauvestre	0.62
6 Zibetti	0.54
7 Chevillon Chezeaux	0.45

11 Forey	0.19
12 Michelot	0.19
13 Dufouleur	0.16

Les St-Georges — **Ha**

Thibault Liger-Belair	2.06
Domaine Henri Gouges	1.08
Hospices de Nuits	0.96
Robert Chevillon	0.63
Vincent Sauvestre	0.62
Zibetti	0.54
Chevillon-Chezeaux	0.45
Domaine Faiveley	0.23
Domaine Chicotot	0.22
Gilles Remoriquet	0.19
Forey Père & Fils	0.19
Alain Michelot	0.19
Dufouleur Frères	0.16

Les Terres Blanches — **Ha**

White unless specified.

Michèle & Patrice Rion	1.23
Domaine de Perdrix (R)	0.77
Domaine Daniel Rion	0.37
Domaine de Perdrix	0.33
Ambroise Frère & Soeur	0.18
Hospices de Nuits	

Aux Thorey — **Ha**

Domaine de la Vougeraie	3.08
Domaine de Montille	0.73
David Duband/ F Feuillet	0.60
Chauvenet-Chopin	0.52
Sylvain Cathiard & Fils	0.43
François Legros	0.38
Domaine Chicotot	0.32

Les Vaucrains — **Ha**

Domaine Robert Chevillon	1.55
Domaine de la Poulette	1.11
Domaine Henri Gouges	0.98
Alain Michelot	0.68
Jean Chauvenet	0.41
Christian Confuron	0.26

Aux Vignerondes — **Ha**

Hospices de Nuits	0.99
Domaine Confuron-Cotetidot	0.75
Domaine Faiveley	0.46
Domaine Leroy	0.38
Georges Mugneret-Gibourg	0.26
Domaine Daniel Rion	

코르통
(Corton)

그랑 크뤼: White

Corton-Charlemagne — **Ha**

En Charlemagne	17.26
Le Charlemagne	16.95
Les Pougets	9.82
Les Languettes	7.24
Le Corton	11.67
Les Renardes	14.35
Le Rognet et Corton (part)	3.18
Basses Mourottes	0.95
Hautes Mourottes	1.93
71.88	

Charlemagne — **Ha**

En Charlemagne	17.26
Le Charlemagne	16.95
Les Pougets	9.82
Les Languettes	7.24
Le Corton	11.67
62.94	

Corton-Charlemagne : Who owns what

Producer	Ha	Vineyards
Louis Latour	10.14	En Charlemagne, Le Charlemagne, Pougets, Languettes, Le Corton
Bonneau du Martray	6.48	Le Charlemagne, En Charlemagne
Bouchard Père & Fils	3.98	Le Corton
Domaine Rapet	3.07	En Charlemagne
Romanée-Conti	2.91	Le Charlemagne, En Charlemagne
Domaine d'Ardhuy	2.01	Le Rognet et Corton, Languettes, Pougets
Louis Jadot	1.87	Pougets
Michel Voarick	1.66	Languettes
R&R Jacob	1.26	Hautes & Basses Mourottes
Domaine Chapuis	1.20	Le Charlemagne, Pougets, Languettes
Domaine du Pavillon (Bichot)	1.20	Languettes
Domaine de Montille	1.04	Pougets
Domaine Marey	1.00	En Charlemagne
Marius Delarche	0.98	En Charlemagne
Domaine Berthelemot	0.92	En Charlemagne
Coche-Dury	0.88	Le Charlemagne
Joseph Faiveley	0.87	Corton et Rognet
Dubreuil Fontaine	0.69	En Charlemagne
Michel Juillot	0.65	Le Charlemagne
L&L Pavelot	0.60	En Charlemagne, Le Charlemagne
Domaine Poisot	0.57	Le Charlemagne
Antonin Guyon	0.55	Le Charlemagne, Le Corton, Renardes
H&G Buisson	0.50	Le Charlemagne
Maison Champy	0.50	En Charlemagne
Hospices de Beaune	0.48	Le Charlemagne (Cuvée François de Salins)
Domaine Rollin	0.47	En Charlemagne, Le Charlemagne
Terres de Velle	0.47	En Charlemagne
Domaine Doudet	0.46	Le Corton
Domaine Leroy	0.43	Le Corton
Capitain-Gagnerot	0.41	Hautes Mourottes, En Charlemagne
Martray Dubreuil	0.40	En Charlemagne
Clos de la Chapelle	0.36	En Charlemagne
Chevalier	0.36	Corton et Rognet
Domaine Françoise André	0.35	En Charlemagne
Joseph Drouhin	0.34	Languettes
Bruno Clair	0.34	Le Charlemagne
Hospices de Beaune	0.34	Renardes (Cuvée Roi Soleil)
Domaine Ravaut	0.34	Hautes Mourottes
Sylvain Loichet	0.34	En Charlemagne, Le Corton
J-P Maldant	0.33	Le Corton
Follin-Arbelet	0.30	Le Charlemagne
Genot Boulanger	0.29	Le Charlemagne
Domaine des Croix	0.25	Le Charlemagne
Domaine Bertagna	0.25	Rognet
Tollot-Beaut	0.24	Le Corton
Denis Père & Fils	0.22	En Charlemagne
Jacques Prieur	0.22	Le Corton
Domaine Roumier	0.20	En Charlemagne
Domaine Simon Bize	0.20	En Charlemagne
Maldant Pauvelot	0.19	Le Charlemagne
Patrick Javillier	0.17	Pougets
Domaine Tawse	0.14	Le Charlemagne
Château Corton-C	0.13	Renardes
Michel Mallard	0.11	Le Charlemagne
Domaine Bonvalot	0.10	En Charlemagne
Domaine J-J Girard	0.10	
Jean Chartron	0.09	Le Charlemagne
Charlopin-Parizot	0.09	
Jean-Baptiste Boudier	0.06	Le Corton

Corton Blanc

Producer	Ha	Vineyards
Chanson Père & Fils	0.65	Vergennes
Chandon de Briailles	0.55	Bressandes, Chaumes
Domaine Comte Senard	0.46	Clos de Meix
Hospices de Beaune	0.28	Vergennes (Cuvée Paul Chanson)
Domaine Parent	0.28	Corton et Rognet
Château de Meursault	0.18	Vergennes
Domaine Nudant	0.15	En Charlemagne
C&S Follin-Arbelet	0.10	Chaumes et Voierosse
J-M&H Pavelot	0.09	Chaumes
Domaine Maillard		Renardes

Charlemagne

Producer	Ha	Vineyards
Domaine de la Vougeraie	0.41	Le Charlemagne, En Charlemagne

그랑 크뤼: Red

Corton	Ha
En Charlemagne	17.26
Le Charlemagne	16.95
Corton Les Chaumes	2.77
Corton Chaumes et la Voierosse	3.88
Corton La Vigne-au-Saint	2.46
Les Pougets	9.82
Les Languettes	7.24
Corton Les Combes	1.69
Corton Clos des Meix	2.71
Corton Les Fiètres	1.11
Corton Les Perrières	9.88
Corton Les Grèves	2.32
Corton Le Clos du Roi	10.73
Corton Les Bressandes	17.42
Le Corton	11.67
Les Renardes	14.35
Corton Les Paulands	1.05
Corton Les Maréchaudes	4.46
Corton Les Vergennes	3.45
Corton La Toppe au Vert	0.11
Corton Le Rognet et Corton	11.6
Corton Les Grandes Lolières	3.04
Corton Les Moutottes	0.85
Corton Les Carrières	0.51
Basses Mourottes	0.95
Hautes Mourottes	1.93

✳ 표시는 생산자의 라벨에 포도
밭 이름이 명시되지 않음(the
vineyard name does not appear on
this producer's label).

Corton les Bressandes	Ha
Louis Latour	3.03
Hospices de Beaune	1.92
Chandon de Briailles	1.57
Domaine de la Romanée-Conti	1.19
Tollot-Beaut	0.91
Antonin Guyon	0.86
Dubreuil-Fontaine	0.77
Domaine Jacques Prieur	0.73
Maratray-Dubreuil	0.71
Domaine Prin	0.68
Comte Senard	0.62

Domaine Nudant	0.61
Edmond Cornu	0.57
Domaine de la Pousse d'Or	0.48
Domaine Poisot	0.43
G&P Ravaut	0.43
Didier Meunevaux	0.26
Joseph Drouhin	0.26
Clos de la Chapelle	0.21
Château de Cîteaux	0.15
Bouzereau-Gruere	0.14
Michel Voarick	

Corton les Chaumes	Ha
Louis Latour ✳	1.14
Domaine Meuneveaux ✳	
Domaine Jean Fery & Fils ✳	0.25

Chaumes et la Voierosse	Ha
Hospices de Beaune ✳	1.02
Antonin Guyon ✳	
Domaine Rapet ✳	

Corton Clos des Cortons-Faiveley	Ha
Domaine Faiveley	2.77

Corton Clos des Meix	Ha
Comte Senard	1.64

Corton le Clos du Roi	Ha
Louis Latour	3.20
Domaine de la Pousse d'Or	1.45
Domaine d'Ardhuy	0.96
Domaine Thénard	0.91
Hospices de Beaune	0.84
Domaine de Montille	0.84
Comte Senard	0.64
Dubreuil-Fontaine	0.62
Domaine de la Romanée-Conti	0.57
Antonin Guyon	0.55
Domaine de la Vougeraie	0.50
Chandon de Briailles	0.45
Maratray-Dubreuil	
Julien Gros	
Michel Voarick	

Corton les Combes	Ha
Domaine Tollot-Beaut ✳	0.60

Domaine Génot-Boulanger	0.47
Domaine Rapet ✳	

Le Corton	Ha
Bouchard Père & Fils	3.55

Corton les Fiètres	Ha
Hospices de Beaune ✳ (W)	0.40
Au Pied de Mont Chauve	0.36
Vincent Bouzereau (R, W)	0.35

Corton les Grandes Lolières	Ha
Capitain-Gagnerot	0.71
Henri Magnien	0.31
J-P Maldant	0.27
Domaine Bertagna	0.25
Domaine Felletig	

Corton les Grèves	Ha
Louis Latour	1.20
Domaine des Croix	0.55
Domaine Louis Jadot	0.44
Hospices de Beaune ✳	0.12

Corton les Languettes	Ha
Maurice Chapuis	

Corton les Maréchaudes	Ha
Château de Meursault	1.39
Domaine du Pavillon, Bichot	0.55
Chandon de Briailles	0.40
Domaine Michel Mallard	0.30
Capitain-Gagnerot	0.18
J-P Maldant	

Corton Hautes Mourottes	Ha
Domaine d'Ardhuy	0.63
G&P Ravaut	0.35

Corton les Paulands	Ha
Comte Senard	0.83
Domaine Denis	

Corton les Perrières	Ha
Louis Latour	5.00
Michel Juillot	0.80
Domaine Méo-Camuzet	0.68

	Ha
Domaine Meuneveaux	0.68
Dubreuil-Fontaine	0.60
Domaine Larue	0.16
Domaine Denis ✳	
Domaine Chapuis	

Corton les Pougets	Ha
Héritiers Louis Jadot	1.20
Louis Latour ✳	0.87
Domaine Rapet	0.46
Domaine d'Ardhuy ✳	0.15

Corton les Renardes	Ha
Domaine d'Ardhuy	1.63
Hospices de Beaune ✳	1.50
Domaine Maillard	1.44
Marius Delarche	1.03
Bruno Colin (Aloxe)	0.71
Michel Mallard	0.65
Michel Gaunoux	0.63
Domaine de la Romanée-Conti ✳	0.51
Domaine Leroy	0.50
Michel Voarick	0.50
Jean-Baptiste Boudier	0.48
Château Corton C	0.34
Maldant-Pauvelot	0.33
Capitain-Gagnerot	0.33
Louis Latour ✳	0.32
Domaine H&G Buisson	0.31
Domaine Parent	0.30
Françoise André	0.28
Antonin Guyon	0.22
François Gay	0.21
Michel Gay	0.21
Robert Gibourg	0.17
Domaine Prin	0.07

Corton Rognet or le Rognet et Corton	Ha
Michel Mallard	1.28
Chevalier Père & Fils	1.15
Domaine Méo-Camuzet	0.45
Taupenot-Merme	0.41
Bruno Clavelier	0.34
Domaine H&G Buisson	0.30
Pierre Guillemot	0.30

	Ha
Clos de la Chapelle	0.30
Château de Meursault	0.12
Arnoux Père & Fils	
Domaine Cornu	
Maison Ambroise	

Corton la Toppe au Vert	Ha
Capitain-Gagnerot	0.11

Corton les Vergennes	Ha
Cachat-Ocquidant	1.43
Chanson Père & Fils	0.60
Domaine Jacob	0.36
Hospices de Beaune (W)	0.28
Château de Meursault (W)	0.18
Château de Meursault (R)	0.08

Corton la Vigne-au-Saint	Ha
Louis Latour	2.50
Domaine des Croix	0.29
Domaine Méo-Camuzet	0.19

Aloxe-Corton
프르미에 크뤼

Les Chaillots	Ha
Louis Latour	3.13
Domaine d'Ardhuy	0.93

Clos du Chapître	Ha
Follin-Arbelet	0.96
Génot-Boulanger	0.95

La Coutière	Ha
Domaine Nudant	0.80
Capitain-Gagnerot (W)	0.27
Domaine Petitot	0.21
Henri Magnien	

Les Fournières	Ha
Louis Latour	1.75
Antonin Guyon	1.35
Arnoux Père & Fils	
Tollot-Beaut	

Les Guérets	Ha

	Ha
Louis Latour	0.40
Domaine Rollin ✳	

Les Petites Lolières	Ha
Christian Gros	
Domaine Maillard	
Château Corton C	

Les Moutottes	Ha
Edmond Cornu	0.50
Capitain-Gagnerot	

Les Paulands	Ha
Château Corton C	

La Toppe au Vert	Ha
Michel Mallard	0.43
Capitain-Gagnerot	

Les Valozières	Ha
Chevalier Père & Fils	1.30
Comte Senard	0.70
Michel Mallard	0.39
Domaine de la Galopière	0.30
Chandon de Briailles	0.28
Edmond Cornu	
Domaine Debray	
J-P Maldant	

Les Vercots	Ha
Follin-Arbelet	1.04
Antonin Guyon	0.68
Dubreuil-Fontaine	0.47
Tollot-Beaut	

사비니 레본 & 쇼레이 레본
(Savigny Lès Beaune & Chorey Lès Beaune)

프르미에 크뤼

Champ Chevrey	Ha
Tollot-Beaut	1.46

Les Charnières	Ha

| Capitain-Gagnerot | |
| Domaine Cornu-Camus | |

Aux Clous	Ha
Domaine d'Ardhuy	6.56
Louis Chénu	1.78
P&J-B Lebreuil (R)	0.50
P&J-B Lebreuil (W)	0.20

La Dominode	Ha
Domaine J-M&H Pavelot	2.22
Domaine Louis Jadot	1.75
Domaine Chanson	1.67
Domaine Bruno Clair	1.10
Domaine Serrigny	

Aux Fournaux	Ha
Chandon de Briailles	1.25
Domaine Simon Bize	1.00
Domaine Rapet	0.65
Nicolas Rossignol	0.40
Jean-Jacques Girard	0.20
Joseph Drouhin	
Domaine J-M Giboulot	
Jean-Pierre Maldant	

Aux Gravains	Ha
Domaine J-M&H Pavelot	1.00
Hospices de Beaune ✳	0.42
Domaine Camus-Bruchon	0.40
P&J-B Lebreuil	0.30
Domaine Gérard Mugneret	0.29
Domaine Pierre Guillemot	0.27
Domaine J-M Giboulot	
Domaine M&J Ecard	

Aux Guettes	Ha
Domaine d'Ardhuy	2.55
Domaine Gagey, Jadot (W)	1.59
Domaine J-M&H Pavelot	1.48
Domaine Gagey, Jadot	0.98
Domaine A-F Gros	0.67
Domaine Simon Bize	0.50
Domaine Doudet	
Joseph Drouhin	
Arnoux Père & Fils	

Les Hauts Jarrons	Ha
Louis Chénu	0.75
Domaine de Bellene	0.47
Domaine Louis Jadot (W)	0.26
Jean Guiton	
Domaine du Prieuré	

✳ 표시는 생산자의 라벨에 포도밭
이름이 명시되지 않음(producer
does not specify the vineyard on the
label).

Les Jarrons	Ha
Domaine Pierre Guillemot	0.24
Maurice Ecard	

Les Lavières	Ha
Bouchard Père & Fils	3.91
Chandon de Briailles	2.61
Tollot-Beaut	1.99
Louis Chénu	0.88
Domaine Louis Jadot	0.86
Séguin-Manuel	0.75
Domaine Tawse	0.73
Jean-Jacques Girard	0.59
Nicolas Rossignol	0.54
Domaine J-M&H Pavelot	0.35
Michel Noëllat	0.26
Domaine Rouget	0.15
Camus-Bruchon	
Philippe Girard	

Les Marconnets	Ha
Domaine Chanson	2.18
Domaine de la Vougeraie	1.83
Hospices de Beaune ✳	0.91
Domaine Simon Bize	0.60
Domaine I&P Germain	

Les Narbantons	Ha
Domaine Mongeard-Mugneret	1.37
Domaine Leroy	0.81
Domaine Louis Jadot	0.65
Domaine François Buffet	0.36
Domaine J-M&H Pavelot	0.36
Domaine Pierre Guillemot	0.33
Domaine d'Ardhuy	0.13

Les Peuillets	Ha
Château de Meursault (R, W)	2.06
Domaine d'Ardhuy	1.19
Jean-Baptiste Boudier	0.88
Jean-Jacques Girard	0.72
Domaine des Croix	0.57
Hospices de Beaune ✳	0.57
Lucien Jacob	0.50
Domaine J-M&H Pavelot	0.45
Domaine de Bellene	0.30
Michel Noëllat	0.26
Jean-Pierre Guyon	0.25
P&J-B Lebreuil	0.23

Redrescul	Ha
Domaine Doudet	

Les Rouvrettes	Ha
Jean-Jacques Girard	0.77
Domaine d'Ardhuy	0.12
Philippe Girard	

Aux Serpentières	Ha
Domaine Pierre Guillemot	1.70
Domaine M&J Ecard	1.30
Michel Mallard	1.10
Domaine J-M Giboulot	1.03
Domaine Patrick Javillier	0.71
Jean-Jacques Girard	0.56
Michel Gay	0.46
P&A Dubreuil	0.40
Domaine Simon Bize	0.35
P&J-B Lebreuil	0.22
Domaine Dubuet-Monthelie	0.20
Domaine J-M&H Pavelot	0.17
Hospices de Beaune ✳	0.15

Les Talmettes	Ha
Domaine Simon Bize	0.80
Hospices de Beaune ✳	0.65
Louis Chénu	0.22
P&A Dubreuil	
Domaine J-M Giboulot	

Les Vergelesses	Ha
Domaine Simon Bize (R, W)	2.20
Dubreuil-Fontaine (R, W)	2.13

Lucien Jacob (R, W)	1.00
Hospices de Beaune	0.87
Domaine Louis Jadot (R, W)	0.73
Domaine Tawse	0.62
Terres de Velle (W)	0.59
Pierre Labet (W)	0.50
Parigot (R, W)	0.50
Francoise André (R, W)	0.43
Maison Champy (R, W)	0.25
Génot-Boulanger (W)	0.21
Arnoux Père & Fils	

✳ 표시는 생산자의 라벨에 포도밭 이름이 명시되지 않음(producer does not specify the vineyard on the label).

Basses Vergelesses — Ha

Hospices de Beaune	1.11

Aux Grands Liards — Ha

Domaine Simon Bize	1.60
Domaine Rollin	0.58
Domaine Patrick Javillier	0.54
Camus-Bruchon	
J-M Giboulot	
Domaine Rollin	
Domaine Lebreuil	

Les Beaumonts — Ha

Domaine Gagey (Jadot)	1.52
Michel Prunier & Fille	0.58
Louis Chénu & Filles	0.32
Vincent Ledy	
Michel Mallard	
Jean-Pierre Maldant (R, W)	

Les Bons Ores — Ha

Jean-Pierre Guyon	1.54
Edmond Cornu	
Maratray-Dubreuil	

Les Champs Longs — Ha

Antonin Guyon	1.20
Maison Champy	

본
(Beaune)

✳ 표시는 생산자의 라벨에 포도밭 이름이 명시되지 않음(the vineyard name does not appear on this producer's label).

프르미에 크뤼

Les Aigrots — Ha

Albert Morot (R, W)	1.00
Sébastien Magnien (R)	0.92
Domaine Dubuet-Monthelie	0.66
Michel Lafarge (R)	0.65
Domaine de Montille (W)	0.44
Hospices de Beaune ✳	0.43
Domaine Gagey, Jadot	0.40
Sébastien Magnien (W)	0.31
Michel Lafarge (W)	0.23

Les Avaux — Ha

Bouchard Père & Fils ✳	4.36
Domaine Jadot	1.43
Hospices de Beaune ✳	1.08
Mongeard-Mugneret	0.46
Camille Giroud	0.31
Belissand	Ha
Darviot-Perrin (W)	0.51
Bouchard Père & Fils ✳	

Blanche Fleur — Ha

Château de Meursault (W)	0.84
Vincent Legou	0.26

Les Boucherottes — Ha

Héritiers Louis Jadot	2.52
Domaine Gagey, Jadot	0.96
Hospices de Beaune ✳	0.70
F&L Pillot	0.46
Domaine A-F Gros	0.30
Coste-Caumartin	
Domaine Mazilly	

Les Bressandes	Ha
Hospices de Beaune ✳	3.74
Albert Morot	1.27

Henri Germain	1.24
Domaine Chanson (R, W)	1.10
Héritiers Louis Jadot	0.96
Domaine Berthelemot	0.95
Domaine Gagey, Jadot	0.93
Domaine des Croix	0.89
Domaine Besancenot	0.40
Jean-Marc Pavelot	0.39
Domaine Rapet	0.35
Domaine de Bellene	0.22
Séguin Manuel	0.20
JC Rateau	

Les Cents Vignes — Ha

Domaine Besancenot	3.30
Château de Meursault	1.99
Xavier Monnot	1.70
Hospices de Beaune ✳	1.53
Albert Morot	1.27
Bitouzet-Prieur	1.26
Domaine des Croix	1.10
Loïs Dufouleur	0.87
Domaine Rapet	0.80
Domaine Gagey, Jadot	0.64
Séguin Manuel	0.33
Lucien Jacob	

Champs Pimonts — Ha

Domaine Jacques Prieur (R)	2.28
Domaine Chanson	2.05
Domaine Jacques Prieur (W)	1.20
Domaine Besson	0.90
Clos de la Chapelle	0.63
Hospices de Beaune	0.62
Domaine d'Ardhuy	0.50
Domaine Rapet (W)	0.48
Séguin Manuel	0.33
Joseph Drouhin	0.30
Loïs Dufouleur (W)	0.11

Les Chouacheux — Ha

Domaine Coste Caumartin	0.67
Domaine Gagey, Jadot	0.67
Héritiers Louis Jadot	0.37
Michel Rebourgeon	
Domaine Billard	

Clos des Avaux   **Ha**
Hospices de Beaune   1.63

Clos de la Féguine   **Ha**
Domaine Jacques Prieur (R)   1.48
Domaine Jacques Prieur (W)   0.27

Clos des Mouches   **Ha**
Joseph Drouhin (R, W)   13.57
Domaine Chanson (R, W)   4.24
Domaine Berthelemot (R, W)   1.07
Domaine du Pavillon, Bichot (R, W)
    0.75
François Gaunoux   0.72
T Violot-Guillemard (R, W)   0.47
Séguin Manuel   0.35
Nicolas Rossignol   0.28
Hospices de Beaune   0.25
Gerbeault-Billard   0.16

Le Clos de la Mousse   **Ha**
Bouchard Père & Fils   3.36

Clos du Roi   **Ha**
Domaine Chanson (R, W)   2.72
Tollot-Beaut   1.10
Bouchard Père & Fils   0.83
Domaine Tawse   0.65
Domaine de Bellene   0.58
Domaine Rapet   0.54
Jean-Jacques Girard   0.48
Domaine Besancenot   0.42
Louis Latour   0.42
Louis Jadot   0.40
Domaine Loïs Dufouleur   0.32
Nicolas Rossignol   0.31
Domaine de la Vougeraie   0.26
Domaine Camus-Bruchon

Clos St-Landry   **Ha**
Bouchard Père & Fils   1.98

Clos des Ursules   **Ha**
Héritiers Louis Jadot   2.15

Aux Coucherias   **Ha**
Héritiers Louis Jadot   2.04

Domaine Labet (R, W)   1.91
Comte Senard   0.28
Joseph Voillot   0.23
Guillemard Clerc
Jean-Claude Rateau (W)

Aux Cras   **Ha**
Domaine Gagey, Jadot   1.15
Louis Latour   0.54
Maison Champy   0.42
Camille Giroud   0.32

A l'Ecu   **Ha**
Domaine Faiveley   2.37
Domaine Chanson   1.01
Domaine Besancenot   0.19

Les Epenotes   **Ha**
Domaine Parent   1.75
A Jobard (Mussy)   0.96
Joseph Drouhin   0.91
JM Boillot   0.64
Ballot-Millot   0.43
Dominique Lafon   0.30
Buisson-Battault   0.16
G Billard
Claudie Jobard

Les Fèves   **Ha**
Domaine Chanson   3.79
Château de Meursault   0.61

En Genêt   **Ha**
Vincent Legou   0.24
Hospices de Beaune ✳   0.18

Les Grèves   **Ha**
Bouchard Père & Fils   8.17
Domaine Chanson   2.03
Louis Jadot (R, W)   1.96
Château de Meursault   1.72
Domaine Jacques Prieur (R, W)   1.70
Hospices de Beaune ✳   1.29
Domaine de Montille   1.26
Domaine Génot-Boulanger   1.02
Guillemard-Pothier   1.02
Joseph Drouhin   0.80

Domaine Cauvard   0.79
Hospices de Beaune   0.75
Domaine Germain   0.70
Domaine Berthelemot   0.68
Domaine Thomas Morey (R, W)   0.65
Tollot-Beaut   0.59
Domaine Parigot   0.48
Michel Gay   0.45
Baptiste Guyot   0.45
Domaine Besancenot   0.44
Caroline Morey   0.41
Domaine Michel Lafarge   0.38
Domaine Rapet   0.36
Domaine de la Vougeraie   0.33
Domaine des Croix   0.30
Caroline Morey (W)   0.24
Domaine de Bellene   0.23
Louis Latour   0.20
Albert Morot   0.13

Sur Les Grèves   **Ha**
Joseph Drouhin   0.80
Jaffelin   0.38
Domaine Rapet   0.36

Les Marconnets   **Ha**
Domaine Chanson (R, W)   3.78
Bouchard Père & Fils   2.32
Albert Morot   0.67

La Mignotte   **Ha**
Hospices de Beaune ✳   1.90
Georges Noëllat   0.30

Montée Rouge   **Ha**
Domaine de Bellene   0.23
Jean-Luc Joillot   0.12
Château de Santenay
Lycée Viticole

Les Montrevenots   **Ha**
Hospices de Beaune ✳ (R, W)   1.49
A Jobard (Mussy)   1.43
Dubreuil-Fontaine   0.32
Vincent Dancer   0.32
Domaine A-F Gros (W)   0.26
Jean Monnier

En l'Orme	Ha
Philippe Germain (R)	1.70
Philippe Germain (W)	0.30

Les Perrières	Ha
Louis Latour	1.31
Domaine de Montille	0.64
Domaine Loïs Dufouleur	0.41
Domaine de Bellene	0.22

Les Pertuisots	Ha
Domaine Gagey, Jadot	1.23
Jean-Yves Devevey	0.55
Domaine des Croix	0.53
Pernot Belicard (W)	0.46
I&P Germain (W)	0.40
Domaine de Bellene	0.22
Vincent Bouzereau	

Les Reversées	Ha
J-M & Thomas Bouley (W)	0.58
Clos de la chapelle (W)	0.34
Domaine Pernot (W)	0.33
Nicolas Rossignol	0.32
Domaine Françoise André	0.26
Domaine Y Clerget	0.25
Domaine Meuneveaux	

Les Sceaux	Ha
Domaine Rois Mages	
Désertaux-Ferrand	

Les Seurey	Ha
Hospices de Beaune ✷	0.83
Bouchard Père & Fils ✷	

Les Sizies	Ha
Domaine de Montille	1.62
Joseph Drouhin	0.68
Michel Prunier	0.24
Jean Guiton	
Pascal Prunier-Bonheur	

Le Bas de Teurons	Ha
Hospices de Beaune ✷	0.48
Pierrick Bouley	0.38
Domaine des Croix	0.13

Les Teurons	Ha
Domaine Chanson	3.92
Louis Jadot	2.62
Bouchard Père & Fils	2.41
Rossignol-Trapet	1.17
Hospices de Beaune ✷	1.02
Albert Morot	0.99
Château de Meursault	0.54
Domaine de Bellene	0.54
Domaine Besancenot	0.40
Domaine Tawse	0.38
Clos de la Chapelle	0.27
Paul Pernot	0.22
Domaine d'Arduy (W)	0.14
Domaine des Croix	0.13

Les Toussaints	Ha
Château de Meursault	1.23
Xavier Monnot	0.80
Albert Morot	0.77
Domaine Gagey, Jadot	0.69
Domaine Besancenot	0.55
Lucien Jacob	0.25
Michel Gay	

Les Tuvilains	Ha
Denis Carré	0.96
Domaine Tawse	0.48
Domaine des Croix	0.36
Bertrand Ambroise	
Georges Noëllat	

Les Vignes Franches	Ha
Louis Latour	2.76
Louis Jadot	0.96
Michel Bouzereau & Fils	0.49
Domaine Chanson	0.10
Château de la Charrière	
Domaine Mazilly	
Rebourgeon Mure	

포마르
(Pommard)

프르미에 크뤼

✷ 표시는 생산자의 라벨에 포도밭 이름이 명시되지 않음(the vineyard name does not appear on this producer's label).

Les Arvelets	Ha
Virely-Rougeot ✷	2.00
Hospices de Beaune (Billardet)	0.47
A-F Gros	0.31
Domaine Michel Gaunoux	0.26
Camus-Bruchon ✷	
Rebourgeon-Mure ✷	
Cyrot-Buthiau	
Michel Rebourgeon	
Virely-Arcelain	
✷= Clos des Arvelets	

Les Bertins	Ha
Hospices de Beaune ✷	0.25
Domaine Huber Verdereau	
Chantal Lescure	

Les Boucherottes	Ha
Domaine Coste-Caumartin	1.83

La Chanière	Ha
Domaine Bohrmann	
Cyrot-Buthiau	
Maillard Père & Fils	
Claude Maréchale	

Les Chanlins	Ha
Bouchard Père & Fils	0.75
Domaine Virély-Rougeot	0.50
Domaine Perrin	0.50
Douhairet-Porcheret	0.38
Domaine Parent	0.35
Clos de la Chapelle	0.25
A-F Gros	0.13
Nicolas Rossignol	0.09
Bernard Delagrange	
Domaine Chavy-Chouet	

Christophe Vaudoisey	
J&G Lafouge	
Thomas Morey	

Les Chaponnières	Ha
Domaine Parent	0.63
Launay-Horiot	0.60
Billard-Gonnet	

Les Charmots	Ha
Vandoisey-Creusefond	0.58
Ballot-Millot	0.54
Domaine Parigot	0.50
Hospices de Beaune ✳	0.48
Georges Joillot	0.45
F&L Pillot	0.30
Domaine Denin Carré	0.26
Domaine Michel Gaunoux	0.26
Labruyère-Prieur	

Clos Blanc	Ha
Domaine Albert Grivault	0.89
Génot-Boulanger	0.33
Henri Boillot	0.30
Launay-Horiot	0.17
Machard de Gramont	
Moulin aux Moines	

Clos Micot	Ha
François Buffet	0.24
Joseph Voillot	0.14
Rebourgeon-Mure	

Clos Orgelot	Ha
Moulin aux Moines	1.10

Clos de Verger	Ha
F&L Pillot	0.63
Billard-Gonnet	

Les Combes Dessus	Ha
Bouchard Père & Fils	0.74
Marquis d'Angerville	0.38
Domaine Michel Gaunoux	0.25
Rossignol-Cornu	0.17
Hospices de Beaune ✳	0.16

Les Croix Noires	Ha
Domaine de Courcel	0.58
Louis Boillot	0.20
Lucien Boillot	0.17

Derrière St-Jean	Ha
Thierry Violot-Guillemard	0.10

Epenots	Ha
Château de Meursault	3.64
Hospices de Beaune (Dom Gobelet) 1.23	
A Jobard (Mussy)	0.58
Domaine Parent	0.58
Dubreuil-Fontaine	0.56
Hospices de Beaune ✳	0.43
Louis Latour	0.41
Vaudoisey-Creusefond	0.26
Thierry Violot-Guillemard	0.25
Nicolas Rossignol	0.21
Domaine Parigot	0.20
Joseph Voillot	0.18
François Gaunoux	

Clos de Cîteaux	Ha
Jean Monnier	2.92

Clos des Epeneaux	Ha
Domaine du Comte Armand	5.23

Grand Clos des Epenots	Ha
Domaine de Courcel	4.89

Les Grands Epenots	Ha
Domaine Michel Gaunoux	1.76
Domaine Pierre Morey	0.43
Domaine de Montille	0.23
Clos de la Chapelle	0.23
François Gaunoux	
Pierre-Vincent Girardin	
Rebourgeon-Mure	

Les Petits Epenots	Ha
Georges Joillot	0.48
Séguin Manuel	0.20

Les Fremiers	Ha

	Ha
Domaine Coste Caumartin	1.65
Domaine de Courcel	0.79
J-M & Thomas Bouley	0.49
Lucien Boillot	0.28
Louis Boillot	0.28
Douhairet-Porcheret	0.19
Domaine d'Ardhuy	0.14

Les Jarolières	Ha
Domaine de la Pousse d'Or	1.44
Domaine Jean-Marc Boillot	1.31
Nicolas Rossignol	0.11

En Largillière	Ha
Domaine Lejeune	1.40
Jean Monnier	0.55
Domaine Parent	0.30
Nicolas Rossignol	
Albert Boillot	
Domaine Roy-Jacquelin	

Les Pézerolles	Ha
Domaine de Montille	1.36
Domaine Mussy	0.98
Heitz-Lochardet	0.60
A-F Gros & François Parent	0.34
Vincent Dancer	0.30
Domaine Michel Lafarge	0.14
Domaine Séguin Manuel	0.13
A Jobard (Mussy)	0.10
Domaine Ballot-Millot	
Moulin aux Moines	
Joseph Voillot	

La Platière	Ha
Château de Meursault	0.80
Fabien Coche	

Les Poutures	Ha
Domaine Lejeune	1.08
Heitz-Lochardet	0.66
François Buffet	0.27
Vaudoisey-Creusefond	0.21
Mazilly Père & Fils	

La Refène	Ha
Ballot-Millot	0.54

	Ha
Hospices de Beaune ✻	0.31
Latour-Giraud	0.26
Coste-Caumartin	0.06
Prunier-Bonheur	
Aleth Girardin	

Rugiens Bas	Ha
Domaine de Montille	1.02
Hospices de Beaune ✻	0.73
Domaine Michel Gaunoux	0.69
Loubet-Dewailly	0.45
Louis Jadot	0.36
Roy Jacquelin	0.36
Aleth Girardin	0.35
Domaine du Pavillon, Bichot	0.33
P-Y Masson	0.31
Billard-Gonnet	0.30
Domaine Lejeune	0.26
Joseph Voillot	0.25
Domaine Jean-Marc Boillot	0.17
Domaine Launay-Horiot	0.09
Maison Fatien	0.07

Rugiens Haut	Ha
Domaine de Courcel	1.07
Domaine Y Clerget	0.85
F&L Pillot ✻	0.66
François Gaunoux	0.66
Domaine Faiveley	0.50
Heitz-Lochardet	0.43
Château de Savigny	0.43
Thierry Violot-Guillemard	0.42
Bouchard Père & Fils	0.42
J-M & T Bouley	0.28
B&T Glantenay	0.22
Jean Javillier	0.22
Fontaine-Gagnard	0.22
Georges Glantenay	0.22
François Buffet	0.18
Michel Rebourgeon	0.18
✻ = see text	

Les Saussilles	Ha
B&T Glantenay	0.78
A Jobard (Mussy)	0.56
J-M Boillot	0.40
Alain Jeanniard	0.36

볼네이
(Volnay)

프르미에 크뤼

Les Angles	Ha
Nicolas Rossignol ✻	1.79
Marquis d'Angerville ✻	1.03
Louis Boillot	0.60
Lucien Boillot	0.54
Château de la Crée	0.14

Les Aussy	Ha
Domaine Bitouzet-Prieur	0.51
Michel Bouzereau	0.18

Les Brouillards	Ha
B&T Glantenay	1.18
Georges Glantenay	1.10
Domaine de Montille	0.37
Roblet-Monnot	0.36
Lucien Boillot	0.34
Louis Boillot	0.28
Jessiuame	0.26
Michel Rebourgeon	
Rossignol-Changarnier	

Caillerets	Ha
Domaine de la Pousse d'Or	4.63
Bouchard Père & Fils	3.76
Domaine Henri Boillot	0.72
Marquis d'Angerville	0.45
Nicolas Rossignol	0.41
Bernard Delagrange	0.33
Rebourgeon Mure	0.32
Domaine Y Clerget	0.31
Michel Prunier	0.29
Domaine Michel Lafarge	0.28
B&T Glantenay	0.19
Lucien Boillot	0.18
J-M & Thomas Bouley	0.18
Hospices de Beaune ✻	0.18
Louis Boillot	0.17
Domaine Bitouzet-Prieur	0.15
Joseph Voillot	0.14

Carelle sous la Chapelle	Ha

	Ha
Domaine Y Clerget	0.65
François Buffet	0.44
Clos de la Chapelle	0.36
J-M & Thomas Bouley	0.31
J-M Boillot	0.28
Paul Pernot	0.24
Domaine de Montille	0.20
Hospices de Beaune ✻	0.16
Domine Gagey, Jadot	0.12
Michel Rebourgeon	
Potinet-Ampeau	

En Champans	Ha
Marquis d'Angerville	3.98
Joseph Voillot	1.07
Domaine de Montille	0.97
Hospices de Beaune ✻	0.64
Douhairet-Porcheret	0.59
Domaine des Comtes Lafon	0.52
François Buffet	0.47
Domaine Blain-Gagnard	0.36
Domaine Jacques Prieur	0.35
Pierrick Bouley	0.26
Domaine Y Clerget	0.05
Vincent Bouzereau	

Chanlins	Ha
Domaine Gagey, Jadot	0.17
H&G Buisson	

En Chevret	Ha
Domaine Henri Boillot	2.06
Nicolas Rossignol	1.82
Bouchard Père & Fils	0.25

Clos de l'Audignac	Ha
Domaine de la Pousse d'Or	0.80

Clos de la Bousse d'Or	Ha
Domaine de la Pousse d'Or	2.13

Clos du Château des Ducs	Ha
Domaine Michel Lafarge	0.57

Clos des Chênes	Ha
Château de Meursault	1.64
François Buffet	0.96

뫼르소 & 블라니
(Meursault & Blagny)

뫼르소 프르미에 크뤼

Domaine Buisson-Charles	0.34
Domaine Comte Lafon	0.30
Latour-Giraud	0.14
Domaine Ballot-Millot	
Domaine Desertaux-Ferrand	

Les Caillerets	Ha
F&L Pillot	0.34
Domaine Coche-Dury	0.18
Latour-Giraud	0.18
François Mikulski	0.12
Laurent Boussey	

Les Charmes	Ha
Château de Meursault	4.26
Domaine de Meursault	4.26
Domaine Comte Lafon	1.90
Hospices de Beaune	1.43
Michelot	1.32
Louis Jadot	1.19
Xavier Monnot	1.18
Domaine du Pavillon, Bichot	1.17
Thierry & Pascale Matrot	0.93
François Mikulski	0.80
J Monnier	0.70
A Guyon	0.69
Boyer-Martenot	0.67
Henri Germain	0.63
Bouzereau-Gruere	0.61
Bitouzet-Prieur	0.55
M Bouzereau	0.51
Latour-Giraud	0.45
Potinet-Ampeau	0.42
Philippe Chavy	0.41
Buisson-Battault	0.39
Guy Bocard	0.39
Domaine Rougeot	0.37
Ballot-Millot	0.35
Vincent Bouzereau	0.35
Vincent Latour	0.33
Jobard Morey	0.33
Domaine Tessier	0.32
J-M Bouzereau	0.32
Domaine Darviot Perrin	0.31
Fabien Coche	0.29
Domaine Roulot	0.28
Bouchard Père & Fils	0.28

Bernard Bonin	0.28
Chavy-Chouet	0.26
Antoine Jobard	0.25
Matrot-Wittersheim	0.20
Buisson-Charles	0.18
Terres de Velle	0.16
Rémi Jobard	0.06
Patrick Javillier	0.06

Les Cras	Ha
Henri Boillot (ex Darnat)	0.63
Buisson-Charles	0.21
Vincent Latour	0.19
Hospices de Beaune ✳	0.18
Joseph Voillot	0.14
Domaine du Cerberon	
Georges Noëllat	

Les Genevrières	Ha
Bouchard Père & Fils	2.65
Latour-Giraud	2.46
Hospices de Beaune	2.04
Château de Savigny	0.99
Domaine Michelot	0.78
Bernard Bonin	0.71
Rémi Jobard	0.64
Buisson-Battault	0.63
Domaine des Comtes Lafon	0.55
Domaine Antoine Jobard	0.54
François Mikulski	0.52
Michel Buzereau	0.53
Ballot-Millot	0.44
Darviot-Perrin	0.41
Domaine Tessier	0.32
Jean Monnier	0.29
Louis Jadot	0.29
Domaine Coche-Dury	0.21
Boyer-Martenot	0.19
Bocard	0.18
Henri Boillot	0.16
Chavy-Chouet	0.14
Boisson-Vadot	0.12
Benjamin Leroux	0.12
Bouzereau-Gruère	0.10

Les Gouttes d'Or	Ha
Buisson-Battault	1.38
Bouchard	0.55

Domaine Comtes Lafon	0.39
Buisson-Charles	0.27
François Mikulski	0.25
Domaine Arnaud Ente	0.22
Domaine d'Auvenay	0.20
Henri Boillot (ex Darnat)	0.12
Domaine Vincent Latour	0.10
Bernard Millot	
J-M Bouzereau	
Vincent Bouzereau	
Fabien Coche	
J-M Gaunoux	
François Gaunoux	

Les Perrières	Ha
Domaine Albert Grivault	1.55
Bouchard Père & Fils	1.20
Château de Meursault	1.13
Domaine Ampeau	1.00
Domaine Albert Grivault (Clos)	0.95
Domaine des Comtes Lafon	0.91
Heitz-Lochardet	0.75
Boyer-Martenot	0.63
Domaine Coche-Dury	0.60
J-M Gaunoux	0.57
Thierry & Pascale Matrot	0.53
Domaine Pierre Morey	0.52
Domaine Michelot	0.50
Ballot Millot	0.45
Domaine de Montille	0.45
Michel Bouzereau	0.47
Potinet-Ampeau	0.30
Darviot-Perrin	0.29
Vincent Dancer	0.29
Domaine Bitouzet-Prieur	0.28
Domaine Jacques Prieur	0.28
Domaine Roulot	0.26
Pernot Belicard	0.24
Louis Jadot	0.20
Vincent Latour	0.18
Domaine Henri Germain	0.16
Latour-Giraud	0.14

Les Porusots	Ha
Domaine des Comtes Lafon	0.96
Domaine Vincent Latour	0.88
Hospices de Beaune	0.79

de Montille	0.63	Blagny 1er Cru Sous le Puits	Ha
François Mikulski	0.60	Domaine Larue	0.21
Rémi Jobard	0.57	Jean Pascal	0.18
Domaine Tessier	0.56		
Antoine Jobard	0.53	Meursault-Blagny 1er Cru	Ha
Bouchard Père & Fils	0.44	Thierry & Pascale Matrot	0.98
Creusefond	0.43	Michel Bouzereau	0.54
Domaine Roulot	0.42	Domaine Antoine Jobard	0.50
Buisson Battault	0.41	Gérard Thomas	
Olivier Leflaive Frères	0.35	Chapelle de Blagny	
Domaine Laurent	0.26	S Langoureau	
Vincent Bouzereau	0.26		
Jean-Marie Bouzereau	0.26	La Jeunelotte/ Genelotte	Ha
Henri Germain	0.24	Comtesse de Cherisey	4.72
Pascal Pouhin	0.23		
Roux	0.22	La Pièce sous le Bois	Ha
Alain Patriarche	0.18	Matrot-Wittersheim	1.16
Louis Jadot	0.14	Paul Pernot	0.65
Latour-Giraud	0.12	Comtesse de Cherisey	0.33
Jean Javillier	0.11	Benjamin Leroux	0.22
Domaine Michelot	0.10	Alain Patriarche	
Domaine d'Eugenie	0.08	Chapelle de Blagny	
Santenots	Ha	Château de St-Aubin	
Marquis d'Angerville	1.05		
Douhairet-Porcheret	0.30	Sous le Dos d'Ane	Ha
Domaine Jacques Prieur	0.25	Domaine Leflaive	1.26
Domaine Roger Belland	0.25	Philippe Chavy	
Domaine Bitouzet-Prieur	0.20	Olivier Leflaive	
Georges Glantenay	0.10		

블라니 & 뫼르소 블라니

Red-wine producers in Blagny:

Blagny 1er Cru La Pièce sous le Bois	**Ha**
Domaine Ampeau	1.50
Thierry & Pascale Matrot	1.43
Matrot-Wittersheim	0.56
Domaine Lamy Pillot	0.25
Benjamin Leroux	0.22

Blagny 1er Cru Sous le Dos d'Ane	Ha
Domaine Chapelle de Blagny	1.00

Blagny 1er Cru La Genelotte	**Ha**
Comtesse de Cherisey	0.33

몽라셰
(The Montrachets)

Le Montrachet	Ha
Marquis de Laguiche	2.06
Domaine Thénard	1.82
Bouchard Père & Fils	0.80
Boillerault de Chauvigny	0.80
Domaine de la Romanée-Conti	0.68
Jacques Prieur	0.59
Domaine des Comtes Lafon	0.32
Domaine Ramonet	0.26
Marc Colin	0.11
Guy Amiot	0.09
Domaine Leflaive	0.08
Blain-Gagnard	0.08
Fontaine-Gagnard	0.08

	hectares	ares	centares	
Lamy-Pillot (Mlle Petitjean)			0.05	
Domaine d'Engenie			0.04	
René Fleurot			0.04	

plot				owner
172	0	4	28	Domaine d'Eugenie
173	0	4	5	René Fleurot
27	0	3	56	Marc Colin
28	0	3	56	Marc Colin
29	0	2	75	Guy Amiot
161	0	1	78	Marc Colin
162	0	1	78	Marc Colin

Who owns how much? Ownership, by size

owner	hectares	ares	centares
Marquis de Laguiche	2	6	25
Domaine Thénard	1	82	31
Bouchard Père & Fils	0	88	94
Boillerault de Chauvigny	0	79	98
Domaine de la Romanée-Conti	0	67	59
Jacques Prieur	0	58	63
Domaine des Comtes Lafon	0	31	82
Domaine Ramonet	0	25	90
Marc Colin	0	10	68
Guy Amiot	0	9	10
Domaine Leflaive	0	8	21
Blain-Gagnard	0	7	83
Fontaine-Gagnard	0	7	81
Lamy-Pillot (Mlle Petitjean)	0	5	42
Domaine d'Eugenie	0	4	28
René Fleurot	0	4	5

Chevalier-Montrachet — Ha

	Ha
Bouchard Père & Fils	2.24
Domaine Leflaive	1.72
Louis Jadot (Demoiselles)	0.52
Louis Latour (Demoiselles)	0.51
Domaine de Montille	0.25
Philippe Colin	0.24
Michel Niellon	0.23
Bouchard Père & Fils (Cabotte)	0.21
Olivier Leflaive	0.20
Domaine d'Auvenay	0.16
Domaine de la Vougeraie	0.15
Jacques Prieur	0.14
Vincent Dancer	0.10
Heitz-Lochardet	0.10
Domaine Ramonet	0.09
Francois Carillon	0.05
Bruno Colin	0.04

Who owns which plot? Plots by size

plot	hectares	ares	centares	owner
64	2	6	25	Marquis de Laguiche
34	18	70		Baron Thénard
67	0	88	94	Bouchard Père & Fils
32	0	74	61	Baron Thénard
33	0	37	73	Jaques Prieur
31	0	34	19	Domaine de la Romanée-Conti
37	0	31	82	Domaine des Comtes Lafon
118	0	26	66	Boillerault de Cauvigny
121	0	26	66	Boillerault de Chauvigny
66	0	25	9	Domaine Ramonet
30	0	20	9	Jacques Prieur
129	0	16	7	Domaine de la Romanée-Conti
130	0	16	7	Domaine de la Romanée-Conti
119	0	13	33	Boillerault de Chauvigny
120	0	13	33	Boillerault de Chauvigny
134	0	8	21	Domaine Leflaive
132	0	7	83	Blain-Gagnard
133	0	7	81	Fontaine-Gagnard
25	0	6	35	Guy Amiot
24	0	5	42	Mlle Petijean (René Lamy-Pillot)

Bâtard-Montrachet — Ha

	Ha
Domaine Leflaive	1.80
Domaine Caillot	1.15
Domaine Ramonet	0.64
Paul Pernot	0.61
Pierre Morey	0.49
Jean-Marc Blain-Gagnard	0.46
Bachelet-Ramonet	0.40
Domaine de la Vougeraie	0.38
Jean-Noel Gagnard	0.36
Domaine Faiveley	0.35
Hospices de Beaune	0.32
Jomain	0.32
Richard Fontaine-Gagnard	0.30
Domaine d'Auveney	0.30
Barolet-Pernot	0.23
Thomas Morey	0.20
Jean-Marc Boillot	0.18
Domaine de la Romanée-Conti	0.17
Benjamin Leroux	0.16

Bachelet-Monnot	0.15
Etienne Sauzet	0.14
Marc Morey	0.14
Jean Chartron	0.13
Michel Morey-Coffinet	0.13
V&F Jouard	0.13
Louis Lequin	0.12
René Lequin-Colin	0.12
Pierre-Vincent Girardin	0.12
Michel Niellon	0.12
Olivier Leflaive	0.11
Vincent & Sophie Morey	0.10
Joseph Drouhin	0.10
Marc Colin	0.09
Château de la Maltroye	0.09
Bouchard Père & Fils	0.08
Louis Jadot	0.08
Pierre-Yves Colin-Morey	0.07
Domaine d'Eugénie	0.05
Paul Jouard	0.04
Coffinet Duvernay	0.04

Bienvenues-Bâtard-Montrachet	Ha
Domaine Leflaive	1.16
Domaine Faiveley	0.51
Domaine de la Vougeraie	0.46
Domaine Ramonet	0.45
Paul Pernot	0.38
Guillemard-Clerc	0.18
Bachelet-Ramonet	0.13
Etienne Sauzet	0.12
Jacques Carillon	0.11
Jean-Claude Bachelet	0.09
Barolet-Pernot	0.09

Criots-Bâtard-Montrachet	Ha
Roger Belland	0.61
Richard Fontaine-Gagnard	0.33
Jean-Marc Blain-Gagnard	0.21
Caroline Morey	0.14
Bachelet-Ramonet	0.13
Domaine d'Auvenay	0.06
Château de St-Aubin	0.05
Hubert Lamy	0.05

퓔리니 몽라셰
(Puligny Montrachet)

프르미에 크뤼

Le Cailleret	Ha
Domaine Jean Chartron	0.99
Domaine de Montille	0.85
Domaine de la Pousse d'Or	0.73
Domaine des Lambrays	0.37
Michel Bouzereau	0.13
Domaine Boyer-Martenot	

Les Chalumaux	Ha
Thierry & Pascale Matrot	1.35
Comtesse de Cherisey	0.78
Paul Pernot	0.55
Jean Pascal	0.32
Domaine de Montille	0.30
Sylvain Langoureau	0.18

Champ Canet	Ha
Jean-Marc Boillot	1.13
Etienne Sauzet	1.00
Château de Meursault	0.58
Jacques Carillon	0.55
Paul Pernot	0.41
Domaine Tawse	0.39
Latour-Giraud	0.34
Domaine Ramonet	0.33
Pernot-Belicard	0.22
Michel Bouzereau	0.13
Domaine Pitinet-Ampeau	

Champ Gain	Ha
François Carillon	2.00
Domaine Faiveley	1.05
Alain Chavy	0.57
Domaine Roger Belland	0.45
Domaine Gagey, Jadot	0.40
Domaine de la Vougeraie	0.32
Château de Meursault	0.31
Michel Bouzereau	0.30
Chavy-Chouet	0.30
Etienne Sauzet	0.29
Dominique Lafon	0.25
Domaine Arnaud Ente	0.24

Dureuil-Janthial	0.20
Pernot-Belicard	0.19
J-L Chavy	0.17
Domaine Antoine Jobard	0.13
Philippe Bouzereau	

Clavoillon	Ha
Domaine Leflaive	4.80
Alain Chavy	0.50
J-L Chavy	0.26

Clos de la Garenne	Ha
Duc de Magenta, Jadot	0.84
Paul Pernot	0.71

Clos de la Mouchère	Ha
Domaine Henri Boillot	3.65

Les Combettes	Ha
Domaine Jacques Prieur	1.50
Etienne Sauzet	0.96
François Carillon	0.77
Domaine Leflaive	0.71
Ampeau	0.68
Domaine Dujac	0.62
Jean-Marc Boillot	0.47
Thierry & Pascale Matrot	0.31
Coudray-Bizot	0.26
Jadot	0.14

Les Demoiselles	Ha
SCI St-Abdon	0.31
Au Pied de Mont Chauve	0.15
Bruno Colin	0.07
Philippe Colin	0.07

Les Folatières	Ha
Paul Pernot	3.08
Alain Chavy	1.42
J-L Chavy	1.42
Domaine Leflaive	1.26
Domaine Dujac	1.18
Xavier Monnot	0.83
Jean Pascal	0.63
Berthelemot	0.60
Domaine de Montille	0.52
François Carillon	0.50

Jean Chartron	0.45
Bachelet-Monnot	0.43
B&T Glantenay	0.40
Bzikot	0.40
Génot-Boulanger	0.35
Louis Jadot	0.35
Chanson	0.33
Chavy-Chouet	0.30
Domaine des Lambrays	0.29
Etienne Sauzet	0.27
Domaine d'Auvenay	0.27
Benoît Ente	0.27
Heritiers Jadot	0.24
J-M Gaunoux	0.22
Philippe Chavy	0.20
Olivier Leflaive	0.20
Thomas-Collardot	0.14
Sébastien Magnien	0.10
Domaine Bernard-Bonin	

La Garenne	**Ha**
Etienne Sauzet	0.99
Domaine Larue	0.60
A Moingeon	0.43
Jadot	0.37
Génot-Boulanger	0.37
Au Pied de Mont Chauve	0.34
Joseph Colin	0.23
Berthelemot	0.22
Domaine Faiveley	0.19
Jean-Marc Boillot	0.17
Château de la Crée	0.15
Domaine de Montille	0.14
Thierry & Pascale Matrot	0.12
Comtesse de Cherisey	0.10
Henri Prudhon	0.09
Bernard Bonin	
Fabien Coche	
G Thomas	
Prudhon	
Sylvain Langoureau	

Hameau de Blagny	**Ha**
Comtesse de Cherisey	1.63
Etienne Sauzet	0.18
Thomas-Collardot	0.18
Cruchandeau	0.17

Moissenet-Bonnard	0.17
Chapelle de Blagny	
Jean Pascal	

Les Perrières	**Ha**
Jacques Carillon	0.60
Pernot-Belicard	0.53
François Carillon	0.52
Etienne Sauzet	0.48
J-L Chavy	0.36
Henri Boillot	0.27
Lucien Boillot	0.23

Les Pucelles	**Ha**
Domaine Leflaive	2.75
Jean Chartron	1.16
Domaine Henri Boillot	0.53
Paul Pernot	0.46
Olivier Leflaive	0.30
Philippe Chavy	0.28
Cellier Aux Moines	0.27
Marc Morey	0.20
Michel Morey-Coffinet	0.20
Alain Chavy	0.15
Guillemard-Clerc	0.08

Les Referts	**Ha**
Etienne Sauzet	0.70
Jean-Marc Boillot	0.61
Domaine Arnaud Ente	0.47
Louis Jadot	0.45
Les Héritiers St-Genys	0.40
Faiveley	0.37
Jacques Carillon	0.24
Jean-Philippe Fichet	0.22
Gauffroy	0.13
Terres de Velles	0.12
Buisson-Battault	0.11
Bachelet-Monnot	

Sous le Puits	**Ha**
Domaine Larue	1.88
Domaine d'Ardhuy	0.36
Jean-Claude Bachelet	0.23

Le Truffère	**Ha**
Benoît Ente	0.97

Bruno Colin	0.50
Thomas Morey	0.25
Vincent & Sophie Morey	0.25
Jean-Marc Boillot	0.24
Etienne Sauzet	0.14

샤사뉴 몽라셰
(Chassagne Montrachet)

프르미에 크뤼

Abbaye de Morgeot	**Ha**
Pierre-Yves Colin-Morey	0.57
Domaine Berthelemot	0.53
Domaine Jadot	0.44
Domaine Tawse	0.24
Duchesse de Magenta	
Fleurot-Larose (R, W)	

Les Baudines	**Ha**
V&S Morey	1.10
Thomas Morey	0.50
Guy Amiot	0.12
G&P Jouard	

Blanchot Dessus	**Ha**
Darviot Perrin	0.30
Jean-Noël Gagnard	0.13
Bruno Colin	0.13
Blain Gagnard	0.13
Jean-Claude Bachelet	0.12
Morey-Coffinet	0.06
Coffinet-Duvernay	0.06

Les Boirettes	**Ha**
Red	
Vincent Dancer	0.10

Les Bondues	**Ha**
Red	
Darviot-Perrin	0.32

La Boudriotte	**Ha**
Domaine Ramonet	1.23
Blain-Gagnard	0.81
Fontaine-Gagnard	0.80

	Ha
Château de la Maltroye	0.51
Jean-Noël Gagnard	0.48
Bruno Colin	0.24
Jean-Claude Bachelet	0.22
Domaine Larue	0.19
Bachey-Legros	0.04
Red	
Domaine Ramonet	1.02
Lamy-Pillot	0.35
Jean-Claude Bachelet	0.11

Cailleret(s)	Ha
Jean-Noël Gagnard	1.06
Domaine Ramonet	0.99
Guy Amiot	0.66
Morey-Coffinet	0.65
Blain-Gagnard	0.56
Fontaine-Gagnard	0.56
Lamy-Caillat	0.55
Paul Pillot	0.51
Joseph Colin	0.39
Caroline Morey	0.36
Domaine Ramonet	0.35
Sylvain Morey	0.35
Marc Colin	0.34
V&S Morey	0.34
Jean Chartron	0.30
Coffinet-Duvernay	0.25
Marc Morey	0.20
Jean-Marc Pillot	0.30
Pierre-Yves Colin-Morey	0.18
Au Pied de Mont Chauve	0.11
Lequin-Colin	
Bachelet-Ramonet	

La Cardeuse	Ha
Bernard Moreau	0.81

Les Champ Gain	Ha
Sylvain Morey (R, W)	0.57
Marc Colin	0.48
Michel Niellon	0.44
Guy Amiot	0.40
Domaine Paul Pillot	0.38
Caroline Morey (W)	0.35
F&L Pillot	0.34
Jean-Marc Pillot	0.24

	Ha
Jean-Noël Gagnard	0.23
Bernard Moreau	0.12
Lamy-Caillat	0.11
Caroline Morey (R)	0.11
Coffinet-Duvernay	
Pierre-Yves Colin-Morey	
V&F Jouard	

Clos de la Chapelle	Ha
Duc de Magenta, Jadot (W)	2.87
Duc de magenta, Jadot (R)	0.79

Les Chaumées	Ha
Philippe Colin	1.51
Jean-Noël Gagnard	0.59
Michel Niellon ✳	0.54
Au Pied du Mont Chauve (R)	0.50
Bruno Colin	0.42
Caroline Morey	0.38
Hubert Lamy	0.23
Au Pied du Mont Chauve (W)	0.21
Terres de Velle	0.20
Domaine Ramonet	0.12
Guy Amiot ✳	0.10
G&P Jouard ✳	
V&F Jouard	
✳= Clos de la Truffière	

Les Chenevottes	Ha
Domaine Chanson	1.99
Marc Morey	1.16
Philippe Colin	0.82
Pierre-Yves Colin-Morey	0.62
Au Pied du Mont Chauve	0.61
Jean-Noël Gagnard	0.49
Thomas Morey	0.48
Bernard Moreau	0.35
Domaine Jean-Marc Pillot	0.29
Château de la Maltroye	0.26
Génot-Boulanger	0.25
Michel Niellon	0.18
Heitz-Lochardet	0.16
Henri Prudhon	0.12
Joseph Colin	0.11
Marc Colin	0.11
Bruno Colin	0.09
Fontaine-Gagnard	0.08

	Ha
François Carillon	0.07
Bouard-Bonnefoy	0.06
Borgeot	
Gérard Thomas	

Clos Pitois	Ha
Domaine Roger Belland (W)	1.71
Domaine Roger Belland (R)	1.44

Clos St-Jean	Ha
Paul Pillot	1.31
Domaine Ramonet	0.79
Au Pied du Mont Chauve	0.53
Michel Niellon	0.52
Blain-Gagnard	0.50
Thomas Morey	0.50
Héritiers St Genys	0.45
Domaine Parigot	0.40
Fontaine-Gagnard	0.36
Fontaine-Gagnard (Murées)	0.34
Guy Amiot	0.25
Blain-Gagnard	0.22
Coffinet-Duvernay	0.15
Lamy-Pillot	0.10
François Carillon	0.05
Génot-Boulanger	0.06
Bachelet-Ramonet	
Borgeot	
Red	
Paul Pillot	0.82
Château de la Maltroye	0.73
Thomas Morey	0.55
Blain-Gagnard	0.50
Jean-Marc Pillot	0.44
Jean-Noël Gagnard	0.33
Guy Amiot	0.33
Fontaine-Gagnard	0.31
Lamy-Pillot	0.30
Morey-Coffinet	0.20
Michel Niellon	0.19
Bachelet-Ramonet	
Borgeot	

Dent de Chien	Ha
Coffinet-Duvernay	0.22
Château de la Maltroye	0.21
Morey-Coffinet	0.08

	Ha
Thomas Morey	0.07

Les Embazées	Ha
V&S Morey	3.79
Thomas Morey	0.60
Louis Jadot	0.12
Les Fairendes	Ha
Jean-Marc Pillot	0.64
Henri Germain	0.57
Coffinet-Duvernay	0.56
Jean-Marc Pillot (R)	0.47
Morey-Coffinet	0.44
V&F Jouard	

Les Grands Clos	Ha
Coffinet-Duvernay	0.36

La Grande Montagne	Ha
Paul Pillot	0.26
Fontaine-Gagnard	0.23
Lamy-Caillat	0.14
Bachelet-Ramonet	

Les Grandes Ruchottes	Ha
Domaine Ramonet	1.18
F&L Pillot	0.37
Bernard Moreau	0.35
Château de la Maltroye	0.29
Paul Pillot	0.26
Pierre-Yves Colin-Morey	

Les Macherelles	Ha
François Carillon	0.57
Jean-Claude Bachelet	0.54
Guy Amiot	0.50
Au Pied du Mont Chauve	0.48
Jean-Marc Pillot	0.37
Bouard-Bonnefoy	0.30
Jean-Marc Pillot (R)	0.28
Hubert Lamy	0.16

La Maltroie	Ha
Château de la Maltroye	1.18
Fontaine Gagnard	0.76
Heitz-Lochardet	0.71
Bernard Moreau	0.65
Michel Niellon	0.52

Bruno Colin	0.41
Jean-Noël Gagnard (Clos)	0.34
Jean-Noël Gagnard	0.29
Coffinet-Duvernay	0.27
Guy Amiot	0.22
Au Pied du Mont Chauve	0.20
Domaine de la Vougeraie	0.20
Bouard-Bonnefoy	0.11
Pierre-Yves Colin-Morey	
V&F Jouard	
Red	
Château de la Maltroye	1.38
Michel Niellon	0.42
Guy Amiot	0.20
Bruno Colin	0.14
Bouard-Bonnefoy	0.07

Morgeot	Ha
Marquis de Laguiche, Drouhin	2.26
Domaine Bachey Legros	1.90
Domaine Ramonet	1.22
Ballot-Millot	0.90
Blain-Gagnard	0.86
Thomas Morey	0.72
F&L Pillot	0.62
Heitz-Lochardet	0.44
Bruno Colin	0.42
Marc Morey	0.38
Lamy-Pillot	0.36
Bernard Moreau	0.35
V&S Morey	0.33
Vincent Dancer	0.33
Domaine Dugat-Py	0.25
Fontaine-Gagnard	0.22
Vincent Latour	0.22
Justin Girardin	0.18
Bertrand Bachelet	0.13
Red	
Lamy Pillot	0.91
Jean-Noël Gagnard	0.77
Domaine Ramonet	0.59
Louis Jadot	0.55
Marc Morey	0.38
Fontaine Gagnard	0.31
Heitz-Lochardet	0.30
Philippe Colin	0.23
F&L Pillot	0.22

Blain-Gagnard	0.22
Morey-Coffinet	0.20
Justin Girardin	0.17
Domaine Ramonet	
Marc-Antonin Blain	

Les Petits Clos	Ha
Bachey-Legros	1.90
Jean-Noël Gagnard	0.32
Bouard-Bonnefoy	0.17

En Remilly	Ha
Bruno Colin	0.47
Morey-Coffinet	0.35
Bouard-Bonnefoy	0.12
Bouchard Père & Fils	0.05
Philippe Colin	

La Romanée	Ha
Morey-Coffinet	0.81
Vincent Dancer	0.44
Paul Pillot	0.41
Fontaine-Gagnard	0.36
Château de la Maltroye	0.27
Lamy-Caillat	0.22
Bachelet-Ramonet	

Tête du Clos	Ha
Vincent Dancer	0.34
Heitz-Lochardet	0.15

Tonton Marcel	Ha
Mestre Père & Fils	

Les Vergers	Ha
Marc Morey	0.96
F&L Pillot	0.91
Fontaine-Gagnard	0.72
Genot-Boulanger	0.70
Au Pied du Mont Chauve	0.55
Domaine Ramonet	0.54
Philippe Colin	0.51
Jean-Marc Pillot	0.43
Michel Niellon	0.39
Bruno Colin	0.34
Caroline Morey	0.31
Guy Amiot	0.22

Château de Cîteaux	0.15
Lamy-Pillot	0.14
Bouard-Bonnefoy	0.07
Bachelet-Ramonet	
Lequin-Colin	
Bernard Moreau	

Vide Bourse	**Ha**
G&P Jouard	0.45
F&L Pillot	0.45
Marc Colin	0.23
Thomas Morey	0.19

Vigne Blanche	**Ha**
Château de la Maltroye	1.06

En Virondot	**Ha**
Marc Morey	2.02

본 로마네의 포도밭

주브레 샹베르탕의 포도밭

주브레 샹베르탕 마을 전경

부르고뉴 와인

1판 1쇄 인쇄 2023년 10월 25일
1판 2쇄 발행 2024년 5월 15일

지은이 백은주
펴낸이 김기옥

실용본부장 박재성
편집 실용2팀 이나리, 장윤선
마케터 이지수
지원 고광현, 김형식

디자인 형태와내용사이
지도 일러스트 윤시정
인쇄 민언프린텍
제본 우성제본

펴낸곳 한스미디어(한즈미디어(주))
주소 121-839 서울시 마포구 양화로 11길 13(서교동, 강원빌딩 5층)
전화 02-707-0337 | **팩스** 02-707-0198 | **홈페이지** www.hansmedia.com
출판신고번호 제 313-2003-227호 | **신고일자** 2003년 6월 25일

ISBN 979-11-6007-971-5 03590